“1+X”证书制度电子装联职业技能系列丛书

电子装联职业技能等级证书教程

（中级）

戚国强　李朝林　徐建丽◎主　编

陈国平　胡　蓉　闻凤连　高　雪　马　锋◎副主编

刘春光◎主　审

中国铁道出版社有限公司
CHINA RAILWAY PUBLISHING HOUSE CO., LTD.

内 容 简 介

本书基于电子装联生产工艺及其典型工作任务，以导入新品PCB组装任务为载体设计教材内容，着重讲解分析了装联准备、基板贴装、基板焊接、基板检修、基板装联五个制程的相关知识与技能。同时，教材内容吸纳了行业最新材料、最新工艺技术，对电子装联技术领域的技术人员从事工艺研究具有一定的参考价值。

本书适合作为电子装联职业技能中级证书教材，也可供开设电子信息类专业职业院校的教师、学生参考。

图书在版编目（CIP）数据

电子装联职业技能等级证书教程：中级/戚国强，李朝林，徐建丽主编. 一北京：中国铁道出版社有限公司，2023.7

（“1+X”证书制度电子装联职业技能系列丛书）

ISBN 978-7-113-26986-9

Ⅰ.①电… Ⅱ.①戚… ②李… ③徐… Ⅲ.①电子装联-生产工艺-职业技能-鉴定-教材 Ⅳ.①TN305.93

中国版本图书馆CIP数据核字（2020）第104464号

书　　名：电子装联职业技能等级证书教程（中级）
作　　者：戚国强　李朝林　徐建丽

策　　划：祁　云　　　编辑部电话：（010）63549458
责任编辑：祁　云　王占清
封面设计：尚明龙
责任校对：安海燕
责任印制：樊启鹏

出版发行：中国铁道出版社有限公司（100054，北京市西城区右安门西街8号）
网　　址：http://www.tdpress.com/51eds/
印　　刷：河北京平诚乾印刷有限公司
版　　次：2023年7月第1版　2023年7月第1次印刷
开　　本：787mm×1092mm 1/16　印张：13.5　字数：331千
书　　号：ISBN 978-7-113-26986-9
定　　价：39.80元

“1+X”证书制度电子装联职业技能系列丛书

编审委员会

主　任：戚国强　常　绿

副主任：李朝林　邱华盛　刘志宏　魏子陵

委　员：（按姓氏笔画为序排列）

丁卫忠　于宝明　马　勇　马元生

王豫明　朱桂兵　刘继芬　孙　冬

孙　磊　陈　亮　陈　霞　陈必群

陈国平　赵国忠　胡　蓉　统雷雷

徐建丽

序

党的二十大报告提出："推动战略性新兴产业融合集群发展，构建新一代信息技术、人工智能、生物技术、新能源、新材料、高端装备、绿色环保等一批新的增长引擎。"作为新一代信息技术核心组成部分——电子信息制造业，具有战略性、基础性和先导性等特点。随着新一代信息技术、人工智能、高端装备等新技术的应用，促使电子信息制造业创新发展，并在生产过程中使用更多新技术、新工艺、新材料和新设备。"制造业的生命在于质量，提高产品和服务质量是制造业转型升级的重点任务之一，质量基于生产，生产成于技艺"，无论是优化生产制造流程还是把控生产工艺质量，都需要高素质技术技能人才。

职业院校是培养高质量制造业技术技能人才的摇篮。国家职业教育改革方案的贯彻实施，"1+X"证书制度的落地，有力地吸引和推动了一大批有社会责任感的行业龙头企业和领军企业积极投入职业教育，有力地促进了产教融合，有利于产业链和教育链的对接，有利于产业发展，更有利于职业院校毕业生就业和个人发展。

电子装联是电子信息制造业的关键生产工艺，其水平直接影响到产品的功能和可靠性，决定着产品的质量。提高电子装联工作者整体工艺技术水平，是提高我国电子信息产品竞争力的关键因素之一。快克智能装备股份有限公司（以下简称"快克公司"）作为中国智能制造百强上市企业，耕耘电子装联近 30 年，目前已成为技术领先的高可靠精密焊接、3D 机器视觉、AI 深度学习、高速点胶、高精贴合、半导体封装检测制造和服务供应商。这是中国电子信息制造业高速发展的缩影。快克公司在不断夯实自身电子智造雄厚的技术优势和特长的前提下，为更好推动和支撑电子装联产品创新和技术创新，引领电子信息制造业向前发展，贯彻"职教二十条"，推动"1+X"证书制度落地，特申请"1+X"证书职业技能等级评价组织，开发一套精准对接电子信息制造业需求的"电子装联"职业技能等级证书标准，以更好服务电子装联领域专业学生学习新知识和新技术，为产业培养源源不断的技术新人。为提高培训学习效果，快克公司在江苏电子信息职业学院、中兴通讯职业技术学院等众多大专院校和行业骨干企业的支持下，精心编写了供电子装联职业技能等级标准"1+X"证书培训的系列丛书。丛书编写汇集了电子装联领域企业、大中专院校既有丰富理论又有实践经验的资深专家队伍，这批专家可以说是业界的翘楚，这无疑保证了这套教材的水准。

丛书含培训教材（初、中、高）和配套题库，共六册，适用于"1+X"三个层级职业技能等级证书培训。丛书基本覆盖了现代电子装联的新知识和新技术，体现了教材的系统性、实用性和创新性，不仅在理论技术上有一定的深度，更在新技术、新应用和新趋势方面有许多突破。丛书的内容可以说是集行业企业的核心技术之大成，现在与中国铁道出版社有限公司联合将此丛书公开出版发行。

快克公司响应国家号召，践行企业“同心同行共成长、创新责任守正直”的愿景和社会责任，致力于把电子装联新工艺技术推广至行业、融入相关职业教育的课堂和实训，使职业教育和学生及在岗的技术技能人才受益。这不仅顺应产业发展需要和职业教育需要，也将有利于中国电子信息制造行业的发展，对助力“中国智造”和“中国创造”能力提升具有深远的影响。

工业和信息化部教育与考试中心　马蔷

2023 年 3 月

前　言

为贯彻落实《国家职业教育改革实施方案》，积极推动“1+X”证书制度的实施，全国电子焊接技术智能化发展引领者——快克智能装备股份有限公司联合江苏电子信息职业学院、中兴通讯职业技术学院、南京中电熊猫信息产业集团有限公司、立讯精密工业股份有限公司等专业院校和行业龙头企业，共同开发了电子装联职业技能等级证书标准。为配合电子装联职业技能等级证书的培训和考核，对标“电子装联职业技能等级标准”、“电子装联职业技能等级培训指导方案”和“电子装联职业技能等级考核方案”要求，编写了“‘1+X’证书制度电子装联职业技能系列丛书”。主教材分为初级、中级、高级，共三册。

本教材依据现代电子装联企业生产技术活动，全面分析电子装联职业岗位知识、能力和素质需求，注重将相关专业电子装联课程教学标准嵌入教材内容，将电子装联企业文化嵌入到教材之中。在教材编写内容的设计上充分体现工学结合，较好地解决了“培训与生产现场脱节”的问题。

本教材主要特色：将电子装联理论学习与实践经验相结合，从而加深对电子装联的认识；突出工学结合，强调电子装联学习的岗位性、职业性；融入电子装联企业文化和环境氛围；融合有关电子装联职业的各种信息，拓展知识面，扩大眼界；强调责任心和自我判断能力。

本教材包含“装联准备、基板贴装、基板焊接、基板检修和基板装联”五个制程。每个制程分设若干个作业，每个作业下分若干技能点，条理清晰，重点突出。采取校企教师、工程师结对形式编写，以确保教材的技术性、工程性和教学性。

本教材推荐教学课时 84 学时。

本教材由戚国强、李朝林、徐建丽任主编，陈国平、胡蓉、闻凤连、高雪、马锋任副主编，刘春光主审，各部分内容编写分工为：常州纺织职业技术学院刘艳云老师与快克智能装备股份有限公司工程师冯忠超共同编写了“制程一 装联准备”；江苏电子信息职业学院陈亮、徐建丽老师，江苏信息职业技术学院夏玉果老师与快克智能装备股份有限公司工程师查忠平共同编写了“制程二 基板贴装”；常州信息职业技术学院陈霞、胡蓉、闻凤连老师与快克智能装备股份有限公司总监陈国平、工程师何春敏、章建伟、许新伟共同编写了“制程三 基板焊接”；南京信息职业技术学院金明、孙东老师，常州工业职业技术学院高雪老师与快克智能装备股份有限公司工程师马文波、张卫华共同编写了“制程四 基板检修”；常州工程职业技术学院马锋、宋朝晖老师与快克智能装备股份有限公司工程师李东、杨彬、陈龙根共同编写了“制程五 基板装联”。全书由快克智能装备股份有限公司总经理戚国强与江苏电子信息职业学院李朝林老师统稿。

本教材在编写过程中，得到了中兴通讯职业技术学院邱华盛院长的大力支持，得到了南京表面贴装专业技术委员会主任魏子陵的鼎力协助，得到了电子制造行业高级工程师刘春光先生的全程指导，在此表示衷心感谢。

由于时间仓促、编者水平有限，加之电子装联技术高速发展，书中疏漏和不当之处在所难免，敬请广大读者批评指正，我们将持续更新教材内容，更好地服务于行业高端技术技能人才培养。

编　者

2023 年 3 月

目 录

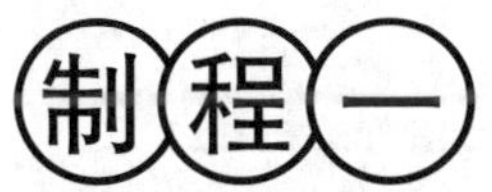

制程一

装联准备

“装联准备”制程是“1+X”电子装联职业技能等级标准（中级）第一个学习领域，该制程包含车间环境改善、车间静电防护改善、基板激光标码三项工作任务，重点学习如何对车间现场作业环境的 5S、环境参数以及静电防护进行点检，提出改善报告，能够正确使用防静电装备，测试操作工作台静电接地是否合格，能够熟练识读贴装物料，用激光打码机刻制基板条码。

任务 1　车间环境改善

任务目标

通过车间环境改善任务的学习，会依据 5S 作业标准点检现场作业环境，提出改善报告；会依据静电防护作业标准，从人、机、料、法、环等点检车间静电防护工作，提出静电防护改善报告。

任务描述

某公司有意委托某厂贴装一批产品，特派稽核人员实地考察某厂车间 5S、车间环境、安全防护等事宜，需某厂配备专业工程师陪同考察，并协助编制 5S、车间环境、安全标志等点检报告。

任务分析

根据任务描述，分析如下：

车间 5S 作业点检：重点围绕生产车间的表面组装（SMT）作业区、检测返修作业区、物料及工装区等场所的 5S 点检。

车间环境参数点检：重点围绕生产车间的电源、气源、温湿度、工作台照明、噪声等参数的点检。

车间安全标志点检：重点围绕车间作业区域安全标志，张贴规范等内容点检。

任务导图

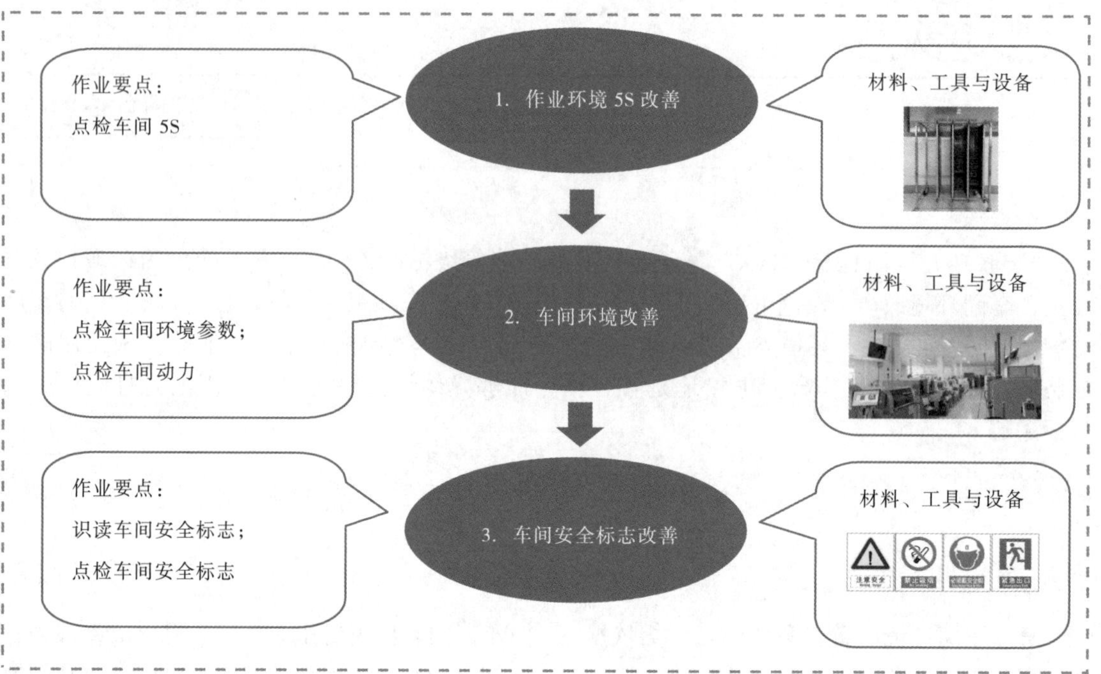

任务先通

匠心一点通

痴心榔头三十载，敲出大飞机精美弧线。王某是参与中国大飞机 C919 制造的钣金工。王某凭着木槌的密集敲击，就让坚硬的铝锂合金型材服服帖帖地变成设计的形状。敲击出的舱体与工装之间的缝隙，让 0.09 mm 厚的量尺都无法通过，那真是严丝合缝。王某痴迷于木榔头敲击金属声，不管做什么工作，身边总会带上一块废弃的金属板，闲暇之余，就用木槌把那块废弃的金属板敲成碗，然后再敲成板。在敲击的旋律中，不经意间度过了三十载工匠岁月，他用手中的这把钣金锤，敲出大飞机舱体的精美弧线，赢得了所有人赞誉，赢得了国家的自强。

安全一点通

无视安全标志，酿成伤害事故。2020 年 5 月 11 日，常州某电子公司张某维修再流焊炉，打开炉盖后，无视炉子高温防热安全标志，不戴绝热手套，裸手触碰炉膛，造成食指严重灼伤，酿成安全事故。

质量一点通

5S 管控不到位，贴装缺陷频发生。南京某电子公司电子装联车间贴装某型号基板的管状包装料 U1 元件时，经常出现报警，出现“引脚偏移”错误信息，缺陷率居高不下，工程师观察了贴片机吸嘴、U1 管料，未发现明显异常。后经反复排查，发现公司物料库 5S 不到位，U1 元件置放混乱，出现 U1 元件批量从管中掉落后重新捡回现象，导致元件引脚变形，故出现贴装报警故障，后经更换新的 U1 元件，故障排除。

任务实施

在车间环境改善任务中，主要学习车间 5S 改善、车间环境改善以及车间安全标志改善等三个作业内容。

作业 1　车间 5S 改善

5S 包含整理（Seiri）、整顿（Seiton）、清扫（Seiso）、清洁（Seiketsu）、素养（Shitsuke）等五个项目。5S 是生产现场中对人员、机器、材料、方法等生产要素进行有效管理的一种方法。

扫一扫

5S 点检

技能 1　5S 点检

整理，是指区分要与不要的东西，工作场所除了要用的以外，不放置其他东西，目的是腾出空间，使空间能得以充分利用；防止东西变质和积压资金；防止误用无关的物品，创造清爽的工作环境。整顿，是指要的东西依照规定定位、定方法摆放整齐，明确标志。标志是提高效率的基础，目的是不浪费时间找东西，创造整齐的工作环境。清扫，是指清除工作区域内的脏污，并防止污染的发生，目的是消除"脏""污"，保持工作区域干干净净、明明亮亮，创造清洁的环境。清扫不是扫除，而是检查，检查出每一点存在的问题，只打扫灰尘那是扫除。清洁，是指将上面 3S 实施的做法制度化、规范化，目的是通过制度化来维持成果。"整理""整顿""清扫"是动作，"清洁"是结果，即在工作区域进行整理、整顿、清扫过后呈现的状态是"清洁"。素养，是指人人依据规定行事，养成良好的习惯，目的是提升"人的品质"，成为对任何工作都持认真态度的人。

对于 SMT 车间，一般都包含生产区、物料区、半成品区以及办公区等，如图 1-1 所示。

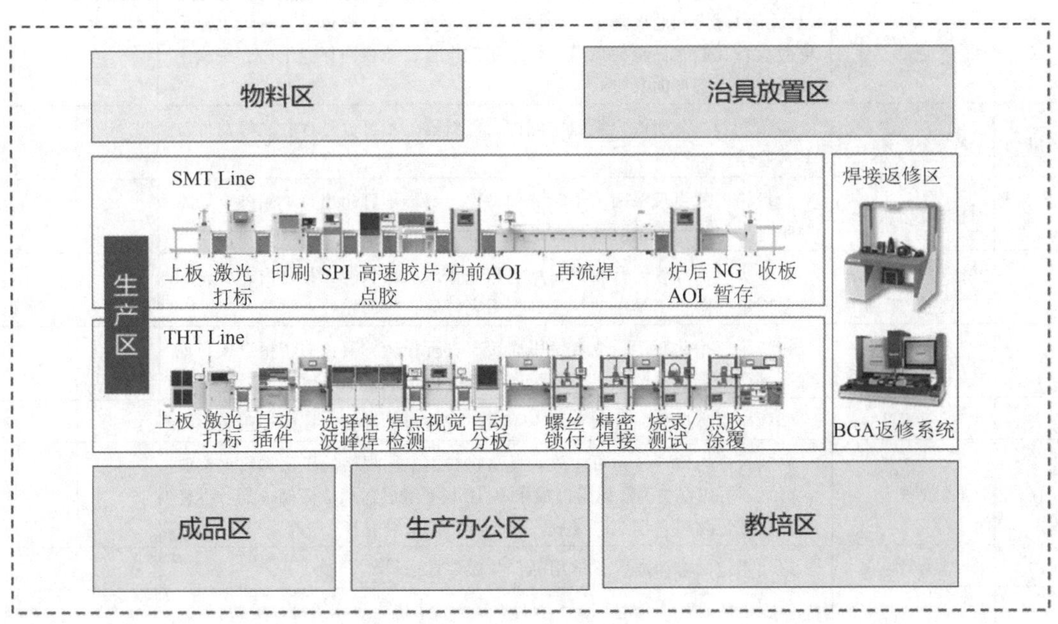

图 1-1　电子装联车间区域示意图

为做好车间 5S 工作，必须对其定期点检。点检作业指导书，见表 1-1。

表 1-1 SMT 生产车间点检作业指导书

序号	检查区域	检查标准	配分	检查结果
1	车间地面	地面不可掉物料、垃圾、纸屑等，地面不可有污迹，在工作时间内需保持地面清洁。对车间死角区域要定期清洁（至少 3 天一次），如灭火器、货架底部		
2	印刷红胶/锡膏区	在作业中，需将基板在 L 架上一块块放好，不可直接放置在工位台面上，工位台面应时刻保持清洁状态		
3	钢网放置区	钢网摆放需按照表单上的编号，一一对应立式摆放，每格内的钢网需摆放整齐，钢网使用后，应及时清洁，再整齐摆放		
4	锡膏回温区	回温的红胶和锡膏，置于指定区域回温，并做好回温记录		
5	SMT 料盘暂放区	料盘按型号和数量规定要求，摆放在柜子上空格区，每格的料盘上下需摆放整齐，并做好物料标志，料盘使用，需遵循先进先出的原则		
6	半成品放置区	半成品统一放在手推车上，统一靠外侧黄线摆放整齐。非备料区的半成品放在地上，统一靠墙对齐，不同机型之间相隔 10 cm 左右		
7	目检检查区	每个工位对应区域的左边挂葡萄卡、中间挂厂牌、右边挂 SOP，并严格按照定位的点进行悬挂。目检区域工位台面，除了放有 L 架、透明胶、配送卡外，不可摆放其他物品，上述物品需定位摆放		
8	冰柜	冷藏保存在冰柜的红胶、锡膏，使用时遵循先进先出原则，取出时登记核对数目，确保账物数据一致，并按顺序放在回温架上回温，同时，做好温湿度管控，定期进行点检记录		
9	防静电腕带佩戴	固定工位应正确佩戴防静电腕带，并进行及时点检(保证完好、接地)，现场流动人员应戴好静电手套		
10	接驳台/设备/产线保养	接驳台灯光光照度适中，台面作业指导书文字清晰可见。每天下班后需对设备及产线做全面保养工作，用毛巾将设备表面保养干净，手摸上去感觉不到明显的灰尘		
11	SMT 备料架	料备好后，需摆放在规划区域内，供料器上不可放 BOM 表等文件及其他物品		
12	料带垃圾箱	垃圾箱内的料带每两个小时清理一次，料带不可超出垃圾箱外。如有料带超出箱外，需及时将料带进行整理		
13	烙铁头/电批等工具放置	烙铁头、电批等通常放置在用泡沫制作对应形状的工具盒内，要做好防呆固定，防止工具滑动，工具使用完好后，放回原处		
14	周转箱搬运	周转箱应抬起搬运，或者使用周转车进行托运，避免周转箱直接与地面摩擦产生震动及磨损，造成箱内物料碰撞，或磨损地板		
15	基板放置区	基板应整齐摆放在 L 架上面，不可出现叠板、推板、摔板等违规操作		
16	物料管理	物料标志码清晰，不可涂改。良品物料用不同规格的黑色物料盒摆放区分，不可以混料。数码管摆放限高 10 层，继电器摆放限高 6 层。不良品需用红色物料盒摆放，混放一起，下班前清理完毕		
17	化学品管制	应用指定的容器放置化学用品，并做好标志		
18	生产信息看板	看板上的日生产信息，每 1 小时更新一次；技能矩阵图每月更新一次。防静电腕带、烙铁头、ICT、FCT 等治具、设备保养表，每天上午 9 点前点检完毕		

续表

序号	检查区域	检查标准			配分	检查结果
19	坐姿	作业员在操作时凳子需统一靠近黄线，且与黄线保持平行。离开作业区时，需将凳子归位，统一靠近接驳台				
检查人		审核人		检查日期		

技能 2　5S 改善

对于车间环境不符合 5S 要求的，须对其进行改善，最终达到 5S 标准。主要通过固定工具、工单的摆放位置、贴标志等方式进行改善，例如桌面物品摆放凌乱的改善，须定点定位。工具使用后未放到指定区域，改善前后对比如图 1–2 所示；推车不在标志线内，改善前后对比如图 1–3 所示。

（a）改善前

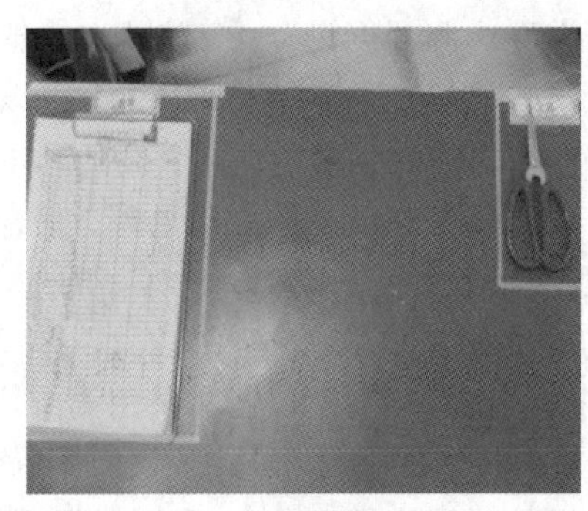

（b）改善后

图 1–2　桌面物品摆放 5S 改善前后对比图

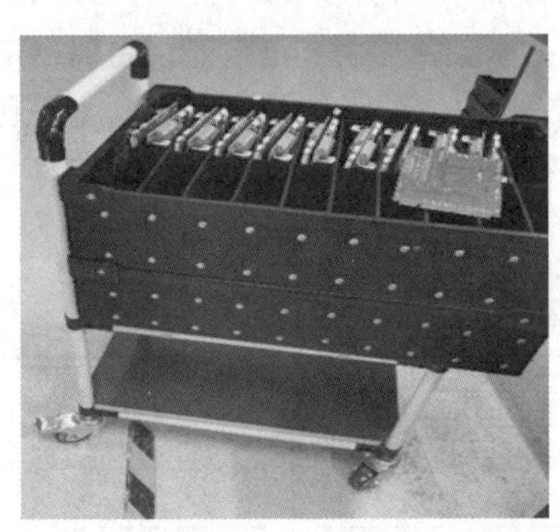

（a）改善前

（b）改善后

图 1–3　推车摆放 5S 改善前后对比图

作业 2　车间环境改善

扫一扫

环境检测

电子装联车间生产环境主要包含温度、湿度等物理环境和电源、气源的动力要求。车间环境对电子产品生产过程的影响至关重要，直接关系到电子装联产品的品质。

技能 1　车间环境参数点检

电子装联生产设备是高精度的光机电气一体化设备，对于工作环境的清洁度、温度、湿度都有严格的要求，为了保障设备的正常运行和装联质量，必须对车间内的温度、湿度、亮度、空气洁净度和噪声等环境进行严格控制，创造一种清洁、明亮、安静、安全和有序的工作条件，确保电子装联设备安全生产运转。

1. **温湿度点检**

电子装联车间的温度是基于人体感觉最舒适的温度设定的。人体通常感觉最舒适的温度符合黄金分割原理，即为人体正常体温的 0.618 倍（37×0.618≈23），综合考虑节能等因素，根据 IPC J—STD—001H 和 GB 50073—2013 标准，车间内温度设定最佳范围为（23±5）℃。这个温度范围内，操作者通常不会出汗。因为人的手汗中含有多种无机盐和有机酸成分，手汗很容易与金属的镀层发生腐蚀反应，从而降低镀层的可焊性。

电子装联车间湿度设定，应兼顾人体感受，霉菌、细菌的繁殖条件和元件对湿度的敏感性。元件对湿度较敏感，环境湿度的降低，可以防止焊接中因吸潮导致的爆米花现象，但湿度低的干燥环境中，又易发生静电损坏，高的环境湿度有利减少静电影响。这种完全相反的要求，在工业生产中只能采取折中的方法处理，结合 IPC J—STD—001H 和 GB 50073—2013 标准，通常车间湿度范围应设定在（50%±20%）RH。为保证车间生产具有稳定的温湿度，每天应定时检测车间的温度和湿度。

车间温湿度检测所用仪器多采用温湿度一体检测仪，如 PTH–A16 型精密温湿度巡检仪是一款常用的电子指针式干湿球温湿度计。该仪器采用 Pt100 铂电阻做测温传感器，保证了测量温度的准确性和稳定性。同时，采用通风干湿球法测量相对湿度，避免风速对湿度测量的影响。测量时，温湿度计通常放置在设备最密集的区域，以便能采集到温湿度适时变化。温湿度点检应每天进行，通常每天检查四次，分四个时间段，分别为 7:00—12:00、12:00—19:00、19:00—次日 2:00、次日 2:00—7:00，检查应做好检查记录，见表 1–2，记录周期设定为 7 天，保存期至少为 1 年。根据温湿度检测结果及时调整车间内空调系统的开关、湿度控制系统（加湿机，加湿器）开关。

表 1-2　温湿度月度点检表

年份：____月份：____

时段 \ 日期		1	2	3	4	5	…	28	29	30	31
7:00—12:00	温度										
	湿度										
12:00—19:00	温度										
	湿度										
19:00—次日 2:00	温度										
	湿度										
次日 2:00—7:00	温度										
	湿度										

值得注意两个问题，一是再流焊炉的抽风口必须每月清理 1 次，以防止积水过多；二是节假日，须关闭空调系统的吹风口开关，但不能关闭空调系统的抽风口开关，以防机器内壁结露。

2. 洁净度点检

电子装联车间尘埃过多，对于 0201、01005 微小元件，以及细节距（0.3 mm）IC 元件贴装和焊接产生质量影响，同时加大设备磨损率，容易出现设备故障。因此车间必须保持清洁卫生，无尘埃，保证设备的正常运转、产品的焊接质量以及人体健康。按照美国联邦标准 FED-STD-209E 标准要求，电子装联车间洁净度标准为 100 000 级。100 000 级洁净度定义是指悬浮在每立方英尺（1 ft=0.3048 m）空气内，大于或等于 0.5 μm 的微粒个数不应超过 100 000 个。

3. 气压点检

电子装联车间对洁净度要求较高，为了防止外界污染侵入，需要保持内部的压力（静压）高于外部的压力（静压）。压力差的维持依靠新风量，这个新风量要能补偿在这一压力差下从缝隙漏泄掉的风量。因此电子装联车间多建成封闭式的厂房，或工作区域与外界通过两道门隔开，两道门之间，至少应有直线距离 2 ~ 5 m 空气静止不流通的空间。

4. 照明点检

电子装联车间照明光线应柔和不刺眼，光强度不低于 1 077 lx（流明）。对于不需要使用到眼睛目视作业的，灯光要求不低于 600 lx（流明）；对目检、手贴等目检类工作站，灯光要求不低于 800 lx（流明）。低照明度时，在检验、返修、测量等工作区域可安装局部照明，增强光照强度，适应生产要求。

5. 噪声点检

当噪声声压大于 50 dB，就会对人们的睡眠或日常休息造成影响；当噪声达到 70 ~ 90 dB 的强度时，人们就会产生烦躁情绪，对人们的工作和学习造成不良影响；当噪声达到 90 ~ 110 dB 时，则被称为强噪声，会使人们感到强烈不适。如果人们长时间受到强噪声影响，会对听觉系统产生危害，甚至可能会对身体健康造成不良后果。因此，生产车间保持一个安静的环境，有利于生产效率和品质提升。电子装联车间的噪声应控制在 65 dB 范围内。车间噪声多因设备运转时存在不平衡，机械主轴同心度偏差、各零部件之间尺寸偏差或表面缺陷而相互撞击、摩擦产生的交变机械作用力使设备金属板、轴承、齿轮或其他运动部位发生振动而产生。所以电子装联车间安装设备时，底脚应坚固，不产生移位，保持设备运转在水平状态。

技能 2　车间动力源点检

电子装联生产车间现场配备的动力源包括电源和气源。电子装联设备对电源、气源供给量的要求应充裕、安全。

1. 电源点检

电子装联生产设备，如再流焊炉、选择性波峰焊炉、贴片机均是大功率设备，要充分考虑这些设备启动、关机所造成的冲击，同时，电力配置系统采用三相五线制是最为安全的。一般要求：单相 AC 220 V × (1 ± 10%)、频率 50 Hz，三相 AC 380 V，并要求良好接地。当设备工作区域电压非常不稳定，或者进口设备工作电压、频率与供电电源不一致时，需要通过配置交流稳压器，其功率要大于设备额定功率一倍以上，否则设备或电气元件容易因电源的波动而损坏。例如，贴片机额定功率 5 kW，则应配置 10 kW 以上的稳压电源。

2. 气源点检

电子装联生产设备要求使用清洁而干燥的压缩空气作为气源动力。气源要求能提供足够强压力的气源、干燥的气源、纯净无杂质的气源。目前，气源供给有一体化和分体式两种供气方式。供气原理都是通过空压机提供气源压力、过滤器洁净空气、干燥机干燥空气。SMT 生产线少的车间，气源需求量小，通常选用一体化供气方式，即空压机、过滤器、干燥机结成一体，占地面积小。SMT 生产线多的车间，气源需求量大，通常配置专用的空压机房，采用空压机、过滤器、干燥机分体式空气，如图 1-4 所示。一般一条 SMT 生产线要求气源压力在 0.7 ~ 0.8 MPa。供气管道通常采用不锈钢管或耐压塑料管，应避免使用铁管，防止生锈，锈渣进入管道和阀门，易产生堵塞，造成气路不畅，影响机器正常运行。

（a）一体式空压机

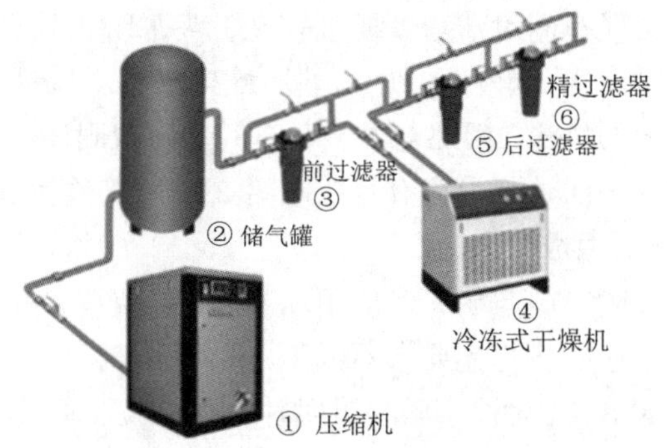

（b）分体式空压机

图 1-4　一体式与分体式空压机

3. 排风点检

再流焊和波峰焊等设备都有排风要求，应根据设备要求配置排风机。热风再流焊炉排气压力一般要求 0.8 MPa，排风管道的最低流量值为 14.15 m^3/min。通常在再流焊炉、波峰焊炉排风口处，通过软管，连接排风电机，吸取炉膛内挥发出的助焊剂气体，如图 1-5 所示。

图 1-5　再流焊炉排风装置

手工焊接工位，通常在工位上方安装焊锡烟雾排烟装置，如图 1-6 所示。

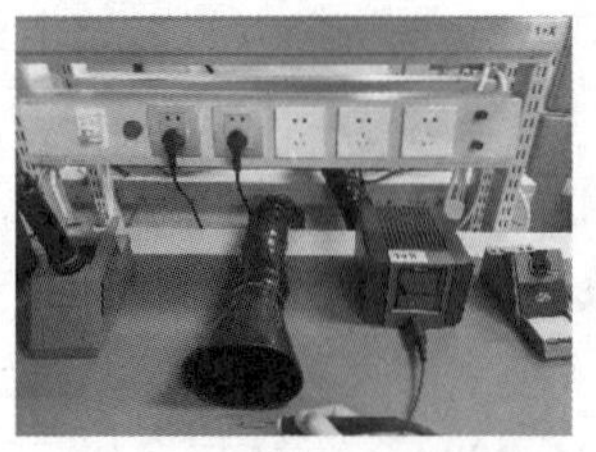

（a）焊锡烟雾吸收装置

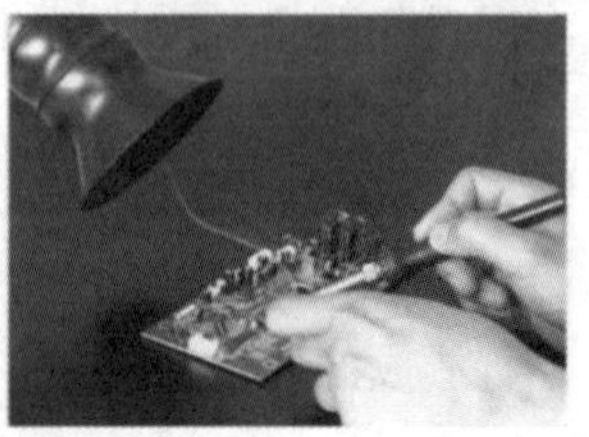

（b）烟雾吸收

图 1-6　手工焊接锡烟雾吸收

作业 3　车间安全标志改善

车间安全标志对于车间管理有很重要的辅助作用，例如利用不同颜色区分不同的功能区，形成禁止、警告、指令和提示等特定的安全标志，对员工起到时刻提醒的功能。

技能 1　车间安全标志识别

安全标志是由安全色（安全色是用以表达警告、禁止、指令、提示等安全信息含义的颜色，具体规定为红、蓝、黄、绿四种颜色。其对比色是黑白两种颜色）、几何图形和图形符号所构成，用以表达特定的安全信息。这些标志分为禁止标志、警告标志、指令标志和提示标志四大类，对应的安全色分别是红色、黄色、蓝色、绿色。

根据《安全标志及其使用导则》（GB 2894—2008），国家规定了四类传递安全信息的安全标志：禁止标志表示不准或制止人们的某种行为；警告标志表示要人们注意可能发生的危险，指令标志表示必须遵守，用来强制或者限制人们的行为；指示标志示意目标地点或方向。其案例如图 1–7 所示。

图 1–7　安全标志案例

技能 2　车间安全标志张贴

1. 安全标志牌的型号选用

标志牌的型号选用见表 1–3。

（1）工地、工厂等的入口处设 6 型或 7 型。

（2）车间入口处、厂区内和工地内设 5 型或 6 型。

（3）车间内设 4 型或 5 型。

（4）局部信息标志牌设 1 型、2 型或 3 型。

无论厂区或车间内，所设标志牌其观察距离不能覆盖全厂或全车间面积时，应多设几个。

表 1-3　安全标志牌尺寸（单位：m）

型号	观察距离 L	圆形标志的外径	三角形标志的外边长	正方形标志的边长
1 型	$0 < L \leqslant 2.5$	0.070	0.088	0.063
2 型	$2.5 < L \leqslant 4.0$	0.110	0.142	0.100
3 型	$4.0 < L \leqslant 6.3$	0.175	0.220	0.160
4 型	$6.3 < L \leqslant 10.0$	0.280	0.350	0.250
5 型	$10.0 < L \leqslant 16.0$	0.450	0.560	0.400
6 型	$16.0 < L \leqslant 25.0$	0.700	0.880	0.630
7 型	$25.0 < L \leqslant 40.0$	1.110	1.400	1.000

2. 安全标志牌设置的高度

标志牌设置的高度，应尽量与人眼的视线高度相一致。悬挂式和柱式的环境信息标志牌的下缘距地面的高度不宜小于 2 m，局部信息标志的设置高度应视具体情况确定。

3. 安全标志牌的使用要求

（1）标志牌应设在与安全有关的醒目地方，并使人们看见后，有足够的时间来注意它所表示的内容。环境信息标志宜设在有关场所的入口处和醒目处；局部信息标志应设在所涉及的相应危险地点或设备（部件）附近的醒目处。

（2）标志牌不应设在门、窗、架等可移动的物体上，以免标志牌随母体物体相应移动，影响认读。标志牌前不得放置妨碍认读的障碍物。

（3）标志牌的平面与视线夹角应接近 90°，观察者位于最大观察距离时，最小夹角不低于 75°。

（4）标志牌应设置在明亮的环境中。

（5）多个标志牌在一起设置时，应按警告、禁止、指令、提示类型的顺序，先左后右、先上后下排列。

（6）标志牌的固定方式分附着式、悬挂式和柱式三种。悬挂式和附着式的固定应稳固不倾斜，柱式的标志牌和支架应牢固地连接在一起。

（7）其他要求应符合 GB 2894—2008《安全标志及其使用导则》。

每半年至少检查一次，如发现有破损、变形、褪色等不符合要求时，应及时修整或更换。在修整或更换安全标志时应有临时的标志替换，以避免发生意外伤害。

技能 3 安全标志改善

安全标志颜色有严格的标准要求，见表 1-4。

表 1-4 生产车间安全标志色彩标准

颜色标志	标志含义
红色	（1）不良品/废品/闲置设备 （2）消防器材/急停按钮/配电箱/化学危险品 （3）限高线-需加限高说明 （4）不可回收物品
黄色	（1）行车道、人行过道、物料运输通道 （2）工作台/车辆停放区/设备定位 （3）门开闭线 （4）工作区域、检验区域
蓝色	（1）原材料/生产物料放置区域 （2）工作台面物品定位（除不良品/废品） （3）半成品放置区/物品暂存区
绿色	（1）急救用品/医药箱 （2）可回收物品 （3）合格品/成品放置区
黄黑相间	（1）危险区域 （2）静电防护区 （3）危险操作提示

车间地面安全通道线、区域划分线，用不同颜色和线宽予以区分，具体标准见表 1–5。

表 1-5　安全标志线型标准

类　　别	线宽（mm）	作　　用
A 类—黄色油漆实线	60	物品定位线
	80	设备区域线
	120	主通道线
B 类—黄色油漆虚线	60	大型工作区域内部划分线，允许穿越的通道线
C 类—红色实线	60	不良品摆放区的划分线（碰到三面围墙处，第四面地面划一条红色实线）
D 类—黄色与黑色组成的斜纹斑马线（倾斜 45^0）	50	危险品区域线、警示区域线，消防通道线

各类安全标志线条标准如图 1–8 所示。

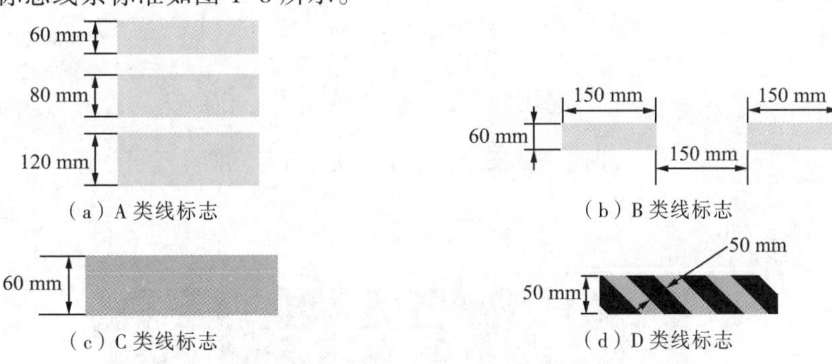

图 1–8　安全标志线条标准示意图

安全标志的定位线标准，见表 1–6。

表 1-6　安全标志定位线标准

类别	作　　用	要　　求
A 类	设备的定位	所有设备与工作台的定位均用黄色四角定位线，工作台四角定位线的内空部分，注明“××工作台/设备”字样
B 类	不良品区定位	用红色线，定位范围小于 40 cm×40 cm，则直接采用封闭实线框定位
C 类	消防器材、油类、化学品等危险物品定位	使用红白警示定位线
D 类	物料放置架、可移动设备的定位	使用黄色四角定位线
E 类	消防栓、配电柜等禁放物品的开门区域处的定位	使用红白相间的斑马式填充线
F 类	车式移动设备的定位	使用黄线四周定位线，并标明起动方向

各类安全标志定位线标准如图 1–9 所示。

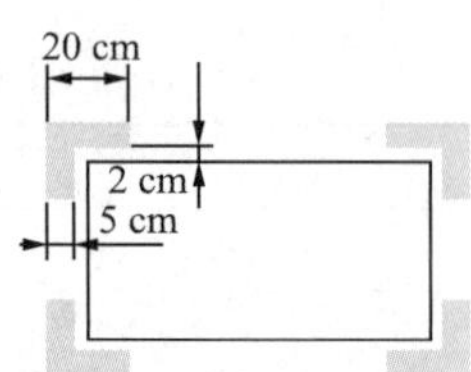

（a）A 类定位线标志

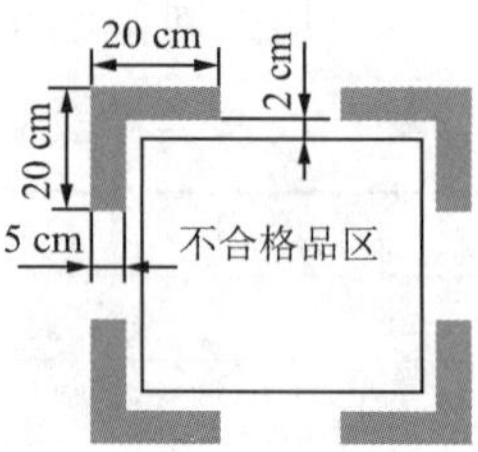

（b）B 类定位线标志

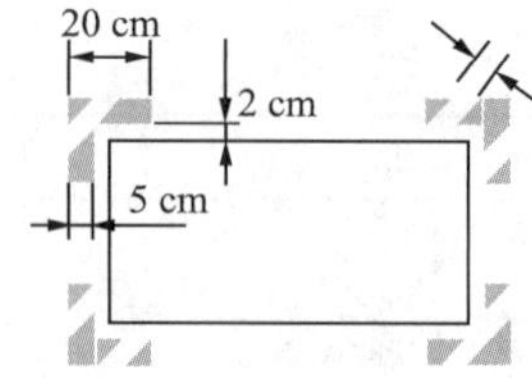

（c）C 类定位线标志

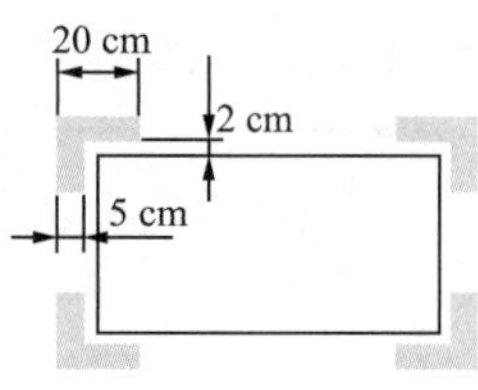

（d）D 类定位线标志

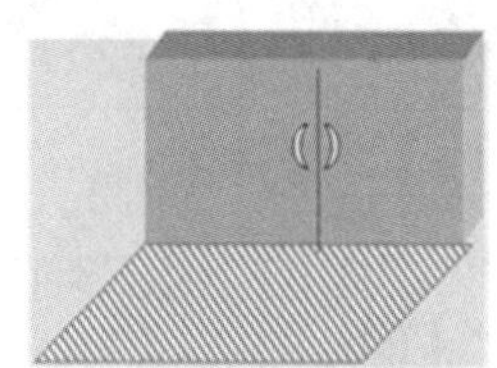

（e）E 类定位线标志

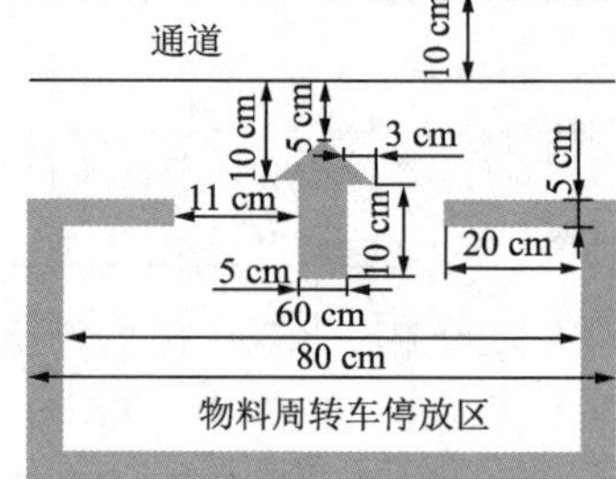

（f）F 类定位线标志

图 1-9　安全标志定位线标准示意图

任务要诀

5S 标准记心中，装联环境很重要；
温度湿度要适宜，洁净照明合要求；
静电防护要到位，生产品质有基础。

工作评价

序号	评价维度		权重	评价情况		
				自我评价	小组评价	教师评价
1	技术性	（1）合理设定 5S 和安全标志 （2）正确处理 5S 及静电释放	0.20			
2	质量性	（3）5S 及安全标志的点检 （4）5S 及安全标志的改善	0.20			
3	规范性	（5）按照规范 5S （6）按照行业技术标准执行静电防护	0.20			
4	经济性	（7）作业效率最高 （8）形成规范，缩短时间	0.15			
5	环保性	（9）符合环保标准 （10）电能消耗最低	0.05			
6	创新性	（11）工艺优化有效提升作业效率与品质 （12）有效降低材料损耗	0.10			
7	职业性	（13）敬业，遵守车间工作纪律 （14）协作，按质按量完成工作	0.10			

任务 2　车间静电防护改善

任务目标

通过车间静电防护改善任务学习，能够根据车间静电作业标准，正确穿戴防静电腕带、鞋、服装等，实施工作台静电防护，以及车间生产静电系统的防护。

任务描述

某公司有意委托某厂贴装一批产品，为提升 IC 元件使用良率（也可以称为良品率或合格率），防止生产过程静电影响，特派稽核人员实地考察工厂车间静电防护管控，需某厂配备专业工程师陪同考察，并协助编制车间静电防护点检报告。

任务分析

根据任务描述，分析如下。

工作台静电防护改善分析：从人、机、料、法、环检查静电防护要点，聚焦工作台操作员防静电腕带、鞋、服、帽穿戴、桌面防静电、良好接地，周转料盒防静电、工具防静电等。

车间静电系统改善分析：重点分析车间地面防静电系统，车间静电敏感区域的静电防护标志等。

任务导图

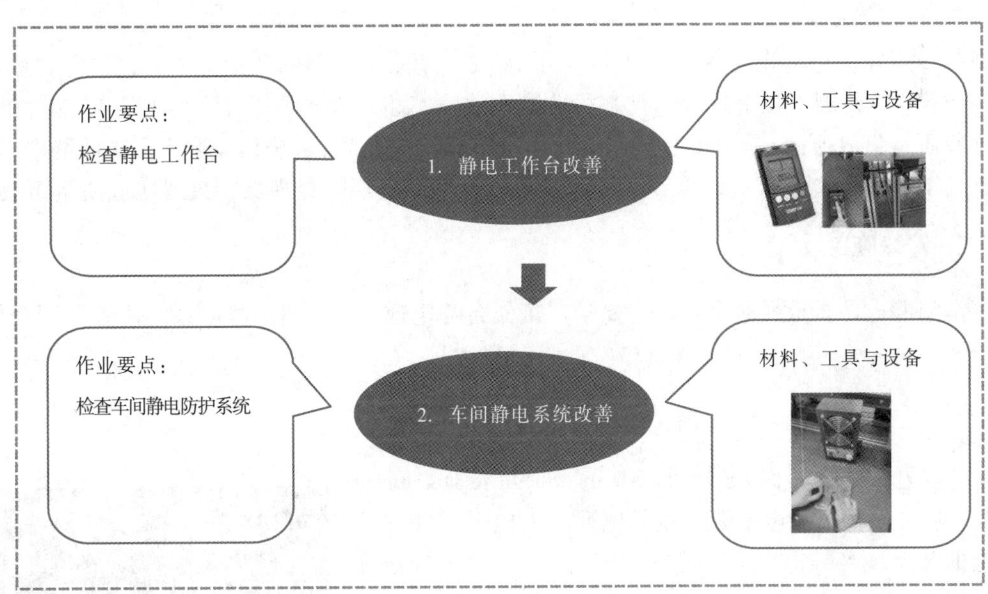

任务先通

匠心一点通

匠心不只精益求精，更是一种态度。一天，一位记者来到一个建筑工地，看到几个人正在砌墙，记者问砌墙人甲说："你在干什么？"甲白了记者一眼，没好气地回答道："难道你看不见吗？我在砌墙。"记者走到乙身边又问道："你在干什么？"乙诧异地看了看记者，然后用手比画着已经具有一定规模的大楼说："我在盖一座高楼。"正当记者失望转身想走的时候，一阵歌声吸引了他，在忙得焦头烂额的工地上竟然还有人唱歌。记者狐疑地循着歌声找了过去，原来是一位目光炯炯的年轻人，只见他麻利地砌着墙，同时哼着一首首老歌。你在干什么？记者又问了他同样的一个问题，这个人爽快地回答道："我在建设一座美丽的城市。"十年之后，记者又来到这个工地采访调研，凑巧的是，他发现一件令他非常震撼的事：十年前的那几个人，甲还在工地上砌墙，乙成为图纸设计师，而第三个却已经成为甲、乙的老板。

安全一点通

电子产品安全，静电是第一隐形杀手。据美国静电放电协会的统计数字，在 SMT 线车间发生的不明损坏中，约 25%来自静电放电破坏，每年损失金额高达 50 亿美元。空气中存留的静电，会令空气离子化，继而损坏静电敏感的物料。即使是只有几伏的静电放电，也足以损坏半导体元件。因此，当元件被放置在一个充满静电的环境中，它就有可能受损。若元件本身较为坚固，像功率二极管，它能抵抗静电。但如果元件体积很小及外壳很薄，则绝对是经不起静电的考验的。一旦发生静电放电，所产生的电流会很强，虽然时间仅在十亿分之一秒至一百万分之一秒间，就在这电光火石间，元件已经遭到永久性的破坏。球环仪器先进工艺实验室，对一台正在进行 LED 组装的插件机，在球键合晶片正上方施加高达 5 kW 的电力，通过 LED 镜片往下拍摄其 Z 切面，可见在晶片表层上的金色焊盘上，出现遭到静电破坏的痕迹，这个静电的损害是毁灭性的。因此，生产中要切实做好静电防护，否则会对生产及产品质量带来很大危害。

质量一点通

规范不遵守，静电烧元件。2021 年 4 月 10 日，南京某公司贴装一批产品，包含贴片、手工焊等作业。在检测工位上发现本批基板功能性故障率超过 30%，其故障均为某 IC 芯片损坏。查找这起质量事故原因，是由于当班作业员小王在焊接作业时，未按作业要求佩戴防静电腕带，且未打开工位上的离子风机，导致基板上芯片因静电而出现击穿现象，最终酿成质量事故。

任务实施

在车间静电防护改善任务中，主要学习工作台静电改善、车间防静电系统改善等两个作业内容。

作业 1　工作台防静电改善

静电放电，英文简称 ESD，是 Electrical Static Discharge 的缩写，它是一种由静电电源产生的电荷进入电子元件后迅速放电的现象。当静电电能与静电敏感元件（SSD）接触或接近时所产生的放电会对元件造成损伤，如图 1-10 所示。静电放电被认为是电子产品质量的最大潜在杀手，所以静电防护也已成为电子产品质量控制的重要内容。

图 1-10　电子元件静电破坏

为防护静电产生的危害，电子装联车间应根据作业要求，在醒目位置张贴有 ESD 敏感和 ESD 防护警告的标志，如图 1-11 所示。图 1-11（a）所示为对ESD敏感的符号，呈三角形，里面画有一只被划一道痕的手，用来表示该物体对ESD（静电放电）引起的伤害十分敏感。图1-11（b）是ESD防护符号，较ESD敏感符号，三角形内手上的一道痕没有了，而是在三角形外面围着一个弧圈，用来表示该区域经过专门设计，具有静电防护能力。

（a）ESD敏感　　（b）ESD防护

图1-11　静电敏感和防护标志

技能1　工作台静电防护点检

车间标准工作台如图1-12所示。

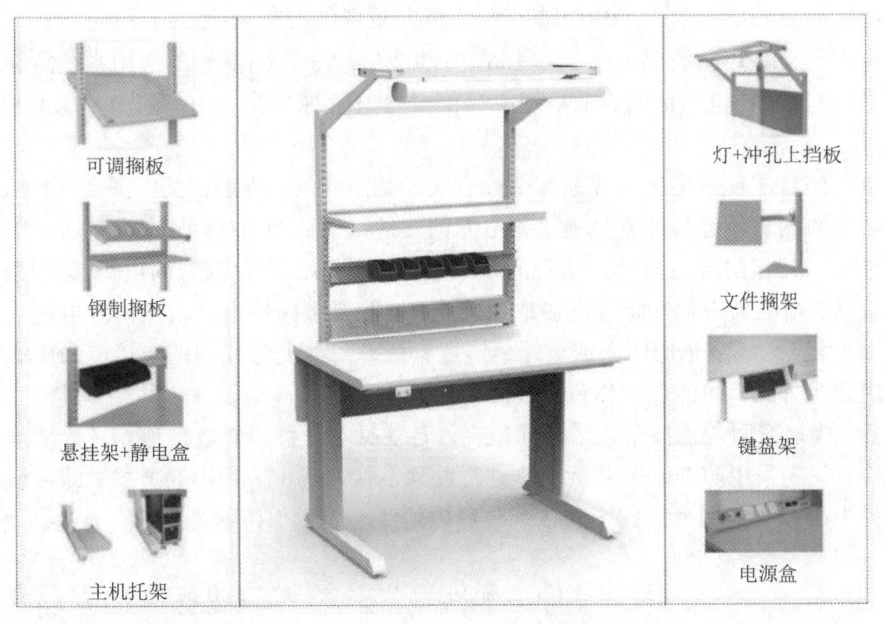

图1-12　车间生产标准工作台

防静电工作台通常由台面、主体框架、可调搁板、放置元件的料盒悬挂架、主机托架、电源盒、键盘架、文件搁架和灯架等部分组成。台面防静电一般由三聚氰胺高压装饰层压板为表面材料与木质材料复合制成，木质材料一般为刨花板，通过嵌入的导电体，再通过接地线接地，桌面产生的静电荷泄放到大地。另外一种是不锈钢工作台，桌面铺一块防静电桌垫，桌垫通过接地线连入大地，达到泄放静电的效果。主体框架下配有调节脚可适当调节工作台的高度，工作台上可以根据需要预留电缆配置盒和多功能电源插座，方便搭配照明系统。

操作员工作时，是以防静电工作台为主，建立一套防静电操作系统，如图1-13所示。工作台防静电，工作台置放处的地板防静电，工作区域贴上静电防护标志，操作员穿上防静电鞋和防静电服，戴上防静电腕带，台面配有防静电桌垫和离子风机。为更好提升离子风机防静电效能，其位置一般与 PCBA 基板、IC 器件相距不超过 30 cm。

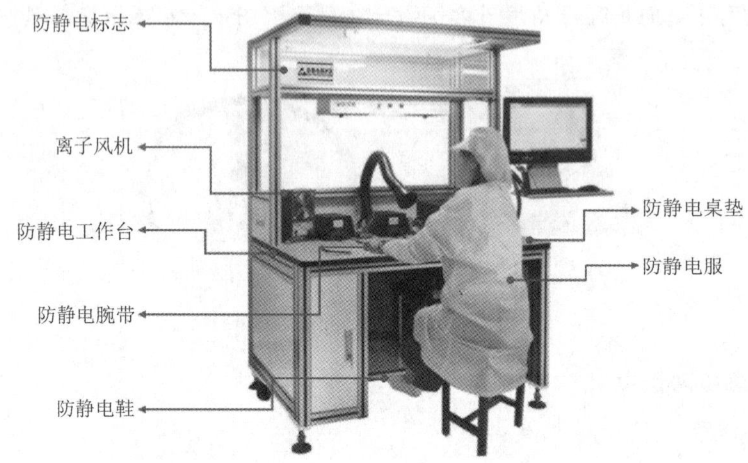

图 1–13　防静电工作台操作系统

防静电工作台性能一般应符合 SJ/T 10694—2022《电子产品制造与应用系统防静电测试方法》。其性能参数主要包括台面表面电阻、台面对地电阻等，作业中一般都要求其在 1×10^6 ~ 1×10^9 Ω 范围。

防静电工作台应良好接地。接地有两种方式，如图 1–14 所示，其中图 1–14（a）防静电桌子以及所需要的机器夹具等直接连接到电源的接地线上，图 1–14（b）则是通过单独铺设防静电接地铜排，连接防静电桌等来实现间接接地。防静电工作台放置的电烙铁、模块/整机组装及调测设备，都应采用独立防静电接地线接地，一般要求防静电地线与防静电地极之间阻值小于 4 Ω。防静电地线应采用铜条或黄绿色多股铜线，防静电地线间的连接应采用螺钉紧固或焊接等固定连接方式。防静电工作台台面除了防静电腕带、移动设备工具外，其他固定连接的工具、设备、接地线间的连接禁止采用鳄鱼夹。各工具、设备防静电接地点接入防静电地线采用并联方式，优先采用防静电公共接地排进行并联汇接，禁止采用串联方式。即在设备工具金属接地部件引出独立的接地线固定连接到防静电地线上，以保障接地可靠。

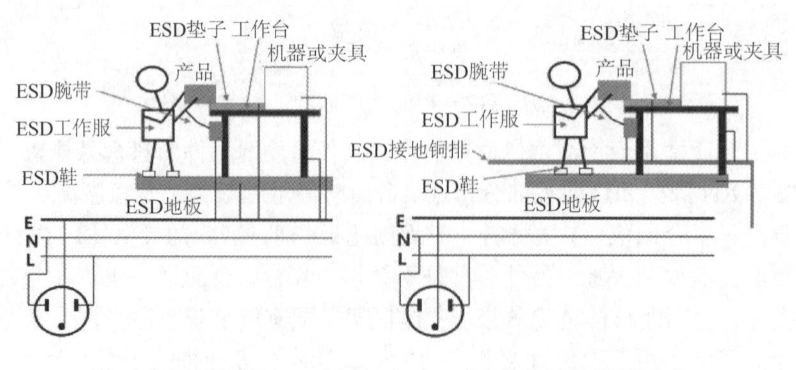

（a）台面直接接地　　（b）台面通过铜排接地

图 1–14　防静电工作台两种接地系统

生产中，防静电工作台需要每半年检测其防静电性能是否达到作业要求。检测其防静电参数主要是表面阻抗测量和对地阻抗测量，检测值在 $1\times10^6\sim1\times10^9\ \Omega$ 范围为合格。

表面阻抗测量。通常采用四组点测量法，即在台面上，按图 1–15 要求，选择四组测试点，选用静电测量仪正确档位量程，将静电测试仪测试电极分别放置于 1–1、2–2、3–3、4–4 组测试点，四组测试所得绝缘电阻最大的一组值，即为该台面表面电阻，并记录该测试结果。

对地阻抗测量。按图 1–16 要求，在防静电工作台台面上选择 5 个点，选用静电测量仪正确档位量程，将静电测试仪测试两个电极，一个置于图示测试点，一个置于地面，开始测试，测试所得绝缘电阻最大的一组值，即为该台面对地电阻，并记录该测试结果。

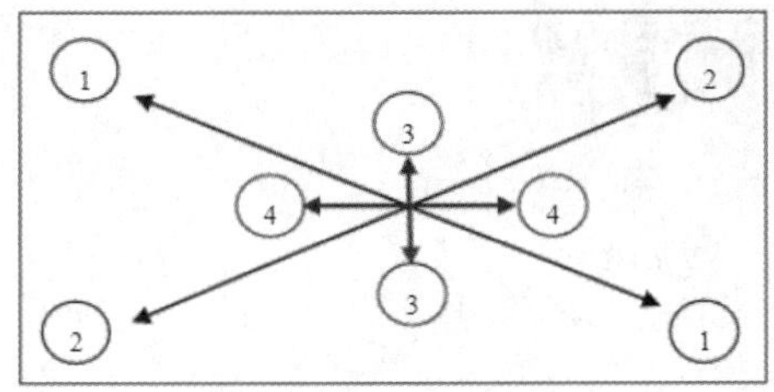

图 1–15　防静电工作台表面电阻测试选点示例

图 1–16　防静电工作台对地电阻测试选点示例

技能 2　静电鞋服穿戴点检

进入电子装联车间所有人员必须佩戴防静电腕带，穿防静电服，穿防静电鞋（穿棉质袜子）。

1. 防静电鞋、服、帽点检

扫一扫

静电防护用品的穿戴

防静电鞋。防静电鞋采用散电材料 PU 或 PVC 材料制作鞋底，鞋底用防静电防滑材料，既可以吸汗防臭，又可以达到防滑、防静电等功能，与鞋帮一体成型，然后进行上线加固。防静电鞋能有效泄露静电，但必须同防静电服（防静电鞋垫和棉质袜子）、防静电地板一起使用，构成一个完整的防静电体系，适用于对静电敏感的严苛工作环境。防静电鞋在穿用时不应该同时穿绝缘的毛料厚袜及绝缘的鞋垫，禁止防静电鞋当绝缘鞋使用。穿防静电鞋，鞋子需穿好，不能拖拉。使用防静电鞋的场所应该是防静电的地面，才能达到一个良好的防静电效果。防静电鞋穿用过程中，一般不超过 200 h 应进行电阻测试一次，电阻应在 $1\times10^5\sim1\times10^9\ \Omega$ 之间，如果电阻不在规定的范围内，则不能作为防静电鞋使用。

防静电服。其功能是为了在工作中有效屏蔽人体静电荷，防止外泄，同时能够更好地保护作业者。防静电服采用专用涤纶长丝与高性能导电纤维经特殊工艺织造而成。用此种面料经特殊缝纫工艺制成的洁净服装，有很好的防静电性能，具有不起毛、不起球、不脱落纤维、不起尘、不透尘、穿着舒适等特点。好的防静电服一定要满足无尘以及滤尘这两个条件，而其中想要达到无尘，必须要使用长丝纤维织物，用这类物质制作出来的衣服，不容易沾尘。其次防静电服里面嵌织着导电丝，是防静电的功能性织物，使用的都是优等质量的衣料。防静电服样式很多，如分体服、连体服以及防静电大褂等。穿戴防静电服还应与防静电鞋配套使用，同时地面也应是防静电地板。穿防静电服，扣子需扣好，不可裸露肩颈部，不可穿反。

防静电帽。其功能是防护头部静电影响，泄放头部静电。通常由专用的防静电洁净面料制作，此面料薄滑，织纹清晰，采用专用涤纶长丝织造，经向或纬向嵌织系列导电纤维，具有高效、永久的防静电、防尘、透气性。防静电帽要与防静电大褂、不连帽的防静电服配套使用。

戴帽时需调整防静电帽子的位置，让吸汗条紧贴额头，帽檐接触头额处应避免刺激皮肤。长发女士必须用帽子包裹住全部头发。

图 1–17（a）表示的是正确穿戴防静电鞋服帽方式，应避免出现图 1–17（b）所示的错误穿戴方式。

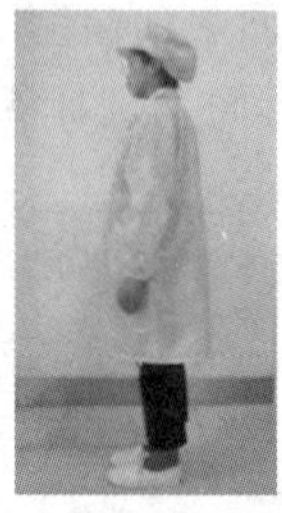
（a）正确佩戴

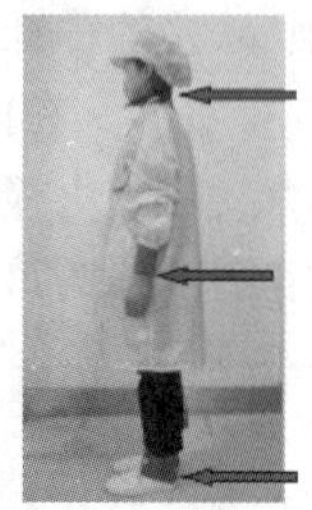
（b）错误佩戴

图 1–17　防静电鞋服帽穿戴示例

2. 防静电腕带点检

作业员在焊接、检修 PCBA 作业时，要求双脚着地，佩戴防静电腕带，如图 1–18 所示。佩戴好防静电腕带可以使操作员工安全可靠接地，随时消散人体所带静电，防止静电累积，损坏电子产品。防静电腕带由防静电线、防静电夹、按扣及透气腕带组成。透气手腕带的内层用防静电纱线编织，外层用普通纱线编织。主要指标弹簧软线最大长度 250 cm，对地电阻 $10^6\,\Omega$。

扫一扫

手腕带测试仪

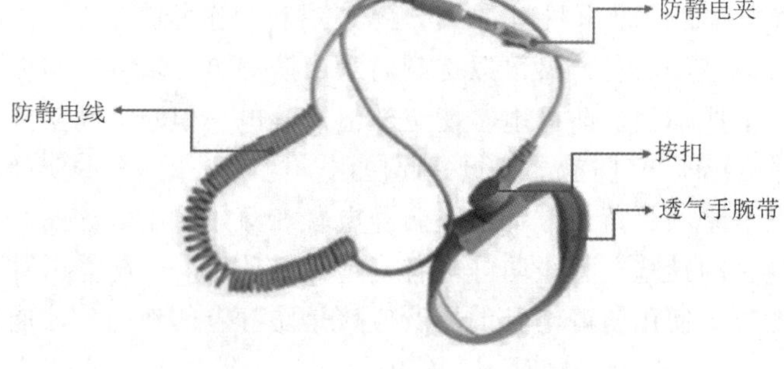

图 1–18　防静电腕带结构

佩戴防静电腕带时，腕带必须贴紧皮肤，不得松脱，如图 1–19 所示。戴上防静电腕带，可以在 0.1 s 时间内，安全地除去人体内产生的静电。防静电腕带是防静电装备中最基本，也是最为普遍使用的工具。

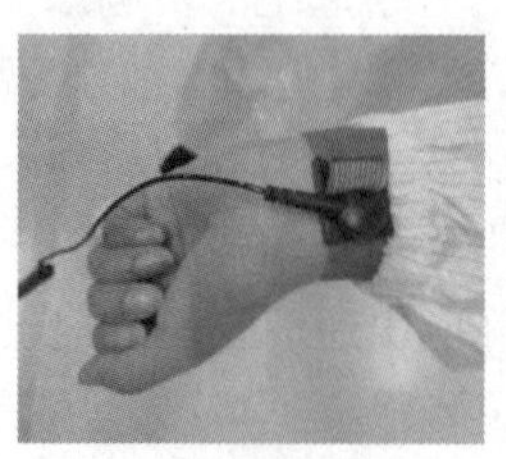
（a）正确佩戴

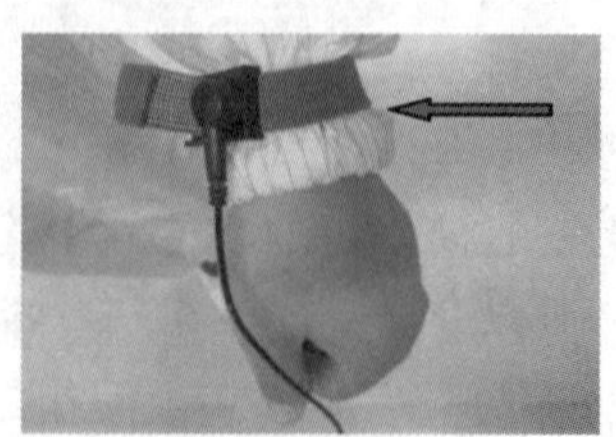
（b）错误佩戴

图 1–19　防静电腕带佩戴示例

整齐穿着防静电服、防静电鞋、防静电帽的员工，双脚站在防静电地面上操作时可以不戴防静电腕带操作。

腕带监控器能连续实时监控防静电腕带的佩戴及接地是否良好。以 495 腕带监控器为例，它适用于防静电要求比较高的场所，通过实时监控，能确保人体静电的排除，能有效地减少由于静电的危害而产生的损失。如图 1–20 所示，在工作中（监控状态）如发生声光报警，则应检查防静电腕带是否佩带好。

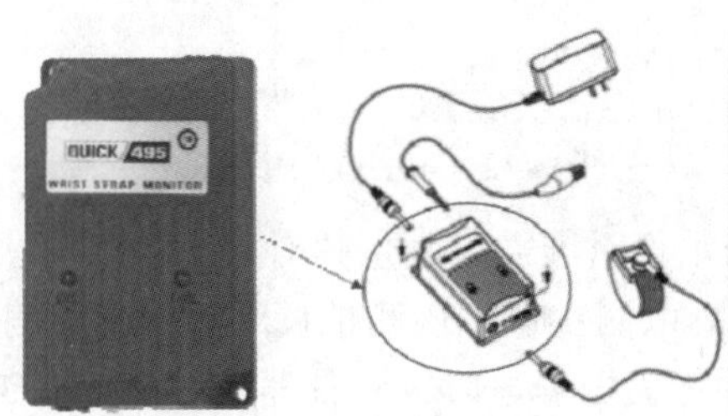

图 1–20　腕带监控器

作业 2　车间防静电系统改善

静电放电会损伤器件，让器件失效，造成严重损失。因此，电子装联车间必需构建“人、机、料、法、环”等系统化的静电防护体系，定期检测静电防护性能，持续改善静电防护系统，提升电子件制造品质。

技能 1　静电测试仪表使用

人体综合测试仪。其功能是专用测量人体对地电阻值。员工进入防静电区域必须通过测量人体静电综合电阻，来判定所穿戴的防静电鞋、服、帽是否符合静电防护标准。测量合格确认后，方可进入车间。图 1–21 所示，是 492 GX 人体综合测试仪，测试仪能够输出信号控制门禁系统，控制防静电场所的人员出入。

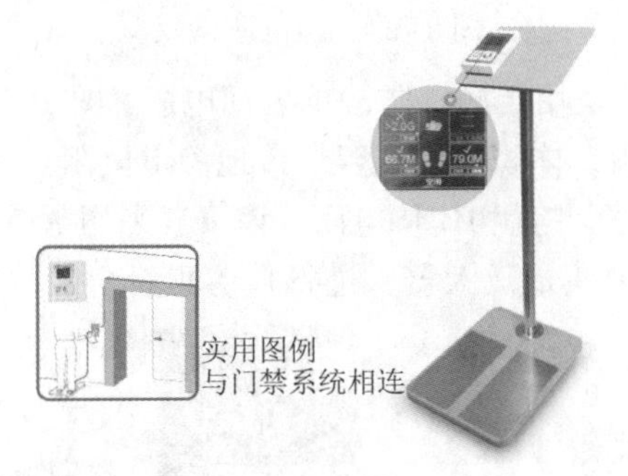

扫一扫

人体综合测试仪

图 1–21　人体综合测试仪

492 GX 人体综合测试仪具有单独测试和综合测试两种模式，如图 1–22 所示。可以同时测试或单独测试防静电腕带、脚环、防静电鞋的穿戴情况，并且可以选择测试单线腕带或双线腕带。当右侧开关中的开关 2 拨到“ON”，测试仪设定为综合测试状态；当开关 2 拨到“非 ON”状态时，测试仪设定为单独测试状态。

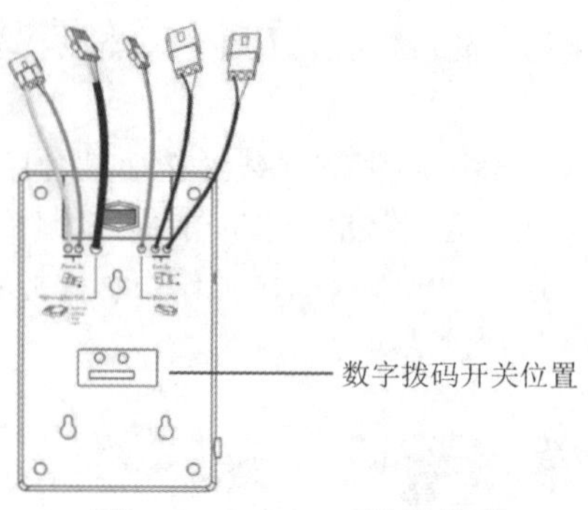

图 1-22　492 GX 测试模式

静电测试仪。利用静电测试仪对准需要测量的对象，能够轻松测量出该物体表面的静电电压。如图 1-23 所示，是 431 静电测试仪，该测试仪既可用于检测物体表面静电，还可兼有检测离子平衡度的功能。测试物体表面静电时，将仪器前端面放在距离被测物体约 25 mm 处，按下测试按键，使仪器发出的“十”字形标记落在被测物体上。此时，屏幕所显示的电压值，即为目标物体表面所存在的静电电压。该测试仪采用了新型的非接触式表面电位传感器，能有效地检测到物体所携带的静电量，如塑料、化纤、皮毛及人体所携带的静电。

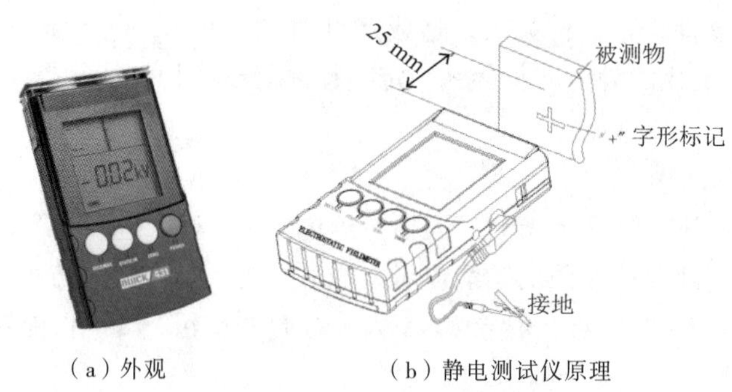

（a）外观　（b）静电测试仪原理

图 1-23　静电测试仪

表面阻抗测试仪。其功能是用于测试防静电表面电阻。图 1-24 是 499 D 表面阻抗测试仪，可以测量物体的表面静电电阻、体积静电电阻、接地静电电阻。图 1-24（a）是用于测量物体表面电阻，图 1-24（b）是用于测量物体体电阻。该仪表采用 ASTM 标准 D-257 平行电极传感方法，使用高精密的 OP-AMP 集成放大器，进行自动测量。

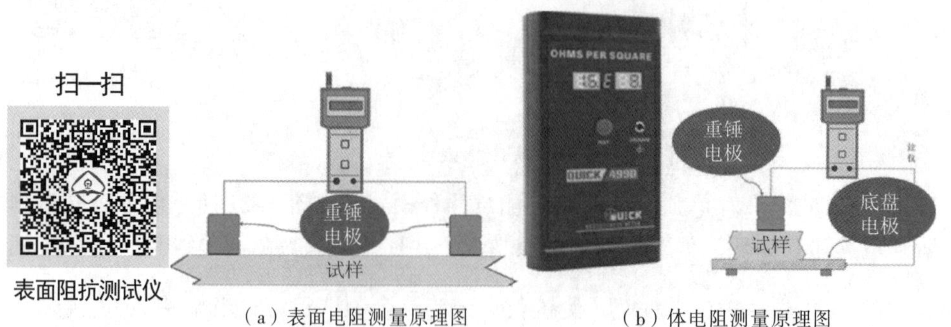

（a）表面电阻测量原理图　（b）体电阻测量原理图

图 1-24　表面阻抗测试仪

技能 2　离子风机使用

离子风机是通过产生大量的正负离子电荷的气流，中和物体表面所带电荷，从而消除静电影响的一种设备。离子风机在生产过程中可以消除产品上所带而不能对地泄放的静电，保护产品不被静电损伤。在电子装联车间中，离子风机主要应用于电子元器件焊接、测试、返修等工序，适宜保护处理最高敏感度低于和接近 100 V 的器件，或距离裸露单板/器件小于 30 cm 工序的场合。

图 1–25 是 443 C 台式离子风机，通过 LED 显示离子平衡度，风量输出五级可调。离子风机通过直流高压发生器产生的高电压接到离子发射针上，通过电离空气产生正负离子，正负离子被风吹出形成离子风，该离子风吹至带有静电的物体上对静电进行中和。该款静电消除器在离子平衡度超出设定的报警范围时，有报警音提示，同时能与电脑联机，实现过程监控。

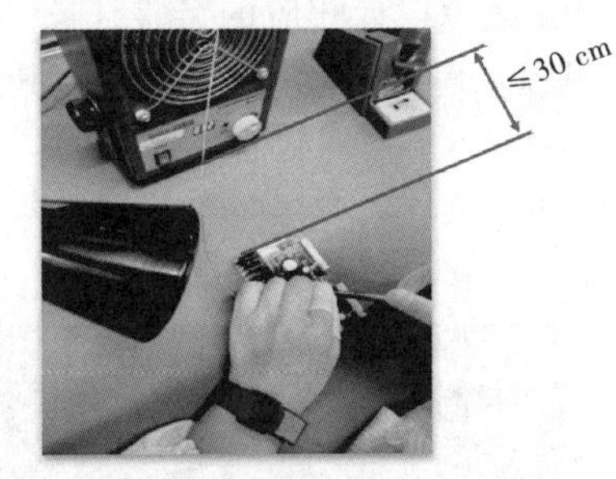

扫一扫

静电消除器

图 1–25　离子风机

技能 3　车间防静电系统点检

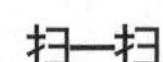

静电防护点检

电子装联车间静电要得到有效控制，不只是对防静电产品、静电消除设备、静电仪器等的监控，更主要是要严格参照《ANSI/ESD S20.20—2021》等行业技术标准，统筹落实“人、机、料、法、环”等要素资源，建立从电子产品生产制造、装配、检测、维修、包装、储存、运输等环节的一套静电防护系统。切实保证人体防护措施的落实，切实保证车间生产设备的静电防护，切实保证生产车间和周围环境达到防静电要求，切实保证静电防护规范、标准的落实，定期从以下几方面做好车间静电防护性能点检工作，有效降低静电危害，提升静电防护能力。

人体点检。人体是一个高静电产生源，人体静电的防护，主要方法是释放静电，即要戴防静电帽、防静电口罩、防静电手套、指套等，要穿防静电服；同时还要戴上防静电腕带（腕带必须连通接地系统，能提供屏蔽，为受静电突然放电或电场冲击提供保护），穿上防静电鞋等来泄放和导出静电。

设备点检。设备也是一个高静电源，做好设备静电防护，也是非常必要的。对于设备静电的防护，一般通过电磁场的消除、高静电部位的屏蔽、机器接地等来实现。消除磁场使用消磁器，消除电荷使用离子风机。当电磁场无法消除或较难消除时，借助静电屏蔽设备，屏蔽高静电设备或设备的高静电部位，以及工作台、电源线、电脑键盘等，按照静电屏蔽的方法做好 ESD 防护。这方面屏蔽产品有防静电台垫、防静电薄膜、防静电屏蔽袋、防静电胶带等。生产过程中，盛装 LED 需使用防静电元件盒，尽可能避免直接触摸发光管的管脚，取放时应尽可能触拿胶体部分。生产工作台需使用防静电台垫，且接地；烙铁、切脚机、锡炉（或自动再流焊设备）均需接地，接地措施应完全防止静电产生。接地必须用粗的铜导线引入泥土内，在其末端系上铁棒，埋入地表 1.5 m 以下，各接地线均需与主线连接在一起。

物料点检。即生产线上使用的与生产相关的各种材料。产品的包装袋及半成品包装材料要使用防静电海绵或包装。如果产品对静电很敏感，生产线上是不能有易产生高静电材料出现的，特别是离产品较近的区域，要尽可能用防静电材料，如元件盒、货架、工作台、运输设备、清洗设备、化学试剂等，甚至记录用的笔及笔记本都要用具有防静电的功能。

环境点检。即工作区域的环境。一个全面采取静电防护措施的工作环境对于产品来说是至关重要的。车间温湿度要符合静电防护标准。车间地面要用防静电漆或地板，并良好接地。

体系点检。其实就是通过建立台账的方法及规范以保证以上四项点检的有效实现，而不是单靠人为来约束、应付检查的。这个体系就称为防静电系统解决方案。另外，当产生的静电原因不明时，要根据生产工艺，设计相应的实验，来仔细查找产生静电问题的原因，最终要建立相应的静电防护操作规程及培训制度、纪律制度来规范生产。

任务要诀

静电放电很可怕，影响产品的杀手；
接地防护要知道，人员防护更重要；
静电电压测试仪，表面电阻测试仪；
人体综合测试仪，仪器仪表要配全；
会用腕带监控器，静电消除离子风机。

工作评价

序号	评价维度		权重	评价情况		
				自我评价	小组评价	教师评价
1	技术性	（1）合理设定静电防护标志 （2）正确使用静电测试工具	0.20			
2	质量性	（3）仪器设备的准确性 （4）工具/治具的规范使用	0.20			
3	规范性	（5）按照静电防护规范操作 （6）按照行业技术标准执行	0.20			
4	经济性	（7）作业效率最高 （8）形成规范，缩短时间	0.15			
5	环保性	（9） 符合环保标准 （10）电能消耗最低	0.05			
6	创新性	（11）工艺优化有效提升作业效率与品质 （12）有效降低材料损耗	0.10			
7	职业性	（13）敬业，遵守车间工作纪律 （14）协作，按质按量完成工作	0.10			

任务3 基板激光标码

任务目标

通过基板激光标码任务的学习，会识读基板结构特征，会识读基板装贴BOM表及其元器件封装，会用激光打码机在基板上标刻条码或二维码，并对错码进行改善。

任务描述

某公司有意委托某厂贴装一批产品，为提升贴装基板直通率，需要某厂建立生产过程可追溯系统，实地考察基板标码激光标刻作业，贴装元器件管控作业，请某厂安排工程师现场操作演示介绍。

任务分析

根据任务描述，该任务可以分为基板的物料识读、基板激光标码以及基板错码改善三个作业。

基板物料识读分析：识读基板、识读BOM及表贴装元器件封装。

基板激光标码分析：激光打码机结构和功能，编制标码程序，实施标码作业。

基板错码改善分析：标码缺陷类型，产生原因，解决措施。

任务导图

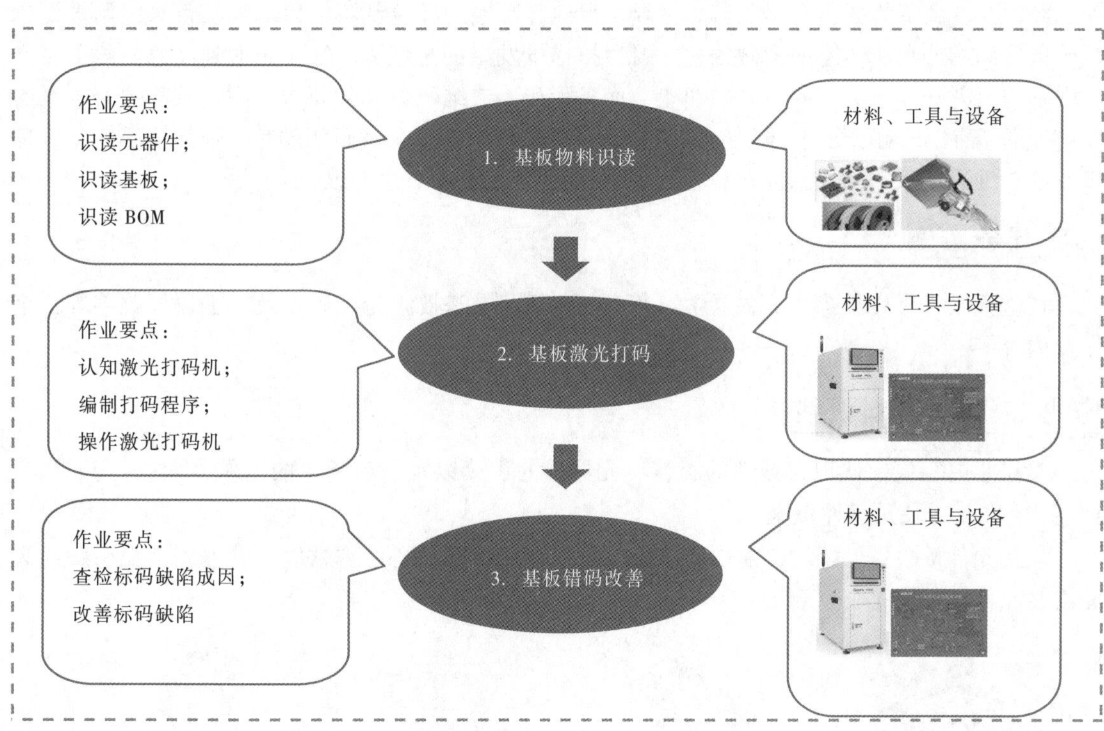

任务先通

匠心一点通

72 个日夜坚守，只为清晰一点。常州某公司 2016 年推出一款可以刻制 4 mm × 4 mm 二维码的 KKJG–11 型激光打标机，一度成为行业内销量冠军。但好景不长，2018 年市场销量锐减，公司总工程师为此十分焦虑，亲赴市场调研。结果发现，伴随芯片级别提高，基板的尺寸缩小，基板打标尺寸更青睐 2 mm × 2 mm 的二维码。公司立刻组织研发人员攻关激光打标机，通过 72 个日夜的努力，推出能够刻制 2 mm × 2 mm 二维码的激光打标机。公司重回往日荣光，稳住了市场。

安全一点通

激光能量高，能标码能“杀人”。激光标码是依靠其高能量，形成对基板加工的激光束。但激光束在与材料互相作用的同时，往往会产生少量烟雾粉尘，如果人体大量吸入是有害的，因此，激光打码机的车间应具有良好的通风，并配备除尘净化系统。同时，作业员在操作激光标码机时，应戴防护镜，避免裸眼直视激光，“杀”伤眼睛。

质量一点通

二维码清晰，扫描枪不识别。常州某公司工程师张某发现车间最近出现一件怪事，用激光打标机制作二维码条形码，明明制作的条形码二维码非常清晰，可是扫描枪扫描，怎么样都读不出数据来。他苦思冥想，查遍公司所有资料，终于悟出问题产生的原因。原来条形码、二维码对颜色的规定很严格，并不是所有的颜色都可以用来印刷码标，可以做空的颜色有白、黄、橙、红，可以做条的颜色有黑、蓝、深绿、深棕，其他的颜色都不可以。如红色只能用来做二维码条形码的底色，不能用来做条色，因为扫描枪发出的是红光，红光照射到红色的码上会产生强烈的反射作用，类似照射到白色上，而条形码、二维码识别的要求是空的反射要强，码的反射要弱。所以对红光反射强烈的红色只适合做底色，不适合做码的颜色。张某按照这一原理修改了二维码色系，扫描器立可识别，解决了困扰公司生产的大难题。

任务实施

在基板激光标码任务中，主要学习基板物料识别、基板激光标码以及基板码标改善等三个作业内容。

作业 1　基板物料识别

本作业内容包括认识元器件的封装、元器件的识读以及物料清单的制作。

技能 1　表面组装元器件识别

片式元件（Chip）封装识别。片式元件是指片式电阻器、电容器、电感器等两端引脚的表面组装元件，如图 1–26 所示。

（a）贴片电阻

（b）贴片陶瓷电容

（c）贴片钽电解电容

（d）贴片铝电解电容

图 1–26　片式元件封装

（e）贴片电感

（f）玻璃二极管

（g）贴片二极管

图 1-26　片式元件封装（续）

片式元件命名常以其外形尺寸长宽来定义，例如公制 0603，其外形尺寸为 0.6 mm × 0.3 mm，常见的封装公制尺寸有 1005、1608、2012、3216、6432 等。贴片元件封装还有用英制尺寸标注的，公制、英制名称及尺寸转换见表 1-7。

表 1-7　片式元件封装公英制对照表

公制（mm）	英制（inch）
0603	0201
1005	0402
1608	0603
2012	0805
3216	1206
6432	2512

贴片电阻没有极性之分。普通贴片电容没有极性。贴片电解电容常见有钽贴片电解电容、铝贴片电解电容。钽电解电容表面一端用▌表示正极，铝电解电容在其顶部用▌表示其正极。贴片二极管是极性器件，通常在其一端用▌表示负极性。贴片发光二极管根据封装不同，极性表示方式不同，如图 1-27 所示。底部 T 字标记，贴片发光二极管头部是正极、尾部是负极；底部▲字标记，角对应的是负极，边侧对应的是正极。

（a）T 字形贴片发光二极管

负极

（b）三角形贴片发光二极管

图 1-27　贴片发光二极管极性标志

扫一扫

元器件识读

片式元件大小识别。电阻大小以黑底白字标记在电阻表面。识读通常有三位读数法和四位读数法两种方式。三位读数法适合于普通电阻，四位读数法适合于精密电阻。电阻主单位是欧姆（Ω）。三位读数法前二位表示有效数值，第三位表示 10 的 n 次方值。四位读数法前三位表示有效数值，第四位表示 10 的 n 次方值。小数点用字母 R 表示。如电阻 331 表示 33×10^1=330 Ω；电阻 4702 表示 470×10^2=47 000 Ω；4R7 表示 4.7 Ω。

陶瓷贴片电容表面通常没有标记，如果有，其大小表示与贴片电阻基本相同，用三位或四位读数法，其主单位用 pF 表示。如“473”即大小为：47×10^3 pF=0.047 μF。

IC 贴片封装识别。IC 封装主要分为双列直插（DIP）和贴片封装（SMD）两种。从结构方

面，封装经历了最早期的晶体管 TO（如 TO-89、TO-92）封装发展到了双列直插封装，随后由 PHILIP 公司开发出了 SOP 小外形封装，以后逐渐派生出 SOJ（J 型引脚小外形封装）、TSOP（薄小外形封装）、VSOP（甚小外形封装）、SSOP（缩小型 SOP）、TSSOP（薄的缩小型 SOP）及 SOT（小外形晶体管）、SOIC（小外形集成电路），再到 QFP、BGA、CSP 等过程。从材料介质方面，封装经历了金属、陶瓷、塑料的过程。从引脚形状经历长引线直插到短引线或无引线贴装，再到球状凸点的过程。装配方式经历通孔插装到表面组装，再到直接安装的过程。常见的 IC 贴片封装形式及其特征见表 1-8。

表 1-8　常见 IC 贴片封装

序号	封装名称	封装符号	封装特征
1	小外形晶体管封装（SOT）		一般引脚小于等于 5 个的小外形晶体管
2	小外形封装器件（SOP）		两侧具有翼形或 J 形引线的一种表面组装元器件的封装形式
3	塑封有引线芯片载体(PLCC)		四边具有 J 形引线，采用塑料封装的表面组装集成电路。外形有正方形和矩形两种形式，典型引线中心距为 1.27 mm
4	四边扁平封装器件（QFP）		四边具有翼形短引线，采用塑料封装的薄形表面组装集成电路。引线中心距公制尺寸有 1.00 mm，0.80 mm，0.65 mm，0.50 mm，0.40 mm，0.30 mm。外形有正方形和矩形两种
5	四周扁平无引线封装（QFN）		其 I/O 引出端子在外壳侧面和底部或仅在外壳底部，是一种无引脚封装，呈正方形或矩形。通常底部中央位置有一个大面积裸露焊盘用来导热和接地。外围四周焊盘的中心距通常有 1.27 mm，0.80 mm，0.65 mm，0.50 mm，0.40 mm
6	球栅阵列封装器件（BGA）		在器件底部以矩阵方式排布的焊料球为引出端子的面阵式封装集成电路。目前常用的有塑封 BGA（P-BGA）、陶瓷封装 BGA（C-BGA）两种。焊料球中心距有 1.50 mm，1.27 mm，1.00 mm，0.80 mm，0.65 mm，0.50 mm，0.40 mm，0.35 mm 等

IC 是极性器件，使用时，识别第一脚及其引脚排列顺序十分重要。IC 第一引脚标记主要有缺口标志、圆点标志、横杠标志和文字标志这四种，如图 1-28 识别的方法是芯片正面向上，引脚向下，靠近缺口标志、圆点标志、横杠标志左下角的引脚即为第一引脚，顺着逆时针的方向依次类推为第 2、……、第 n 引脚。

第一种识别。文字标志的 IC 器件，识别第一引脚是将器件正面向上，文字向上，器件左下角的引脚，即为第一引脚，其余引脚依次排列。

第二种识别。有的芯片不是用缺口，而是在芯片的一个边角放一个圆圈，最靠近圆圈的为第一脚，其余的按照上述类推。

第三种识别。如果是 IC 芯片上有两个一大一小的圆点，一般情况下以小点为标准。

第四种识别。当芯片既有缺口又有圆角时，如果二者放置位置有冲突，一律以缺口为主。

第五种识别。看 IC 身体黑色部分（宽的那一面） 两边对比下，两边的角都会有一点斜度的，斜度大点的那一边的左边第一个脚定义为第一脚。

第六种识别。若是 QFP 封装或别的封装的话。黑色部分上面有一个小凹圆点，或是印上去的小圆点，为第一脚。

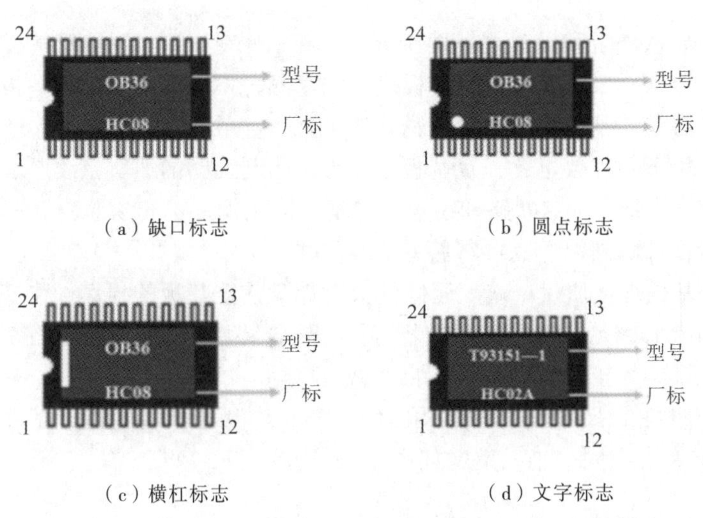

（a）缺口标志　（b）圆点标志

（c）横杠标志　（d）文字标志

图 1–28　IC 引脚识别示意图

技能 2　基板识别

基板，即电路板，也称印刷线路板或印刷电路板，英文名称为 PCB（Printed Circuit Board），是按照预定电路连接、组装电子零件的基板，由奥地利人保罗·爱斯勒于 1936 年发明。为了使各个元件之间形成电气互连，几乎每种电子设备，小到电子手表、计算器，大到计算机、通信电子设备、军用武器系统，只要有集成电路的电子元件，都要使用基板。基板由绝缘底板、连接导线和装配焊接电子元件的焊盘组成，具有导电线路和绝缘底板的双重作用。它可以代替复杂的布线，实现电路中各元件之间的电气连接，不仅简化了电子产品的装配、焊接工作，减少传统方式下的接线工作量，大大减轻工人的劳动强度，而且缩小了整机体积，降低产品成本，提高电子设备的质量和可靠性。基板电子产品的关键电子互连件，有“电子产品之母”之称。

基板主要分为刚性基板（单面板、双面板、多层板）、挠（柔）性线基板（FPC，Flexible Printed Circuit board）和软硬结合板（FPCB,Soft and hard combination plate），如图 1–29 所示。FPC 是以聚酰亚胺或聚酯薄膜为基材制成的一种具有高度可靠性，绝佳的可挠性基板。具有配线密度高、重量轻、厚度薄、弯折性好的特点。FPCB 是柔性基板与硬性基板，经过压合等工序，按相关工艺要求组合在一起，形成的具有 FPC 特性与基板特性的线路板。

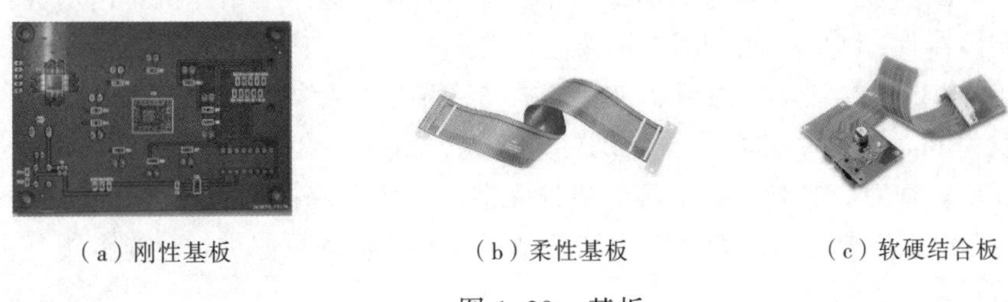

（a）刚性基板　（b）柔性基板　（c）软硬结合板

图 1–29　基板

基板主要由焊盘、过孔、安装孔、印制导线、大铜层、电气边界等组成。焊盘，用于焊接元器件引脚的金属孔；过孔，有金属过孔和非金属过孔，其中金属过孔用于连接各层之间元器件引脚；安装孔，用于固定基板；导线，用于连接元器件引脚的电气网络铜箔；大铜层，用于地线网络的覆铜，可以有效减小阻抗；电气边界，用于确定基板的尺寸，所有基板上的元器件都不能超过该边界。

识别基板品质主要从外观和设计规范两个方面入手。外观识别，一是看基板大小和厚度是否符合标准及其客户要求；二是看光色，基板表面油墨颜色不亮，墨少，则基板质量不好；三是看焊盘，焊盘附着力差，焊接元器件容易脱落基板，严重影响基板焊接质量。规范识别，要求优质的基板应符合以下几点要求：一是基板不变形，印制线路的线宽、线厚、线距符合设计要求，以免安装变形、线路发热、断路和桥连；二是受高温铜皮不容易脱落；三是焊盘表面不容易氧化；四是符合设计耐高温、高湿等特殊环境要求。

工程中，为提升基板焊接质量，减少返修基板时焊盘甚至基板的损坏，在基板设计时，要结合基板质量及结构特征、元器件质量及封装特征、锡膏特性、设备质量和工艺水平等因素，合理布线，避免出现影响焊接质量的各种不良布线。

定位孔。基板的四角要留四个孔（最小孔径 2.5 mm），用于印刷锡膏、贴片时基板定位。要求 X 轴或 Y 轴方向圆心在同一轴线上，如图 1–30 所示。

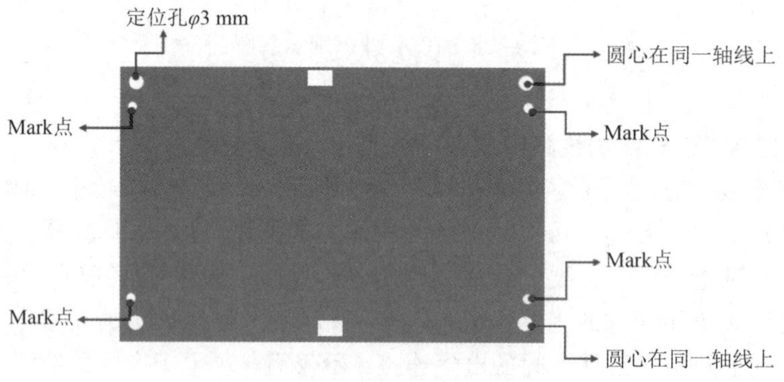

图 1–30　基板板定位孔

Mark 点。用于印刷锡膏、贴片时定位补偿。基板上要标注 Mark 点，一般在板的斜对角位置，可以是圆形，或方形，不要跟其他器件的焊盘混在一起。如果双面贴装，两个面都需要设计。

Mark 点离外缘 2.0 mm 的范围内，不应有可能引起错误识别的形状和颜色变化，颜色要和周围基板的颜色有明暗差异。为了确保识别精度，Mark 点的表面可以电镀铜或锡来防止表面反射。对形状只有线条的标记，系统无法识别。

留边距画法。画基板时，在长边方向要留不少于 3 mm 的边用于贴片机运送基板，此范围内贴片机无法贴装器件，因此在此范围内不要能放置贴片器件。针对双面贴装板在第二面焊接时，为避免靠近板边的元器件被轨道或者夹板器撞击而导致焊盘掉落损坏，所以在芯片元器件少的一面（一般为 Bottom 面）的长边，建议距离板边 5 mm 范围内，不要放置贴片器件。

极性器件标注。针对二极管、钽电容等极性元器件，应在基板对应焊盘处设置极性标志。

基板的颜色，通常不要做成红色。因为红色基板在贴片机的摄像机红色光源下呈白色，无法进行识别与编程。

技能 3　物料清单制作

物料清单简称 BOM，是英文 Bill of Materials 的缩写。狭义上的 BOM，指的是产品结构。

仅仅表述的是对产品的物理结构按照一定的划分规则进行简单的分解，即产品的物料组成。一般按照功能进行层次的划分和描述。广义上的 BOM，是产品结构和工艺流程的结合体，二者不可分割。离开工艺流程谈产品结构，没有现实意义。要客观、科学地通过 BOM 来描述某一制造业产品，必须从制造工艺入手，才能准确描述和体现产品结构。

一个 BOM 表，通常应该包含元件品号、元件品名、元件规格、计量单位、用量以及位号等信息，见表 1-9。BOM 表编制的基本原则是位号和物料需要一一对应，同时特别需要注意以下几点：

1. 物料表中必须包含元件品号。一是因为仓库发料时，是按照元件品号，而非元件品名发料；二是因为在贴装程序中，零件名称为元件品号，而非元件品名。

2. 元件品名中，通常由元件名称、元件尺寸、对应值组成。如贴片电容 0603-105/环保(1 μF)，表示该元件是贴片电容，尺寸为 0.06 inch × 0.03 inch，对应值为 1 μF。

3. 元件品号和与位号必须一一对应。如果有不对应，将会发生错件。同时，在制作首件时，会出现量测值与规格参数中的数值不一致的情况，从而引起产品维修或报废。

4. 所有电阻电容元件不能只出现数值而无单位的标志；电阻电容的尺寸、精度、功率和耐压值等规格不能漏标志；电阻电容数值标志应该统一，避免误识别。

5. 规格栏中的非 CHIP 件应标明其封装形式，相同规格物料，位号栏需合并成一行，插件元件和贴片元件不能混列在一行。

6. 同一位号栏不能重复出现相同的位号，位号尽量采用单独的位号，不要用“—”或者“~”做连续符号。

7. 同一位号栏所列的位号总数应与用量栏数目相符。

8. 不要贴的位号，在 BOM 中应直接删除，不要写 N。

9. BOM 中有的位号，实物基板上也要有。

表 1-9 物料表样例

元件品号：204H101950					
TestBoard-1+X 基板组件-V1.0　　元件编号：QKD-RD-077					
元件品号	元件品名	元件规格	单位	用量	位号
104H002112	TestBoard-1+X-线路板-V1.0	双面 FR-4 70 mm × 100 mm	pcs	1	—
106H100148	贴片电容 0603-105/环保(1 μF)	[DMQ]CL10A105KA8NNNC 0603 X5R 10% 105 25 V	pcs	1	C2
108H000076	贴片三极管 3904（长电）/环保	[D]SOT-23 100-300	pcs	1	Q1
105H100073	贴片电阻 0805-511/环保（510 Ω）	[D]	pcs	10	R1、R2
105H100055	贴片电阻 0603-000/环保（0 Ω）	[DQ]	pcs	10	R3、R4
105H100020	贴片电阻 0603-274/环保（270 kΩ）	[D]	pcs	4	R22、R2
109H100377	贴片 IC/SC6820/BGA	—	pcs	1	U3

基板物料的识读，包含封装、外形及型号；能够读准识别出，还能一眼认得出；物料清单要知道，一一对应于基板；根据 BOM 表对照，产品质量要抓牢。

作业 2　基板激光标码

激光打标是利用高能量密度的激光对工件进行局部照射，使表层材料汽化或发生颜色变化

的化学反应，从而留下永久性标记的一种打标方法。激光打标机可以在基板上标刻条码、二维码和字符、图形等可追溯的信息，实现自动化、智能化的管理要求，满足精益生产、品质管控、工艺提升的需求，减少管理成本、提高生产效率。

不同厂家生产的激光打标机的操作方式基本相同，图 1-31 所示，是 S450CF 型激光打码机。该设备最大刻印图形 50 mm × 50 mm，配有 CCD 在线条码检测系统，支持中英文大小写，可刻印条形码、二维码和刻印图片数据，采用自动烟雾净化系统，设备使用更环保。

本作业以此设备为例，学习激光打码方法。

扫一扫

激光打标——设备的主要部件介绍

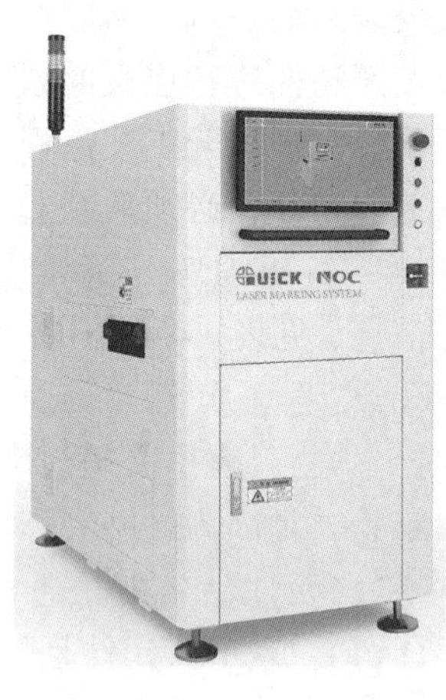

图 1-31　激光打码机

将材料准备好后，开始对基板进行激光打标。激光打标机的操作流程如图 1-32 所示，主要包括创建生产流程、编辑 Mark 点、二维码模板制作、添加激光位置、设定标签和设定参数几个步骤，下面逐一进行阐述。

图 1-32　激光打标操作流程

将基板准备好，并在操作人员做好防护后，开启激光打标机，进入 Windows 操作系统。运行计算机系统桌面上“LASERMARK”软件，打开软件主界面如图 1-33 所示，通过切换用户按键可以切换“操作员模式、工程师模式和管理员模式”三种不同模式。

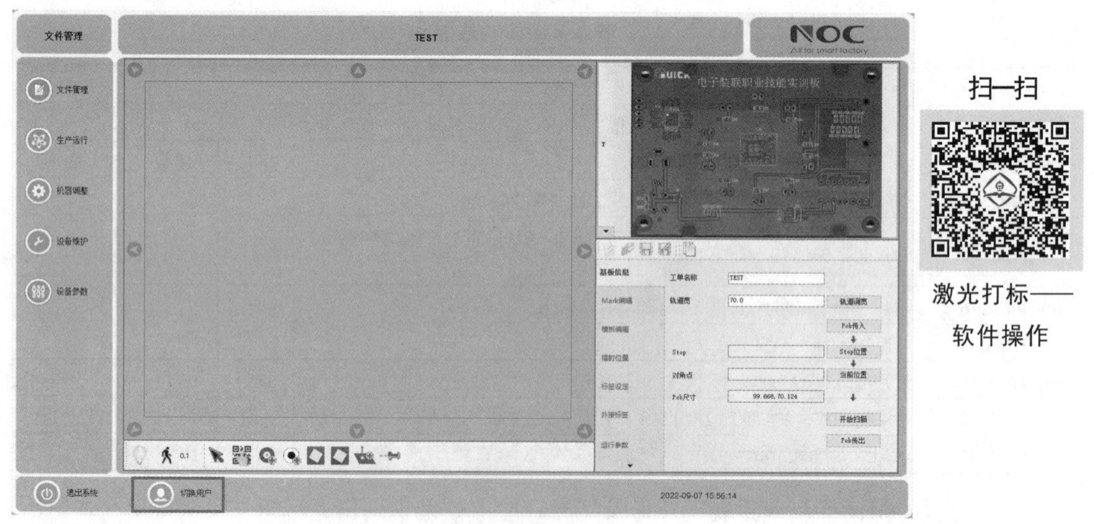

图 1-33　LASERMARK 主界面

扫一扫

激光打标——软件操作

选择“管理员模式”进入软件“文件编辑”界面，在“工单名称”文本框中输入当前基板生产物料号，如图 1-34 所示；使用直尺测量出事先准备的基板的宽度，并在“轨道宽”文本框中输入测量出的数值，下一步单击“轨道调宽”按钮，等待轨道调宽完成；将基板放至入料口，并单击“Pcb 传入”按钮，待板材停到位。

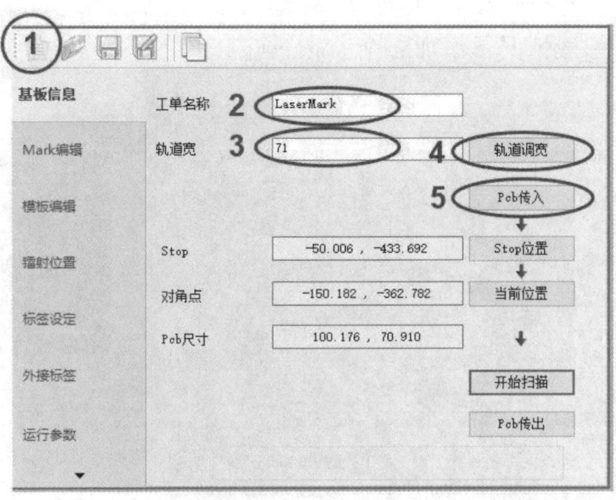

图 1-34　创建生产程序

单击“Stop 位置”按钮，使相机运动到基板停靠位置，以当前点为基准（停板位置），把相机视野移动到基板的对角。移动到位后，单击“当前位置”按钮，软件会自动计算基板尺寸大小，并在“基板大小”中显示详细信息。

单击“开始扫描”按钮，对基板进行全板扫描，扫描的目的是方便了解基板中的 Mark 光学识别点信息和即将要激光位置的信息，如图 1-35 所示。

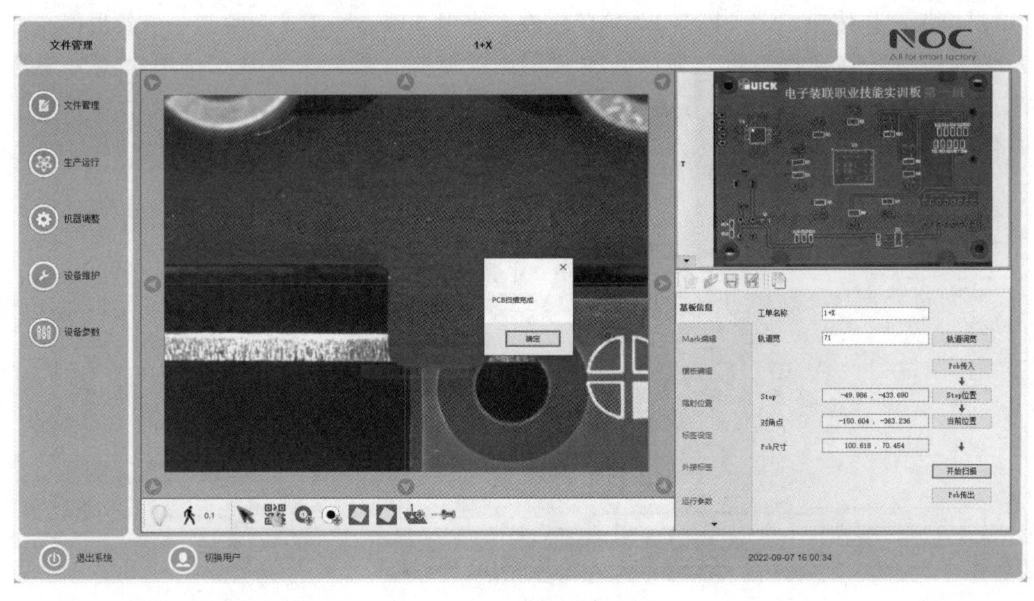

图 1-35　全板扫描设置

技能 1　基板 Mark 点编辑

在整体图中大致找出 Mark 点位置点一下，相机会移到 Mark 点位置，以图像捕捉到的

Mark 点为例来定位基板，如图 1-36 所示。选择“Mark 编辑”选项。在相机实时图里框选 Mark 点，系统会自动抓拍，并且弹出对话框，单击“是”按钮，即可添加 Mark 点。单击“灯光”按钮，选择合适的灯光。选择 Mark 点形状。以上 Mark 点添加成功，以此类推，可以在基板中添加多个 Mark 点，一般情况下添加 2 个 Mark 点。

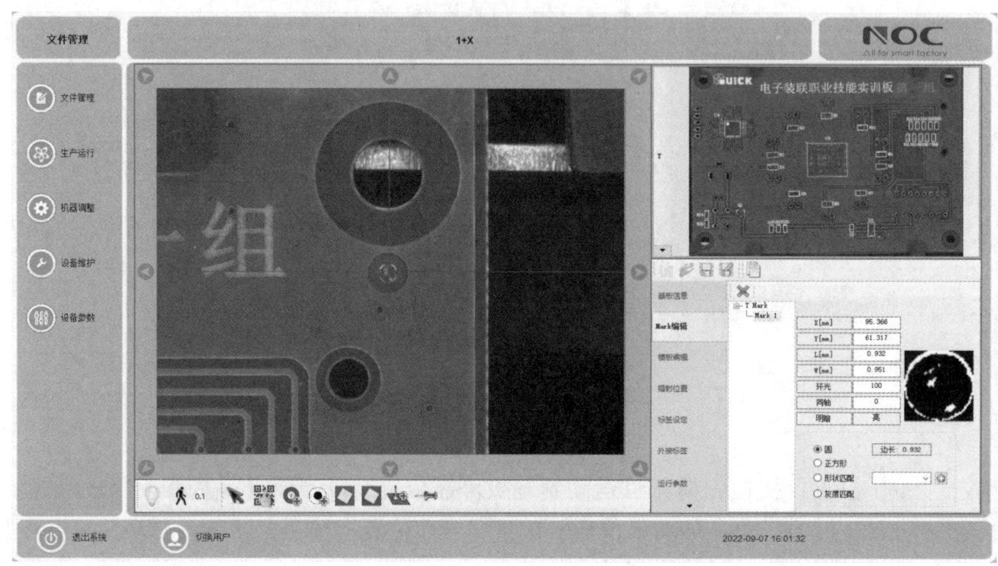

图 1-36　Mark 点编辑

技能 2　二维码模板制作

单击模板制作按钮，进入模板 EZCAD 软件，使用“条码”工具，绘制一个条形码，如图 1-37（a）所示。在字体编辑区域内，改变字体类型为二维码，并在二维码类型号中选择（DATAMATRIX）并应用，如图 1-37（b）所示。在文本信息框中输入文字内容，字符数量保持和将要标刻的二维码内容一致。

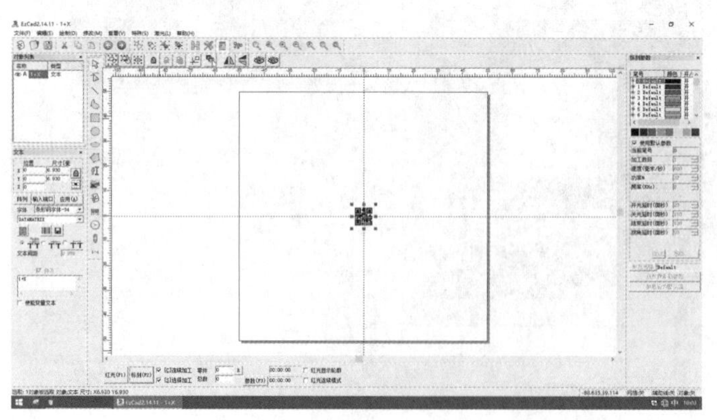

（a）绘制条形码

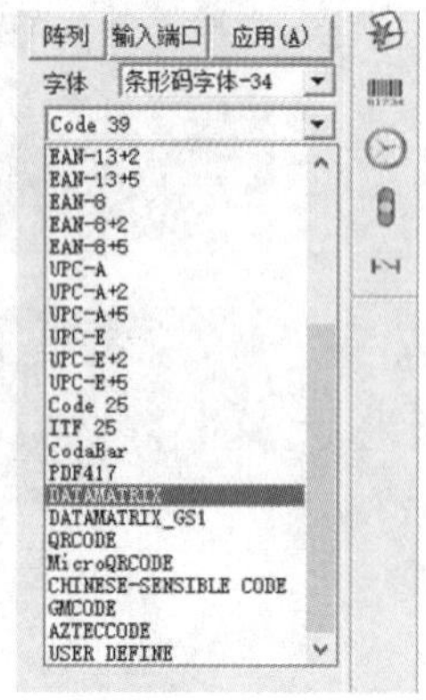

（b）字体类型转换二维码

图 1-37　二维码图案制作

设定二维码的尺寸大小，在尺寸大小编辑栏中，分别输入长宽的数值，并使用工具，对二维码进行填充，取消使能轮廓选项，请选择填充线方向类型，勾选对象整体计算，填充线条角度设定为 0，设定线间距为 0.04 mm，确定当前修改信息，如图 1–38 所示。

设定激光加工参数，取消默认激光加工参数，设定激光加工速度为 600 mm/s,功率为 30%，频率为 6 kHz，如图 1–39 所示。

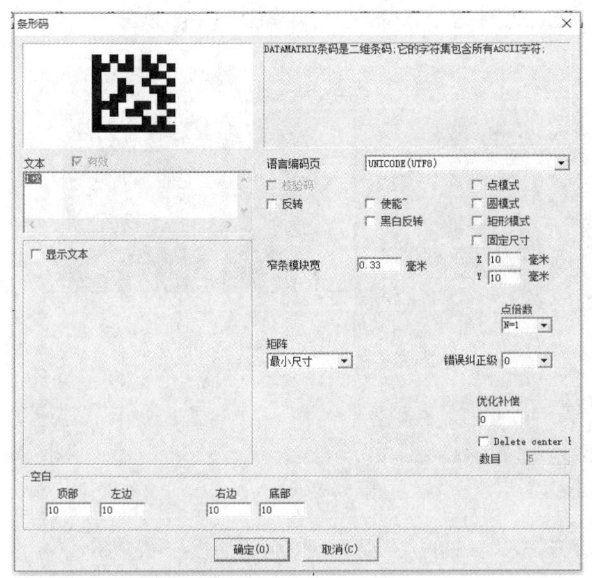

使用默认参数	
当前笔号	0
加工数目	1
速度(毫米/秒)	600
功率%	30
频率(KHz)	6
开光延时(微秒)	100
关光延时(微秒)	150
结束延时(微秒)	100
拐角延时(微秒)	50

图 1–38　二维码尺寸大小制作　　　图 1–39　激光加工参数设定

选中当前二维码，使用放置到原点，使二维码处于编辑视野的中心位置，此时它的坐标 XY 均为 0，鼠标移动至左上方的对象列表处，双击当前对象，出现修改名称栏，输入 CODE，并确定。保存当前编辑内容，模板文件名默认与生产工单同名。在 LASERMARK 软件中，同步激光模板文件，并在列表中选择当前对象为 MATRIX，并确定，如图 1–40 所示。

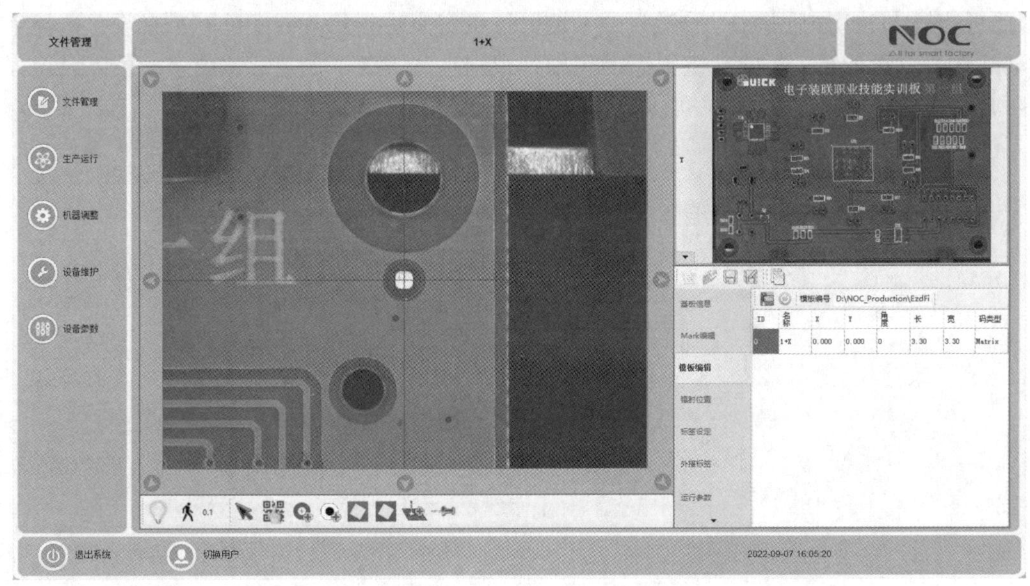

图 1–40　生成二维码模板

技能3 激光位置添加

根据生产需要，在每个PCS产品上添加激光位置。

第一步，单击激光位置按钮进入激光位置设定面；第二步，单击添加激光点按钮进行添加激光点；第三步，单击基板整体图中需要激光的大致位置，此时相机会移到点击的位置；第四步，在相机实时图里单击需要激光的位置，此时会添加激光点，如图1-41所示。

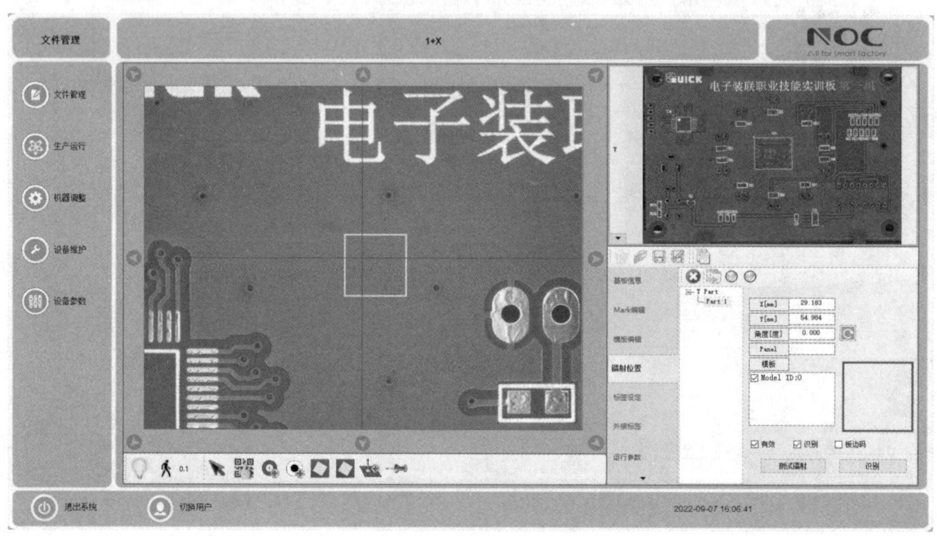

图1-41 添加激光位置

技能4 二维码标签设定

单击“标签设定”按钮，进入“标签设定”界面，如图1-42所示。第一步，单击“增加”按钮，弹出需要设定的ID标签；第二步，勾选需要设定标签的 ID，单击“确认”按钮、单击“增加”按钮，出现Label 1，如有多个变量，再次单击会依次出现 Label 2、Label 3、…… 如有需要可选择Label号后单击“修改”或“删除”按钮来进行修改或删除；第三步，选择生成的label序号；第四步，输入标签设定的规则，根据生产需要，设定标签内容，可以设定固定内容和变量内容，而变量内容又可以分为时间和流水号码。

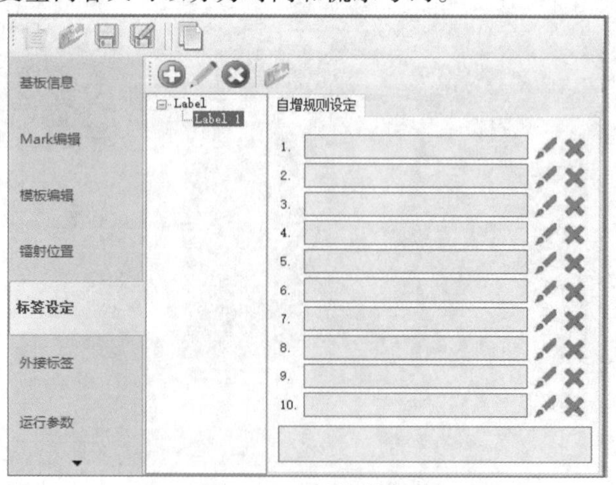

图1-42 标签设定

技能 5　二维码刻印参数设定

单击“运行参数”按钮，进入“运行参数”界面，如图 1-43 所示。Mark 点识别范围，正方形区域，代表 6 mm 正方形内抓取 Mark 点。打码识别范围，解码范围，正方形区域，代表 6 mm 范围内取图识别二维码。进出板延时，气缸停板方式为停板感应器感应到后延时多少毫秒后皮带停止转动。Sensor 停板方式为减速感应器感应到后多少毫秒后开始减速。出板后出板感应器感应不到板子延时多少毫秒轨道停止转动传板。读码等级阈值，读码等级低于此等级，设备报警提示。Y 方向停板补偿，用于进板时停板位置 Y 方向补偿。传出方式，A 面 B 面出板选择（翻板独有）。

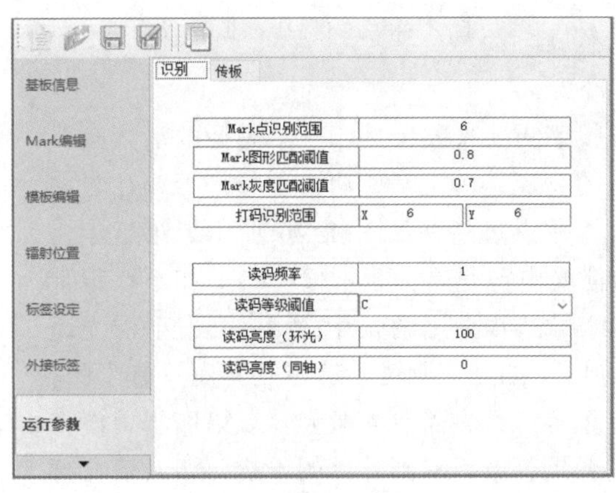

图 1-43　二维码刻印参数设定

作业 3　基板码标改善

激光打码刻印不良，一是刻制过程有目标物的错位、激光窗口的污渍、遮蔽物、功率下降等问题；二是刻制出的二维码图案不清晰，影响到扫码识别效果，必须加以分析改善。

扫一扫

激光打标——生产运行

技能 1　刻印过程不良改善

刻印过程发生不良时，诊断分析过程如图 1-44 所示。第一步，根据内置相机拍摄的图像，查清发生问题的时机；第二步，追溯实施刻印时的“激光输出、 窗口有无污渍、工件位置”等可能导致刻印不良的要素，进行验证；第三步，对提取原因的对策方法进行导航。

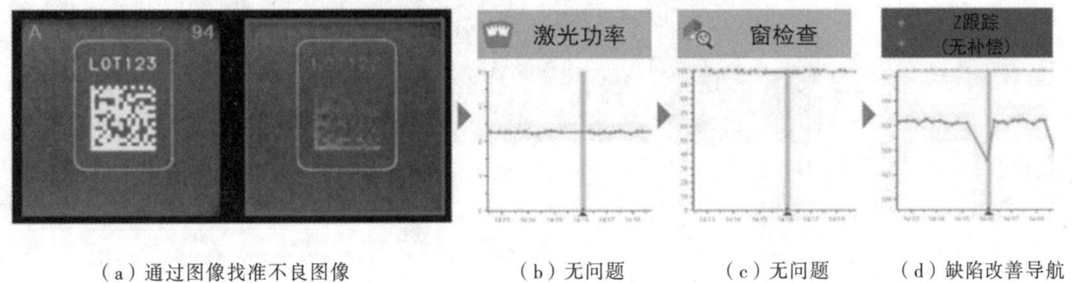

（a）通过图像找准不良图像　（b）无问题　（c）无问题　（d）缺陷改善导航

图 1-44　激光刻印不良诊断原理图

如窗口污渍监视器检查，设备设有内置传感器用于监视激光窗口，如图 1–45 所示。窗口污渍，激光被遮挡，超过阈值时，输出“刻印不良”警告。

图 1–45　窗口污渍监视器

技能 2　刻印图案不良改善

一般通过调节功率和频率两项来改善刻印图案码标的清晰度。第一步，先检查软件参数的设定是否正常，功率参数是否调在之前生产的范围之内，频率是否调得过高，如图 1–46 所示。第二步，确认第一步正常后，检查激光电源是否为正常值 24 V，如不在正常范围，则更换 24 V 电源。第三步，用调光片检测激光发射器光斑的大小圆度，光斑正常为圆形，如光斑圆度不够以及光斑只有半圆，是激光器内部发光体没有正常工作，需更换激光器。第四步，检查振镜信号是否有问题，或者是否振镜受到外界的干扰，如振镜在打码过程中出现细微的抖动，易导致打出来的文字或者图案不清晰。第五步，检查激光器的光束整合镜片是否受到损坏和污染，若有问题，则导致激光打码机打字不清晰。第六步，检查激光光束质量，如果激光打码机的光学镜片固定的镜架质量差的话，就会导致激光能量变动，甚至没有激光输出，更不用说光束质量变差了。同时，导致激光光束变差也有可能是因为激光输出镜片被损坏污染，使打印图案不清晰。

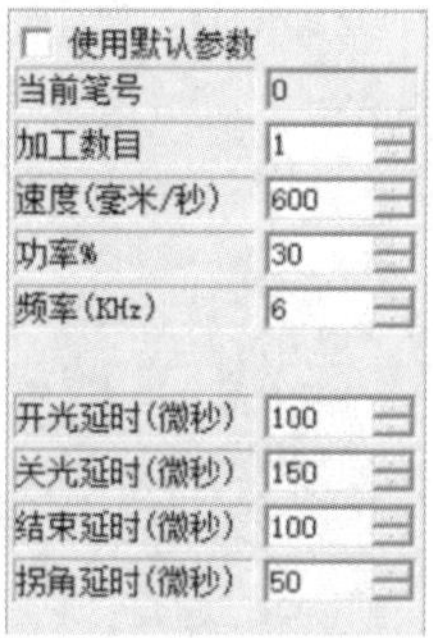

□ 使用默认参数

当前笔号	0
加工数目	1
速度(毫米/秒)	600
功率%	30
频率(KHz)	6
开光延时(微秒)	100
关光延时(微秒)	150
结束延时(微秒)	100
拐角延时(微秒)	50

图 1–46　激光参数设定

任务要诀

激光打码不能错，错码基板会废掉；
出现错误不可怕，参数设定要记牢；
激光光束很重要，振镜信号少不了；
错码改善要学会，激光打标掌握好。

<table>
<tr><th rowspan="2">序号</th><th colspan="2" rowspan="2">评价维度</th><th rowspan="2">权重</th><th colspan="3">评价情况</th></tr>
<tr><th>自我评价</th><th>小组评价</th><th>教师评价</th></tr>
<tr><td>1</td><td>技术性</td><td>（1）合理修正激光参数
（2）正确使用激光打标的软件</td><td>0.20</td><td></td><td></td><td></td></tr>
<tr><td>2</td><td>质量性</td><td>（3）仪器设备的准确性
（4）测量仪器的规范使用</td><td>0.20</td><td></td><td></td><td></td></tr>
<tr><td>3</td><td>规范性</td><td>（5）按照激光打标规范操作
（6）按照行业技术标准执行</td><td>0.20</td><td></td><td></td><td></td></tr>
<tr><td>4</td><td>经济性</td><td>（7）作业效率最高
（8）形成规范，缩短时间</td><td>0.15</td><td></td><td></td><td></td></tr>
<tr><td>5</td><td>环保性</td><td>（9）符合环保标准
（10）电能消耗最低</td><td>0.05</td><td></td><td></td><td></td></tr>
<tr><td>6</td><td>创新性</td><td>（11）工艺优化有效提升作业效率与品质
（12）有效降低激光打标的错误率</td><td>0.10</td><td></td><td></td><td></td></tr>
<tr><td>7</td><td>职业性</td><td>（13）敬业，遵守车间工作纪律
（14）协作，按质按量完成工作</td><td>0.10</td><td></td><td></td><td></td></tr>
</table>

基板贴装

“基板贴装”制程是“1+X”电子装联职业技能等级标准（中级）第二个学习领域，该制程包含印刷涂敷、贴装编程、贴片操作三项工作任务，重点涉及用印刷机、贴片机实现基板贴装的相关问题，包括锡膏、钢网、刮刀的选用，印刷、贴片等工艺参数设定，设备程序编制、生产品质检测等知识与技能。

任务1　印敷涂敷

任务目标

通过印刷涂敷任务学习，会选用锡膏，会选用刮刀、钢网等生产治具，会操作印刷机，设定印刷工艺参数，编制印刷程序，目视检测印刷品质，具备独立完成印刷工艺生产的技能。

任务描述

在前序工作基础上，完成某公司委托贴装的电子装联职业技能实训基板 dzzl–01 印刷涂敷任务，试样板如图 2–1 所示，贴装物料见表 2–1。涂敷要求具体如下：

（1）采用无铅组装工艺；

（2）锡膏印刷缺陷率≤2 000 PPM。

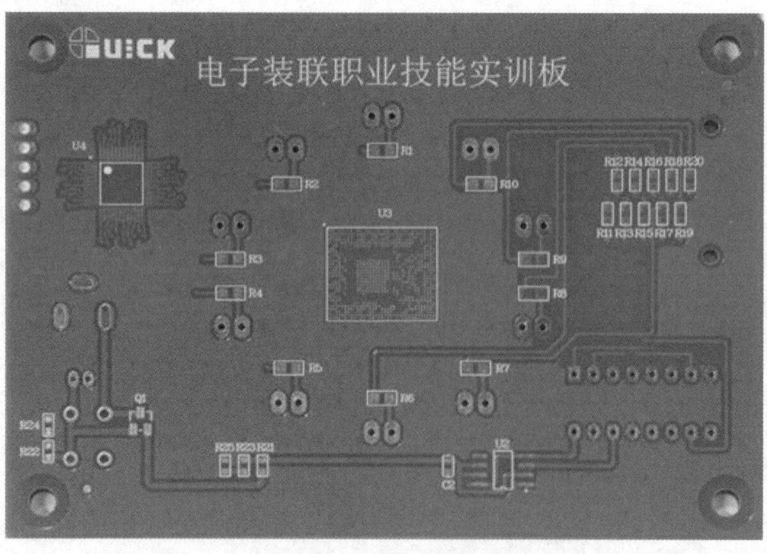

图 2–1　印刷基板试样

表 2-1　基板 dzzl-01 物料

序号	名称	规格型号	位号	封装	用量	备注
1	贴片电阻	0805-511/环保（510 Ω）	R1、R2、R3、R4、R5、R6、R7、R8、R9、R10	0805	10	再流焊
2	贴片电阻	0603-000/环保（0 Ω）	R11、R12、R13、R14、R15、R16、R17、R18、R19、R20	0603	10	再流焊
3	贴片电阻	0603-274/环保（270 kΩ）	R22 、R23、R24、R25	0603	4	再流焊
4	贴片电阻	0603-513/环保（51 kΩ）	R21	0603	1	再流焊
5	贴片 IC	SC6820/BGA	U3	BGA	1	返修台
6	贴片 IC	HT1621BQ/LQFP48	U4	LQFP48	1	再流焊
7	贴片 IC	NE555DR/环保	U2	SOP	1	再流焊
8	贴片电容	0603-105/环保（1 μF）	C2	0603	1	再流焊
9	贴片三极管	3904（长电）/环保	Q1	3904	1	再流焊
10	插件电容	CD11-25V-476/环保（47 μF）	C1	RB-2.0/5.0	1	选波焊
11	插件 IC	CD4017/DIP16	U1	DIP16	1	选波焊
12	五芯插座	XH5A/环保/E241222	J4	XH-5A	1	机器人焊
13	电源插座	DC-4702.0	J1	DC-005	1	选波焊
14	按键开关	DTS-61N/环保	K1	6 mm×6 mm 插件	1	选波焊
15	发光管	5 mm/红/IR7062B/环保	DS1、DS2、DS3、DS4、DS5、DS6、DS7、DS8、DS9、DS10	5 mm 插件	10	选波焊

任务分析

根据工作任务的描述，分析如下：

产品特征分析：观察基板 dzzl-01 和 BOM，一是依据所包含的典型贴装元器件 QFP 等，在设计钢网开孔形状和大小时，关注焊盘对应的开口形状；二是依据基板尺寸，优选小尺寸刮刀。

贴装涂敷工艺分析：依据无铅锡膏工艺选择要求，结合贴装元器件无低温工作要求，优选 Sn96.5Ag3Cu0.5 锡膏；依据产品料耗要求，在制作印刷程序时，要控制好刮刀压力和刮刀速度等印刷参数，保证锡膏厚度，避免出现少锡、拉尖等缺陷，避免元器件焊点故障，减少元器件返修率，从而管控好料损率。

印刷良率控制分析：依据客户印刷良率要求，要正确使用锡膏、定好钢网开口尺寸，选定基板 Mark 点，编好印刷程序，目视检查重点关注 SOP、QFP 焊盘锡膏厚度，消除锡膏偏移、连锡、锡少、锡多等缺陷。

任务导图

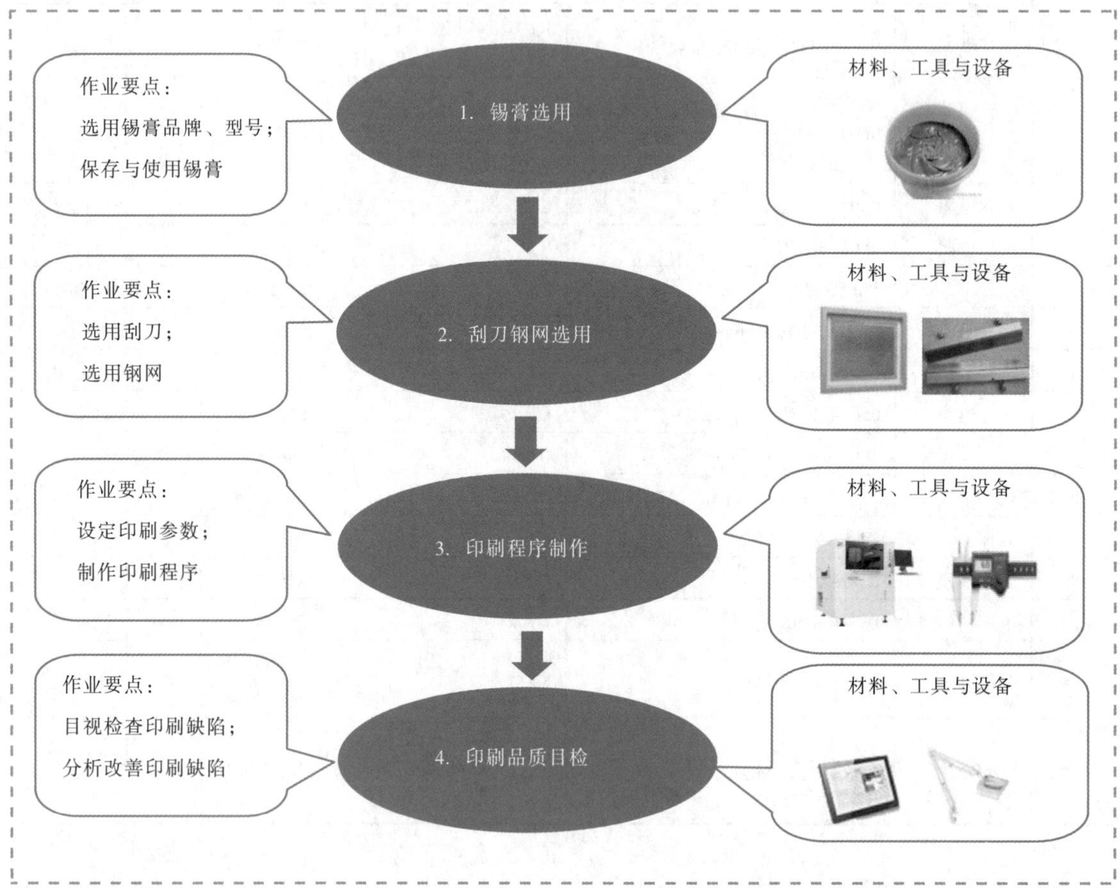

任务先通

匠心一点通

电装专家车某，普通镊子变“法器”。北京某科技有限公司电装专家车某在 15 年的从业生涯里，专注电装焊接工作。她不仅能让纤细的导线与印制线“合辙”，还能让两者“合体”，并能在实践中，巧妙地改进普通工具和操作流程，提升产品质量与生产效率。在一种产品的焊接中，要把发丝一样细的镀银导线，完整焊接到印制板上同样细如发丝的印制线条表面。在“螺蛳壳”里“做道场”，车某边操作边拿镊子调整成形，得心应手，尽显扎实功底。但工友们却倒在导线调整的难点上，产品焊接良率一度很低。车某冥思苦想着，如何让同事也能高质量完成这种焊接作业。车某把目标锁定在一件不起眼的小工具——镊子上，她结合自己的操作方法与经验，对镊子末端尖细程度和夹取宽度进行了创新改进。同事们用这种改进的镊子工作，调整导线的难度一下子就降低了，小小镊子变成了大幅度提升焊接效率和良率的“法器”。

安全一点通

作业失范，事故闹心。2020 年 4 月 23 日上午 10 时，某公司设备维护工程师张某在对 SMT 生产线检修保养，半蹲在日立印刷机后面进行电路检修保养，没有将警示牌立在设备醒目位置。作业员小王打开设备上盖门，准备调试钢网。就在这时，刮刀头突然快速撞击过来，只听“啊”的一声，小王应声撞晕倒下。后送至医院检查，作业员小王左膀骨折，生产线停机达 4 个多小时，直接造成经济损失 2 万余元。分析这起事故原因，是设备维护人员在设备维护保养中违规作业。

质量一点通

用户思维，成就降落伞合格率 100%。某公司降落伞的安全性能不够，客户要求降落伞制造商，产品的合格率必须达到 100%。当时，在厂商的努力下，合格率已经提升到 99.9%，仍然还差一点点。对此，厂商认为已没有必要再改进，能够达到这个程度已接近完美，并一再强调，任何产品也不可能绝对做到 100%的合格，除非奇迹出现。但 99.9%的合格率，就意味着每 1 000 次跳伞中，会有一个人因为跳伞而发生安全事故。后来，客户决定从厂商前一周交货的降落伞中随机挑出一个，让厂商负责人装备上身后，亲自从飞机上跳下。这个方法实施后，降落伞不良率立刻变成零。这个故事告诉我们，态度是决定一切工作成败的关键，把客户的需求当作自己的事，才会做得更好。

任务实施

在印刷涂敷任务中，主要学习锡膏选用、刮刀与钢网选用、印刷程序制作、印刷品质目检 4 个作业内容。

作业 1　锡膏选用

锡膏是 SMT 生产中的关键工艺材料，其成分、颗粒大小、助焊剂类型等因素直接影响着组装品质。因此在生产中正确选择锡膏，并能规范使用，尤为重要。

技能 1　锡膏识别

锡膏识别包含锡膏包装标签识别，依据元件特征正确选用锡膏，以及对锡膏品质的甄别等。

1. 锡膏包装标签识别

锡膏包装多以罐状为主，罐体表面贴有表示锡膏特性参数的标签，如图 2-2 所示。不同厂商罐体标签不同，但表示的基本信息大体相同，主要包含锡膏商标品牌、锡膏合金（Aolly）含量百分比、助焊剂（Flux）含量百分比、锡粉颗粒尺寸（Size）、锡膏型号（Type）、总重量（N.W.）、生产日期（MFD）、保质期（Exp）、出厂编号（Lot No）等。

Tip628LW		Lead Free	
Aolly	SnAg3.0Cu0.5	Size	20-38um
Flux	10%~11%	Type	Tip628LW
N.W.	500g	Lot No.	L20092812D
MFD.	2020.09.29	Exp.	2021.03.28

图 2-2　锡膏包装信息

2. 锡膏选用

锡膏选用分为客户指定和公司确定两种情况。客户指定锡膏则无须评估，但需试验调试，满足基板印刷再流焊的条件。公司确定锡膏及牌号主要考虑锡膏的印刷特性、黏结特性、防塌特性和润湿特性等锡膏特性能否满足焊接要求。具体选用从 6 个方面着手；一是根据环境保护要求选取无铅锡膏还是有铅锡膏。二是考虑再流焊次数及基板和元器件的温度要求，选择高温、中温、低温类型的锡膏。三是依据基板对清洁度的要求以及再流焊后不同的清洗工艺，选择免清洗锡膏，还是选择溶剂清洗型焊膏或水溶性焊膏。采用免清洗工艺，应选用不含卤素和低腐蚀性化合物的免清洗焊膏；采用溶剂清洗工艺，可选用溶剂清洗型焊膏；采用水基清洗工艺，须选用水基溶性焊膏。BGA、CSP 一般都需要选用高质量免清洗型含银的焊膏。四是依据基板和元器件存放时间、表面氧化程度来选择焊膏的活性，一般以高活性（Rosin Activated），中等活性（Rosin Mildly Activated）和低活性（Rosin）表示锡膏的活性等级。高可靠性产品、航天和军工产品可选择 R 低活性级；基板、元器件存放时间长，表面严重氧化，应选用 RA 高活性级，焊后清洗。五是依据基板组装密度来选择合金粉末颗粒度，锡膏合金粉末颗粒尺寸分为 Type2、Type3、Type4 等三种粒度等级。Type2 用于节距为 1.25 mm 引脚的元器件印刷，Type3 用于 0.38 ~ 0.75 mm 节距引脚的元器件印刷，Type4 用于 0.5 mm 以下精细节距引脚的元器件印刷。六是依据施加焊膏的工艺以及组装密度选择焊膏的粘度，高密度印刷要求高黏度，滴涂要求低黏度。

锡膏保存和使用

3. 锡膏品质甄别

与有铅锡膏相比，无铅锡膏价格较高，个别不法商家常用“锌、钾”掺假。识别方法采用火烧法甄别，无铅锡膏不怕火烧，含钾和锌的锡膏就怕火烧，多烧两分钟就会冒烟，色彩有青有红。辨别锡膏好坏的方法是“一闻三看”：一闻锡膏气味，如味道过重，那锡膏的质量就不是很好；一看在显微镜下锡粉颗粒是否均匀，表面光滑度；二看印刷脱模效果和成型效果，特别要看 3 个小时之后的效果，很多差的锡膏在印刷了 3 个小时后开始变得很差；三看炉后焊点焊接效果，助焊剂残留不宜过多。

技能 2　锡膏保存

锡膏的性能会随着环境温度的不同而改变，因此在生产中，锡膏的保存方法直接影响着基板印刷及焊接品质。

锡膏运输中通常采用泡沫箱包装，并在包装箱内放置冰袋，使其温度处于 2 ~ 25 ℃之间，确保锡膏处于低温环境，保证锡膏的最佳性能。到达车间后，其保存温度要求为 2 ~ 10 ℃。特别注意，锡膏保存的温度不能低于 0 ℃，否则锡膏中的锡的性质会起变化，进而影响锡膏性能。锡膏保存实施步骤：

第一步，查。检查锡膏包装箱的温度是否在 2 ~ 25 ℃，如果不在此范围，则有可能锡膏性能受损，应考虑退货；

第二步，设。将冰箱冷藏室的温度设定在 2 ~ 10 ℃；

第三步，贴。在锡膏罐上贴上标签贴，注明保存日期、时间及保存者；

第四步，放。打开冰箱，将锡膏标签贴朝外放入冷藏室。

同时对生产中未使用完的锡膏，需用干净无污染的空罐放置并冷藏，不可和新锡膏混合保存。锡膏一旦开封，其保质期则由原来的 6 个月缩短为 3 天，超过保存期限的锡膏须做报废处理，以确保印刷品质。

技能 3　锡膏使用

锡膏使用时，首先需从冰箱中取出锡膏。锡膏取用步骤与锡膏保存步骤刚好相反，在取用时，遵循先进先出的原则，以防锡膏过期而报废，造成浪费。同时在取出锡膏后，应通过读取所取锡膏外包装参数，核查所取锡膏与所需锡膏是否一致，确认无误后在锡膏标签贴上注明取出日期、时间及取用人。

印刷前，需要对锡膏进行回温、搅拌、添加。回温的目的是使锡膏的温度与车间环境温度一致。由于长时间放置，锡膏内部会产生分层，所以还需对其进行搅拌，让内部锡膏成分均匀混合，只有搅拌后的锡膏才能上机使用。

锡膏回温时，首先将取出的锡膏保持密封放置到锡膏回温架上，设定好回温时长，到时间后，取出锡膏即可。在回温中需要注意以下几点：一是回温的时长通常为 4 h 左右；二是在锡膏回温中，严禁开盖，以防水汽凝结在锡膏表面；三是严禁采用加热的方式缩短回温时间，锡膏回温必须为自然回温；四是在锡膏标签贴上注明回温时间及回温人。

锡膏回温后，下一步就是搅拌。搅拌前仍需在锡膏标签上注明开盖日期、时间及开盖人。锡膏的保存、回温、搅拌区如图 2-3 所示。锡膏搅拌有手动搅拌和自动搅拌两种方式。手动搅拌时通常采用塑胶搅刀，不要用力过大，以防把锡膏罐的塑胶刮到锡膏中，具体实施步骤为：

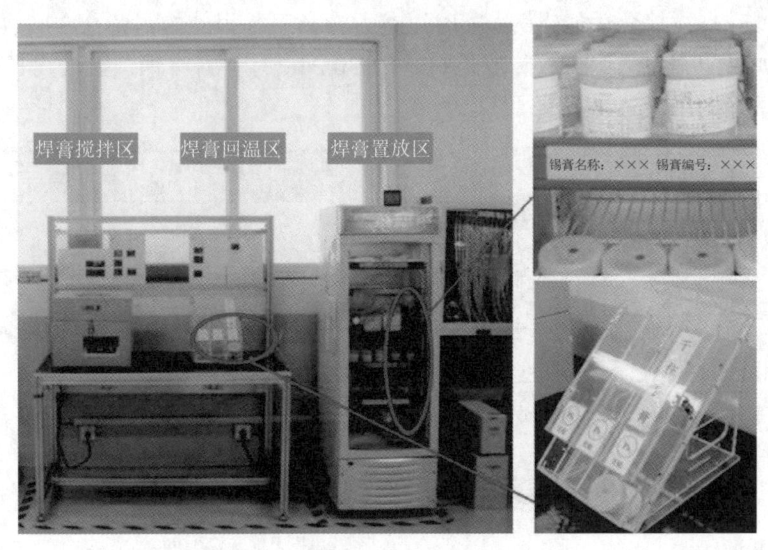

图 2-3　锡膏保存、回温、搅拌区

第一步，备工具。在手动搅拌前，需准备塑胶搅刀、无尘纸、无水乙醇等工具和材料，塑胶搅刀用于搅拌锡膏，无尘纸、无水乙醇用于脏污的擦拭。

第二步，搅锡膏。将塑胶搅刀插入锡膏罐，沿顺时针或逆时针方向搅动，要求转速在 60 ~ 80 r/min，时间约 5 min。特别强调的是沿一个方向搅动，防止锡膏搅拌时混入空气而产生焊接缺陷。

第三步，验黏度。当搅拌时间到后，用搅刀从锡膏罐中挑起锡膏，若锡膏能以均匀宽度下流，则搅拌完成；若下流不均匀，说明搅拌不够或搅拌过度。

锡膏自动搅拌的设备为锡膏自动搅拌机，操作简单，易学会，详细操作步骤如图 2-4 所示。

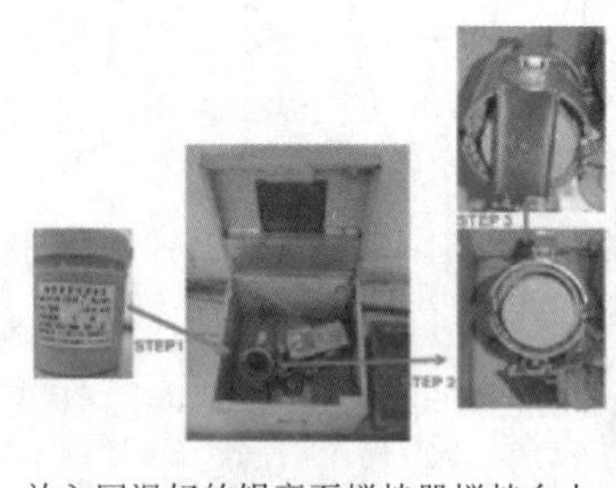

（4）按下“START”按钮，开始搅拌（中止运转按“STOP”按钮）

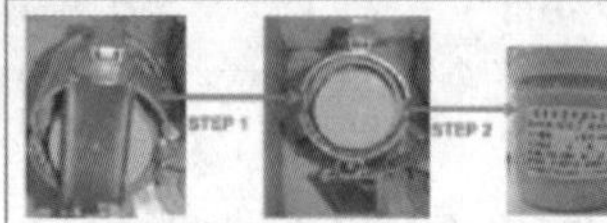

（1）打开机盖，放入回温好的锡膏至搅拌器搅拌台上；
（2）将搅拌台压扣扣紧，固定好焊膏瓶；
（3）关闭机箱盖，开启电源，设置搅拌时间3分钟。

（5）打开机箱盖，接触压扣，取出搅拌完成的焊膏（取笔在焊膏瓶上标注开封报废时间）；
（6）关闭机盖箱，按下控制面板上的“POWER”按钮，关闭机器。

图 2-4　锡膏自动搅拌机操作步骤

锡膏搅拌后，就可以添加到印刷机，为自动印刷作业做准备。锡膏添加于钢网中间区域，距离前侧钢网孔位置约 10 mm 处，并均匀成一长条，保证钢网开口宽度上都有锡膏。刚开始添加锡膏时，量不要太多，以免长时间暴露在空气中影响性能，通常添加量不超过刮刀高度的 2/3。

印刷中，需每隔 1 h 观察钢网上锡膏的剩余量，应满足 X 方向不能超过刮刀的长度，但必须超过基板长度的 20 mm；Y 方向约 15 ~ 30 mm，Z 方向 H 约 5 ~ 10 mm，但印刷时要保证 H 在 10 ~ 20 mm 之间，且不能高过前刮刀底部，如图 2-5 所示。如果不能满足上述要求，必须及时补充相同型号且搅拌合适的锡膏，同时用铲刀将刮刀行程外的锡膏往中间收集，避免锡膏干燥。另外，如果印刷中遇运行故障或待料超过 30 min 时，需将钢网上的锡膏回收到空置的锡膏瓶中，并做好标志。

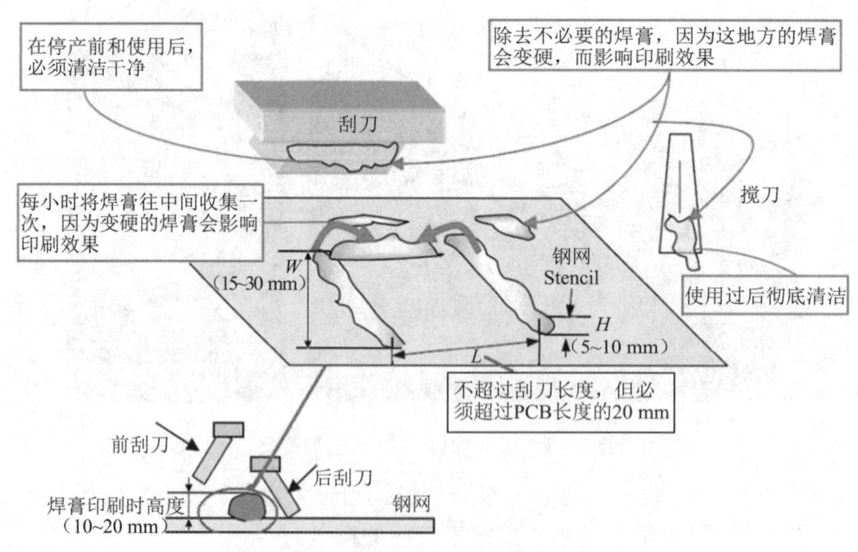

图 2-5　锡膏添加量控制示例

印刷后，为了节约成本，还需将剩余未干的锡膏回收，并放入空置锡膏瓶中，注意不可放入未使用的锡膏瓶中。回收的锡膏还可以继续使用，一般不要单独使用，而是与新的相同品牌、型号的锡膏按 1∶1 比例配合使用。

锡膏作为贴装工艺中主要的工艺材料，要熟悉锡膏的选用规范，记住其工艺要点，方能在生产中正确使用，保证印刷性能。锡膏使用的要点可总结为“锡膏怕热冰箱藏，贴上标签便于找，锡膏刚从冰箱出，不能轻易打开盖，锡膏回温 4 小时，大方开盖随意瞧，插搅刀，沿初心，一个方向快速搅，挑锡膏，判黏度，均匀下流便可用”。

作业 2　刮刀与钢网选用

在印刷涂敷中，刮刀的主要作用是刮动锡膏，使其在钢网上滚动，并实现对钢网开口的有效填充。钢网的作用是实现锡膏的定量定点分配。

技能 1　刮刀选用

刮刀选用包含刮刀材质识别、刮刀选择以及刮刀使用三项技能。

1. 刮刀材质识别

目前，市场上刮刀材质主要有两种：橡胶刮刀和金属刮刀，如图 2-6 所示。其中橡胶刮刀质地稍软，对压力较为敏感，控制难度较高，易磨损；金属刮刀性能稳定，不会产生橡胶刮刀的“挖掘”问题，寿命较橡胶刮刀长，但价格较高，且易损坏。

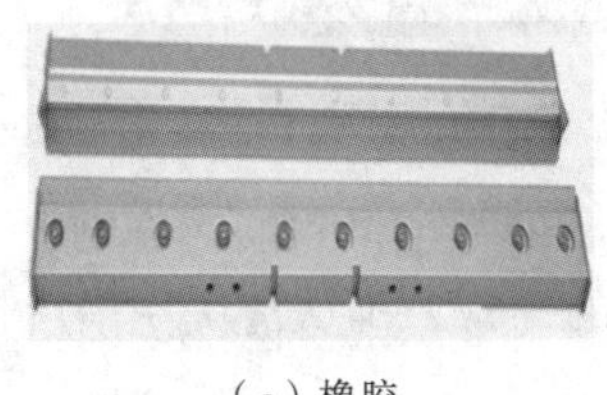

（a）橡胶

（b）金属

图 2-6　两种材质刮刀

2. 刮刀选择

刮刀选择时，需考虑长度、材质及硬度等因素。刮刀长度的选择主要与基板的水平方向长度有关，一般基板长度在 240 mm 以下时，选择小刮刀，在 240 mm 以上时，选择大刮刀。刮刀材质的选择主要与印刷产品的节距有关，通常当印刷节距小于 0.3 mm 时，金属刮刀是最佳的选择，而橡胶刮刀的挖掘问题会使得锡膏的高度不一致。当印刷只有 0.13 mm 宽度的窗孔开口时，金属刮刀趋于横向剪切锡膏，而橡胶刮刀则趋于推动锡膏进入模板开口内，使锡膏得以顺利地沉积在焊盘上。刮刀硬度直接影响和限制工艺调制能力，橡胶刮刀肖氏硬度在 60 ~ 120 HS 之间，金属刮刀肖氏硬度在 120 ~ 180 HS 之间，使用时，尽可能选择硬度较高的刮刀。刮刀的硬度常用颜色代号来区分，见表 2-2。

表 2-2　刮刀硬度与颜色对应表

硬度描述	硬度范围（肖氏硬度）	颜色
很软	60 ~ 65 HS	红色
软	70 ~ 75 HS	绿色
硬	80 ~ 85 HS	蓝色
很硬	90 HS	白色

3. 刮刀安装与使用

刮刀使用前，应检查其刀片是否完好，硬度是否达到要求，合格后方能安装在刮刀支架上。刮刀安装的步骤可分为以下三步：

第一步，查刀口。检查刀片上螺孔数目与安装支架是否相符，确认无误后，再检查其平滑度及其刀刃磨损程度，严禁出现有缺口、卷边或裂纹，一旦发现，需立即更换。

刮刀工作过程

第二步，装刮刀。将检查后的刮刀悬挂于刮刀支架上，按照图 2-7 所示顺序拧紧螺丝，同时要保证刮刀两侧的平衡。

第三步，验硬度。刮刀安装后，试印一块基板，如果印刷品质达到要求，则表明刮刀硬度在可用范围内，否则需更换。通常刮刀更换频率为设备如果 24 h 作业则每两周更换一次，或每刮 20 万次更换一次。

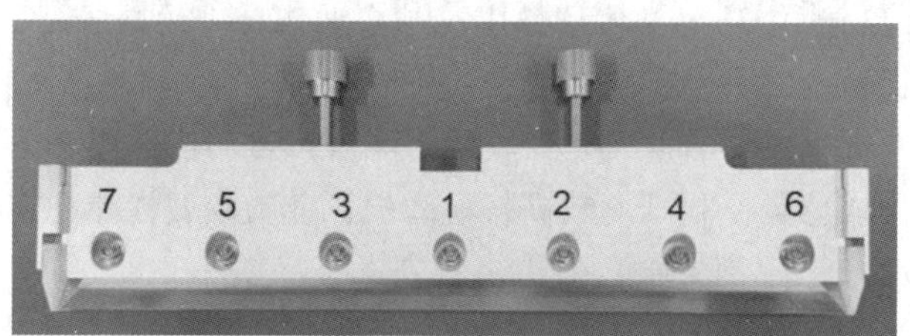

图 2-7　刮刀螺丝的紧固顺序

印刷结束后，用铲刀刮下刮刀上的锡膏，用沾有酒精的无尘纸粗略擦洗刮刀上残留的锡膏，松开刮刀紧固螺丝，再仔细清洗刮刀及其两侧挡板上的锡膏，确认清洗完毕后，装入气泡袋，并存放到工具柜内。

技能 2　钢网选用

钢网（Stencil）结构是由钢板、丝网和网框组成，网框上张贴着检验合格证，上面注明钢网编号、钢网厚度、产品名称、基板料号等信息，如图 2-8 所示。

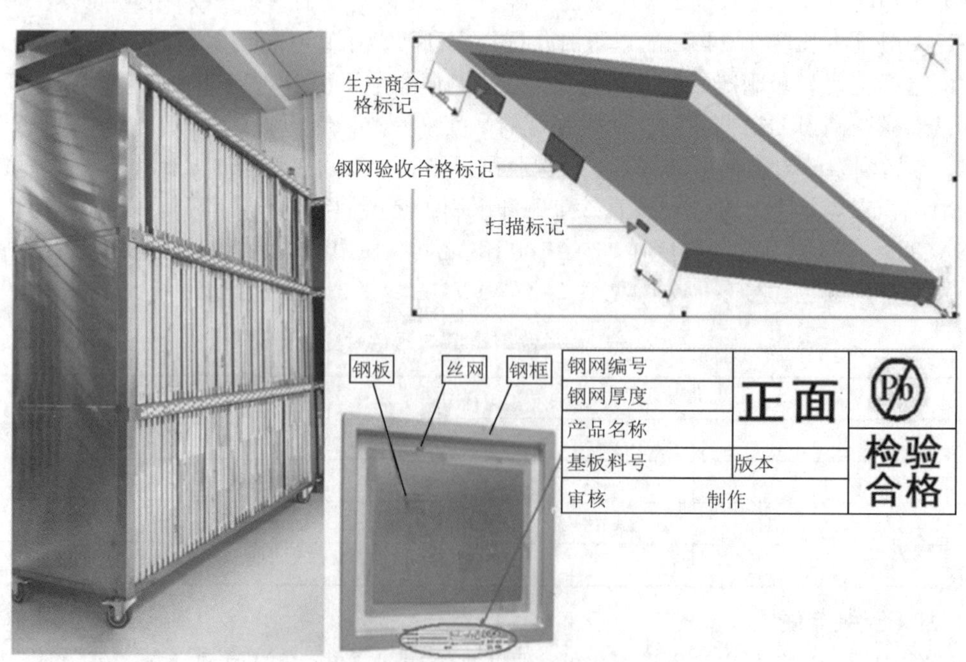

图 2-8　钢网结构与标记示例

钢网制造有激光切割、化学腐蚀和电铸三种工艺。三种制造工艺的优缺点见表 2-3。因激光切割工艺制造过程简单、快捷，所制造钢网也有较高的锡膏转移率，在业界被广泛使用。

表 2-3　三种模板制造工艺性能比较

制造方法	激光切割	化学腐蚀	电铸
材料	不锈钢	不锈钢或黄铜	镍或镍钴合金
开口位置精度	高，± 3 μm	差	高
开口尺寸	准确	不准确	准确
开口形状	自然锥度	碗状	自然锥度
开口尺寸误差	± 5 μm	± 20 μm	± 5 μm
焊膏释放	中	不良	优
成本	中	低	高
使用寿命	较长	较短	最长
孔壁形状	梯形	哑铃形	梯形
孔壁粗糙度	1.0 ~ 3.0 μm	8.0 μm	0.6 μm

钢网使用时，除了选择合适的开口制造工艺外，还需关注钢网的开口与形状。衡量钢网开口性能参数有宽厚比和面积比，所谓宽厚比（Aspect Ratio）为开口宽度与模板厚度的比值，面积比(Area Ratio)为开口面积与开口孔壁面积比值，如图 2-9 所示。在 IPC-7525 标准中规定，有铅宽厚比大于 1.5，无铅宽厚比大于 1.6；有铅面积比大于 0.66，无铅面积比大于 0.71。

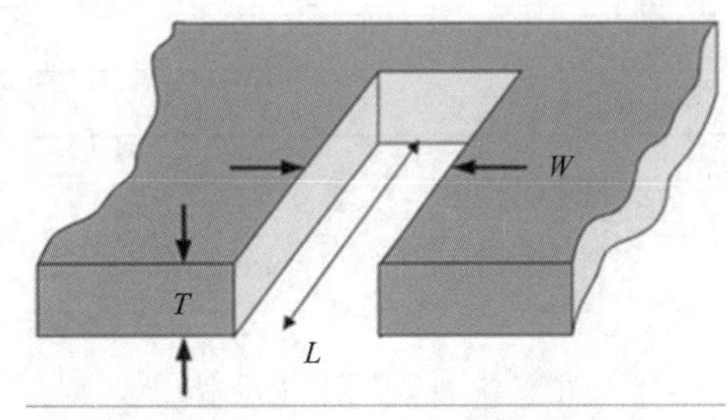

宽厚比：开口宽度（W）/模板厚度（T）

面积比：开口面积（$W \times L$）/孔壁面积[$2 \times (L+W) \times T$]

图 2-9　钢网开口参数图示

同时钢网开孔必须遵循“三球定律（即最小开孔的宽度可以容纳至少三个平均直径的锡珠）”的原则。常见钢网开口形状如图 2-10 所示。

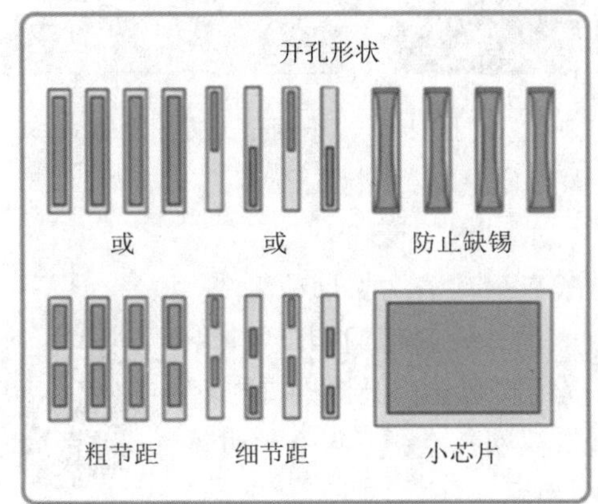

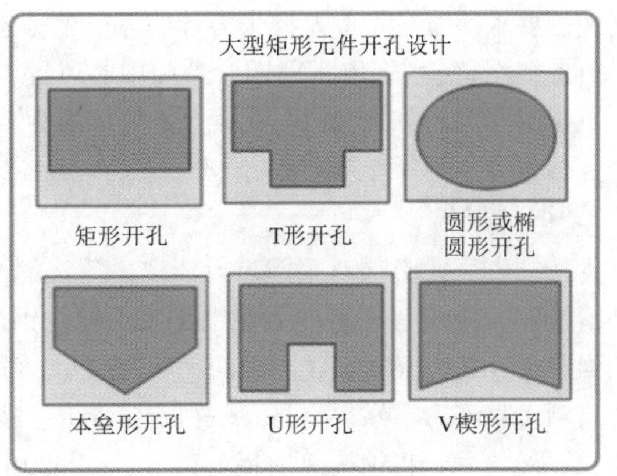

图 2-10　钢网开口形状

1. 钢网定制

在生产前，首先需要确定制造商，定制钢网，明确印刷机类型、钢网外框尺寸、钢网开口图形离外框的尺寸和 Mark 点的位置及形状、贴装元器件类型、印刷锡膏类型以及收货日期、方式、厂方联系人等信息资料，最后将需组装的基板 Gerber 文件，一并通过传真或电子邮箱等方式发给制造商。所需详细信息见表 2-4。

表 2-4　钢网制作信息

制造信息					
制作过程	□有负载		□无负载		
	□锡膏印刷		□涂胶印刷		
刮刀类型	□不锈钢		□橡胶		□其他（可定制）
网框类型	□DEK（736 × 736）				□其他（可定制）
厚度（mm）	□0.13	□0.15	□0.18	□0.20	□其他（可定制）
钢网制作工艺	□激光		□电铸		□其他（可定制）
基准点蚀刻	□上半部位置		□下半部位置		□其他（可定制）
图像中心	□基准点		□对角 Mark 定位孔		□其他（可定制）
处理方法	□电镀		□镀镍		□其他（可定制）
其他要求及建议					

2. 钢网验收

定制钢网到货后，还需对开口、张力等进行检查，合格后才能投产使用。具体可分为以下三步：

第一步，查。拆开钢网运输包装，取出钢网放在操作台上，调出该钢网的委托书和 GERBER 文件，目视检查钢网的出厂检验标志、钢网的平整度、钢网开口位置、开口尺寸、方式及数量。

第二步，量。用专用的量测工具测钢网框架尺寸和钢网的厚度与要求一致。

第三步，验。用张力计检验钢网的张力能否达到使用要求。操作前首先将张力计归零，然后水平放置钢网，分别选取钢网四个角和中心位置五个点量测张力，如图 2-11 所示，张力标准为每个点的张力不得小于 40 N/cm。

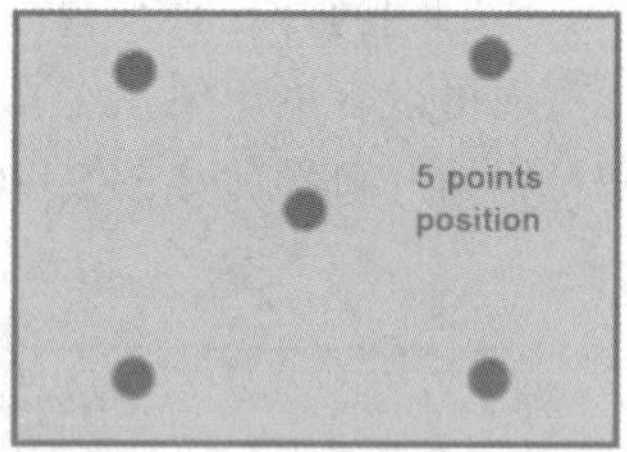

图 2-11　钢网张力量测示意

3. 钢网清洗

生产结束后，必须对钢网进行清洗，清洗的方式有手动清洗和自动清洗。手动清洗时，用沾有酒精的无尘纸（布）清洗钢网表面，倾斜钢网 45°，沿其表面目视，是否有花斑纹。确认无花斑纹后，用气枪吹网孔，保持枪口与钢网距离约 15 cm，持续 2 ~ 3 min，并取 10 倍放大镜目视网孔壁，不得有超过 1 颗颗粒，确认后，将钢网放回钢网架上，如图 2-12 所示。

扫一扫

钢网验收

图 2-12　钢网手动清洗

机器清洗时，首先确认自动钢网清洗机气压正常，然后打开机门，放置钢网，设定清洗时间，按下“清洗”按钮，进入钢网自动清洗，清洗结束，打开门，取出钢网，确认清洗效果，合格后，将钢网放回钢网架上，如图 2-13 所示。

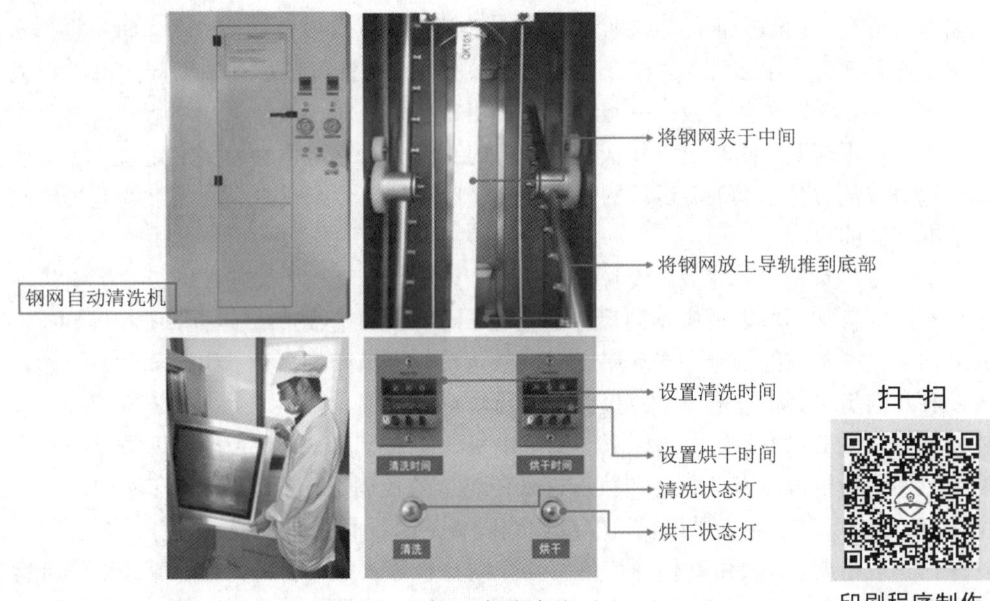

图 2-13　钢网自动清洗

刮刀、钢网是印刷工序中关键的辅助工具，其验收、选用不当均会影响锡膏印刷品质。现将其使用要点总结如下：锡膏印刷好伙伴，刮刀和钢网；锡膏滚动靠刮刀，印刷多少钢网定，要想印刷品质好，二者少不了。

作业 3　印刷程序制作

本作业中，在了解学习印刷机结构基础上，重点学习印刷参数设定和印刷程序的制作等知识与技能。我们将以 GD450+印刷机为例学习。GD450+印刷机的外观如图 2-14 所示。

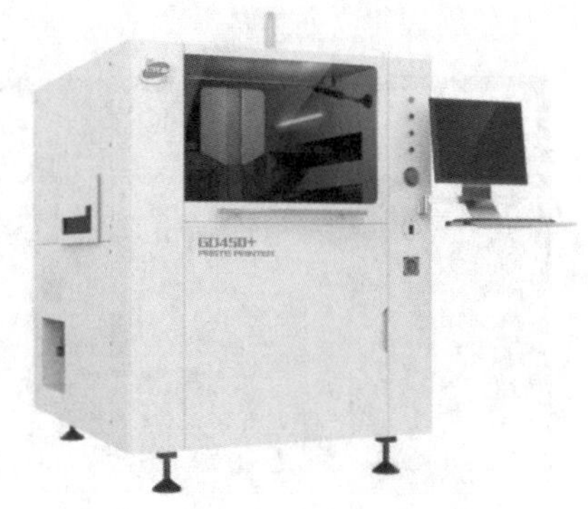

图 2-14　印刷机外观

技能 1　印刷机结构识别

锡膏印刷机是将一定量的锡膏涂敷到基板相应焊盘上的一种专用设备，按其自动化程度不同分为手动印刷机、半自动印刷机、全自动印刷机。其中，全自动锡膏印刷机因其高质高效的工作方式，在业界得到了广泛应用。

该设备外部组成有三色灯、前后罩、紧急制动开关、显示器、主电源开关和开始按钮等，前后罩用于对机器印刷工作台的防护，只有在前后罩都盖上后，印刷机才能开始工作。设备内部结构由四部分组成，分别为机械系统、视觉系统、气动系统和电控系统。视觉系统主要实现基板与钢网的精确定位，保证印刷精度；气动系统提供印刷机工作所需的气压，提供印刷压力等；电控系统实现印刷工作过程受计算机控制，减少人工干预，提高生产效率。下面重点学习印刷机机械系统。

印刷机机械系统由工作台装置、基板传输及其定位装置、钢网自动定位及其清洁装置、刮锡装置等部分组成。

工作台装置如图 2-15 所示，其功能是通过机器视觉，工作台自动调节 X、Y 及 θ 方向位置偏差，精确实现印刷钢网与基板的对准。组成部件包括平台移动机构、印刷工作台面等。在印刷工作台面上有很多孔，这些孔是用来插放顶针，顶针可以起到辅助固定薄基板或拼板的作用。顶针均匀放置在薄基板或拼板的下方，当基板定位时，顶针顶住基板，以避免薄基板弯曲变形或者拼板压碎。同时在对基板进行定位时，有前基准定位和后基准定位。所谓前基准定位是指轨道前侧边是不动的，运动的是后侧边。后基准定位则反之，目前市场上的印刷机多采用前基准定位的方式。

基板传送及定位装置如图 2-16 所示，它主要是实现对基板进板出板的运输、停板位置及导轨宽度的自动调节以适应不同尺寸的基板。同时利用基板边缘夹紧系统稳固地夹持基板，提供最佳的钢网基板间密合，实现锡膏的有效沉淀，提高印刷品质。组成部件有：运输导轨、运输带轮及同步带、步进电机、停板机构、导轨调宽机构、磁性顶针、顶销、偏心顶针、专用工装夹具等。在工作中，先由基板宽度调节电机、丝杠等，根据基板的宽度调整轨道宽度，其调整的范围受到轨道原点传感器和轨道极限传感器的控制，即一台设备可印刷的最小和最大基板尺寸。轨道原点传感器主要让轨道宽度回到设备的出厂时初始位置，在生产中起到复位的作用，以保证轨道精度。接着由基板等待传感器控制基板进入工作台的次序，保证工作台有基板印刷时，基板不能传入，只有等待传感器接收到工作台的需求信号，下一块基板才可传入。同样的，当基板印刷完成后，工作台接收到基板传出装置的需求信号时，将基板传出，进而完成一块基板的传送。

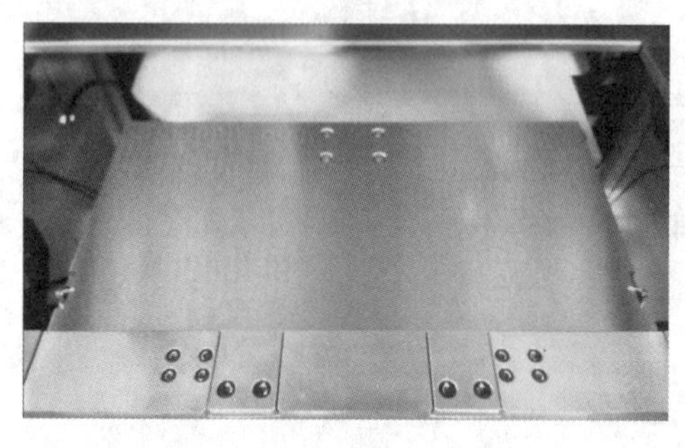

图 2-15 印刷工作台

图 2-16 基板传输及定位装置

钢网自动定位及清洁装置如图 2-17 所示，其功能是实现钢网的自动定位、夹持和清洁。

图 2-17（a）是钢网定位锁紧部分结构，图 2-17（b）是钢网自动清洁部分结构。该装置包含钢网移动机构、钢网固定机构、文丘里管、鼓风机、清洗液储存和喷洒机构、卷纸机构、升降气缸等。工作时通过视觉系统拖动清洗系统移动，自动清洗钢网底面，保证印刷品质。清洁方式一般有干洗、湿洗和真空洗三种方式，干洗用无尘纸清洗、湿洗是用酒精溶剂清洗，真空洗多用于清洗网板孔壁粘连的锡膏。本台设备配有干洗、湿洗、真空洗三种装置，由干洗、湿洗、真空洗三种方式又可以组合成“湿+真空”“干+真空”“湿+干+真空”等多种清洗方式。

（a）钢网定位锁紧部分结构

（b）钢网自动清洁部分机构

图 2-17　钢网定位与清洗装置

刮锡装置如图 2-18 所示，刮锡装置是印刷机的重要部分，印刷压力、印刷角度等都由刮锡装置提供。GD450+印刷机采用悬浮式自适应刮刀，精确控制印刷压力，实现印刷工艺的灵活多变。

图 2-18　刮锡装置

技能 2　印刷程序制作

锡膏印刷机工作流程如图 2-19 所示。

印刷机开机后，一般首先要做机器归零检查，所谓归零是指印刷机所有的运动部件回到其初始状态。印刷机能归零，一般表明印刷机工作状态正常，不能归零，则说明印刷机存在故障。该设备归零后的界面如图 2-20 所示。

设备归零后，就进入印刷程序设定的界面，GD450+印刷机程序制作的流程如图 2-21 所示。

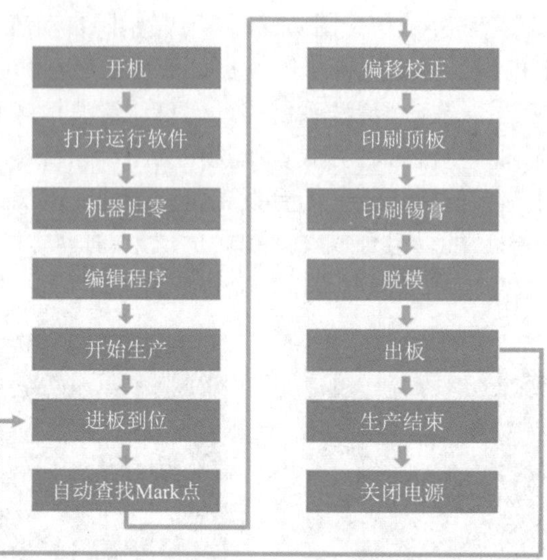

图 2-19　印刷工作流程

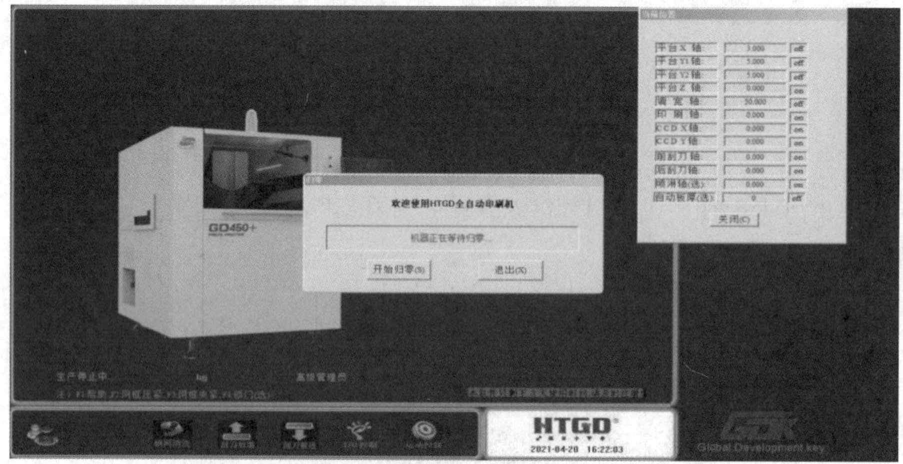

图 2-20　GD450+等待归零

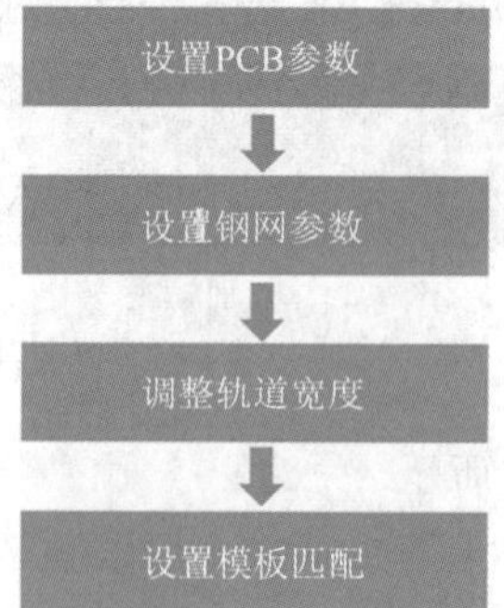

图 2-21　印刷机程序制作流程

GD450+印刷机基板、钢网等参数设定界面如图 2-22 所示。

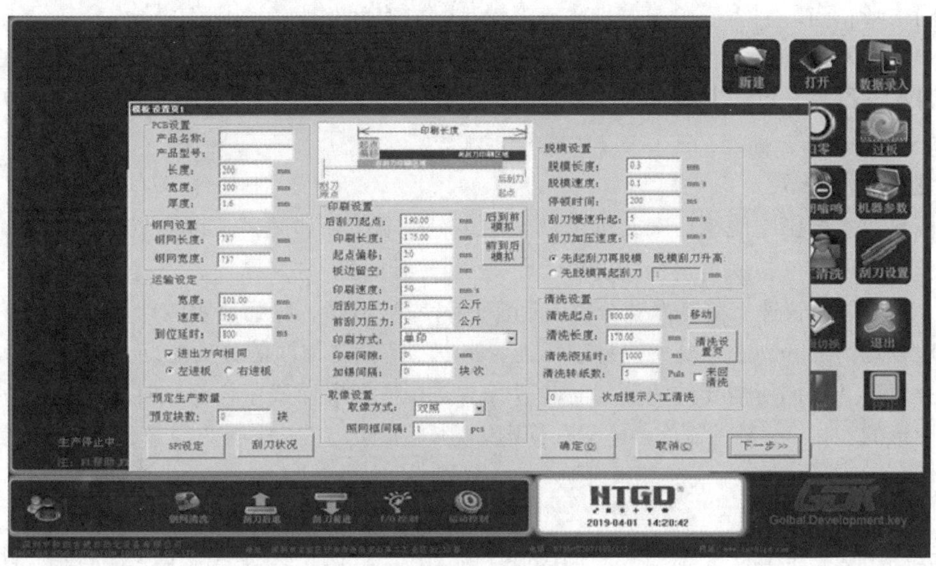

图 2-22　基板、钢网等参数设定界面

在这里需要设定的主要参数有基板参数、钢网参数、进板方向、刮刀参数、脱模参数、清洗参数等，如图 2-23 所示。

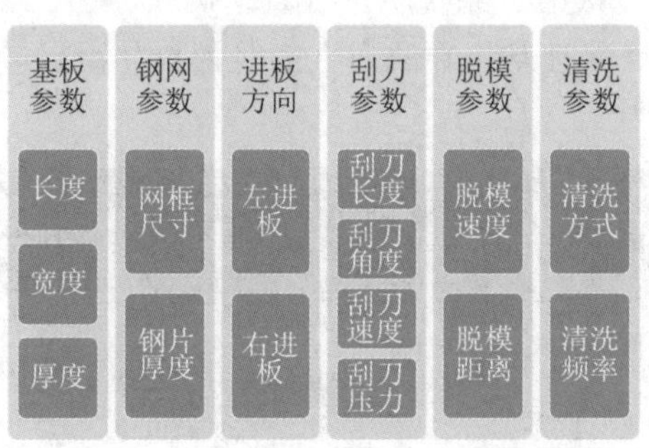

图 2-23　主要印刷工艺参数

1. 基板参数设定

基板参数包括基板的长、宽、厚等，用卡尺量取参数并输入，特别注意的是，设备中参数的单位为 mm，因此输入前需要注意转换单位。同时对于带基准边的基板，基准边的尺寸为长，非基准边的尺寸为宽。其他参数在基板参数完成后，设备会自动提供初始值，生产中可根据实际情况作优化调整。

2. 刮刀参数设定

刮刀参数作为印刷工艺中的主要参数，需要重点关注，尤其是刮刀速度和刮刀压力。刮刀速度设定时需考虑所用锡膏的黏稠度和基板上元器件的最小引脚节距。所用锡膏的黏稠度大，刮刀的速度越低，反之亦然。对刮刀速度的选择，一般先从较小速度开始试印，慢慢加大，直到印出标准锡膏图形为止。速度范围为 15 ~ 50 mm/s。在印刷小于 0.5 mm 细节距焊盘锡膏时，应适当降低刮刀速度，一般为 15 ~ 30 mm/s，以增加锡膏在窗口处的停滞时间，从而增加基板

焊盘上的锡膏；当印刷大于 0.5 mm 宽节距焊盘时，速度一般为 30 ~ 50 mm/s。刮刀压力大小直接影响印刷效果，以合适的刮刀压力保证印出的锡膏边缘清晰，表面平整，厚度适宜。压力太小，锡膏量不足，会产生虚焊；压力太大，导致锡膏连接，产生桥连。因此刮刀压力一般设定为 0.5 ~ 10 kg。

3. 脱模参数设定

脱模参数主要影响脱模后锡膏的形状，主要有脱模速度和脱模长度（距离）两个参数。脱模速度指印刷后的基板脱离钢网的速度，在锡膏与钢网完全脱离之前，分离速度要慢，待完全脱离后，基板可以快速下降。慢速分离有利于锡膏图形清晰，对细节距的印刷尤其重要。脱模速度一般设定为 3 mm/s，脱模太快易破坏锡膏形状。基板与钢网的分离时间是指印刷后的基板以脱板速度离开钢网所需要的时间，时间过长，易在模板底面残留锡膏；时间过短，不利于锡膏印刷图形的稳定。一般控制在 1 s 左右，用脱模长度（距离）来控制此变量，一般设定为 0.5 ~ 2 mm。

4. 清洗参数设定

清洗的主要目的是清除钢网背面的锡膏，以保证印刷图形清晰、饱满。钢网清洗的参数有清洗模式、清洗频率和清洗的速度。清洗模式有干式和湿式两种，干式清洁模式材料为无尘纸，湿式清洁模式再加以无水乙醇配合进行。清洗频率取决于产品的组装品质要求和实际的印刷质量，要求高的产品可以每印刷一块基板清洗一次，清洗的速度通常为 50 mm/s.

基板、钢网等参数设定完成后，系统将进入轨道调整界面，如图 2-24 所示。本次操作在机器完成后，需要人工确认，保证基板在轨道上能轻松自如滑行。若轨道宽度不合适，则需返回上一步，重新设定基板参数。

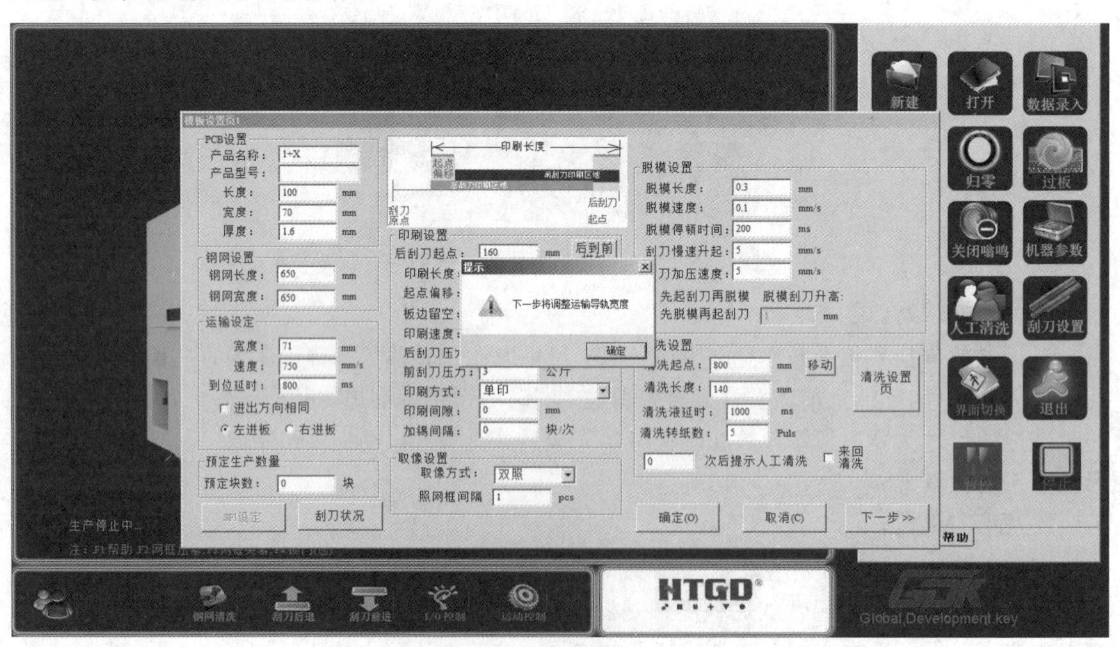

图 2-24　轨道调整界面

轨道调整完成后，系统自动跳转进入模板匹配设定界面，如图 2-25 所示。

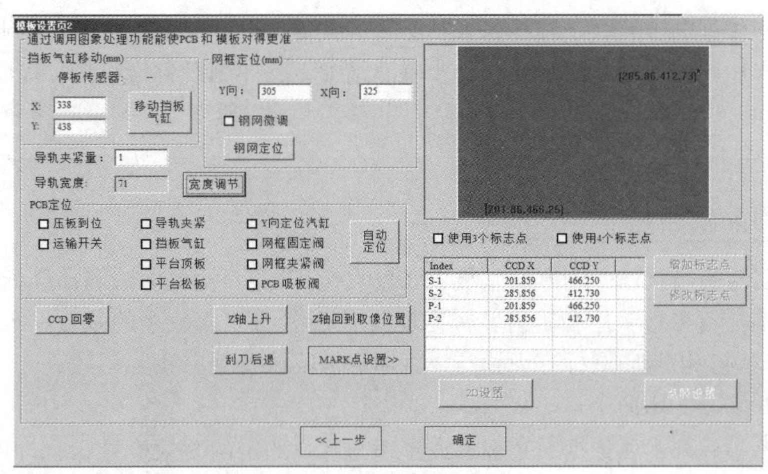

图 2-25　模板匹配界面

模板匹配操作步骤有以下八步：

第一步，在印刷平台上放置一定数量的顶针；

第二步，从设备外侧将基板按进板方向放在轨道上，再单击“自动定位”按钮，完成基板定位，该步骤中需确认基板与轨道是否夹紧，与轨道平面是否共面；

第三步，单击“CCD 回零”按钮，使 CCD 回到原点；

第四步，单击“Z 轴上升”按钮，平台将基板顶到印刷高度；

第五步，选中“网框固定阀”复选框，松开网框固定夹具，放入钢网，并让钢网与基板大致对准，然后再选中“网框固定阀”复选框，固定好钢网；

第六步，单击“Z 轴回到取像位置”按钮；

第七步，单击“Mark 点设置”按钮；

第八步，单击“增加标志点”后再单击基板上要抓取的 Mark 点位置，在显示框内找到 Mark 图像，接着调整图像的亮度使其黑白分明，最后选择对应的 Mark 图形，单击“自动查找”按钮即完成第一个 Mark 点的制作，采用相同方法再完成第二个基板 Mark 与钢网 Mark 的制作，如图 2-26 所示。

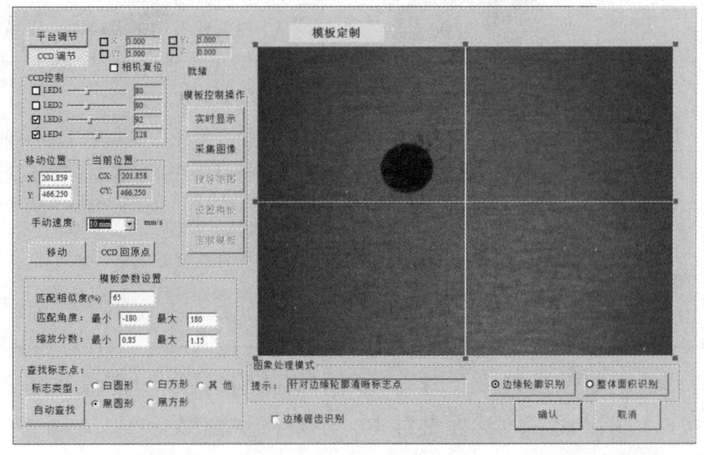

图 2-26　基板 Mark 制作界面

印刷程序制作是电子装联工程技术人员必备的技能之一，不同设备的程序制作流程会有差异，但原理基本相同。现将印刷程序制作步骤总结如下：印刷设备虽很多，程序制作却相似；先从基板参数起，长宽厚等少不了；再上刮刀定参数，压力速度最重要；后定钢网传基板，上下对位方可印。

作业 4　印刷品质目检

印刷品质目检是指将已印刷好的基板放在放大镜下，用目测的方法和印刷标准图形相比较找出其印刷缺陷。目视检验适合于组装密度较低，IC 器件引脚较少的基板。本作业主要学习锡膏印刷缺陷识别、锡膏印刷标准识读与锡膏印刷缺陷改善等内容。

技能 1　锡膏印刷缺陷识别

锡膏印刷检验标准主要依据 IPC 标准或遵循与客户约定的质量检验标准，IPC 锡膏印刷检验标准见表 2-5。目标印刷是锡膏无偏移，锡膏厚度在可控范围，成型好，焊盘覆盖率达到允许值。一旦发生锡膏偏移超出允许范围，即属于印刷缺陷。

表 2-5　IPC 锡膏印刷标准（节选）

名　　称	状况	图　　例	描　　述
片式元件 1608 2125 3216	标准		（1）锡膏无偏移 （2）锡膏量，厚度均匀 （3）锡膏成型佳，无崩塌断裂 （4）锡膏覆盖焊盘 90%以上
	可接受		（1）钢网的开孔有缩孔，但锡膏仍有 85%覆盖焊盘 （2）锡量均匀 （3）锡膏厚度于规格内
	缺陷		（1）锡膏量不足 （2）两点锡膏量不均 （3）印刷偏移超过 20%焊盘
引线节距 =1.25 mm 零件锡膏印刷	标准		（1）各锡膏几乎完全覆盖各焊盘 （2）锡膏量均匀，厚度在 0.20 ~ 0.25 mm （3）锡膏成型佳，无缺锡、崩塌
	可接受		（1）锡膏之成型佳 （2）虽有偏移，但未超过 15%焊盘 （3）锡膏厚度合乎规范 0.2 ~ 0.3 mm 之间
	缺陷		（1）锡膏偏移量超过 15%焊盘 （2）当零件放置时造成桥连

锡膏印刷检验目的是能通过检验及时发现印刷的缺陷，判断印刷参数是否正确。重点检验：

（1）锡膏位置。印刷锡膏必须与焊盘对中，不得产生偏移。

（2）锡膏厚度。印刷厚度适量且一致。

常见影响印刷品质的因素有4M1E的5大方面，即人、机、料、法、环等5大因素。人即操作者，包括在印刷工序中参与的所有人。机即设备，指生产所用的印刷机。料指在印刷工作中所用的辅材和工具。法指印刷作业标准，如印刷参数设定标准和操作规范等。环指的是生产环境，通常指环境的温度、湿度和静电防护等方面。

标准的锡膏印刷图形应饱满、无偏移、无坍塌，覆盖全部焊盘。在生产中，常见印刷缺陷如图2-27所示，有少锡、渗锡、桥连、偏移、拉尖、凹陷等。下面对每种缺陷做一个简单阐述。

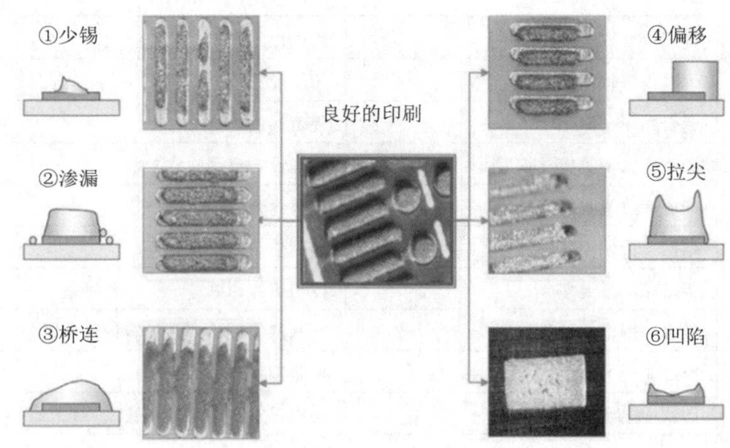

图2-27　常见印刷缺陷图例

少锡，是指所印的锡量不够，焊盘覆盖率未达到标准，易出现锡膏断断续续的现象；渗锡，是锡膏印刷完成后，在焊盘上漫流铺展，锡膏在焊盘上难以保持原来的形状，一旦出现渗锡现象，在后续的焊接中易产生桥连等缺陷；桥连，是指相邻的焊盘因为锡膏连接在一起的现象，印刷工程中，锡膏黏度低，钢网开口大、刮刀压力小等会产生此缺陷；偏移，是指锡膏印刷的位置部分在焊盘外，超出焊盘的所在区域，对有铅锡膏，如果偏移的量在可控范围内，因有铅锡膏润湿性强，在焊接中可以自我修复，若偏移量超出范围，尤其窄节距元器件，则焊接后会发生桥连；拉尖，是指锡膏印刷后表面不平整，有尖角或毛刺存在，毛刺若较长，一旦塌落到焊盘外的区域，则会导致焊接后的桥连，若毛刺较短，焊接后也会发生焊点的拉尖现象；凹陷，它和拉尖现象刚好相反，是指锡膏印刷图像的上表面不在同一个平面，有凹坑，若凹坑较小，则不会影响锡膏印刷量，如若凹坑较大，也会导致锡量不足，同时在后续的贴片工艺中，也会导致对元器件的黏力较弱，进而导致元器件的移位。

技能2　锡膏印刷缺陷改善

印刷缺陷发生后，要想办法去改善它，以提升产品组装品质。在目视检查时，若发现焊盘上锡膏厚度较薄，可适当减小刮刀压力，发现锡厚，可适当增大刮刀压力。若发现偏移现象，需重新调整钢网位置和印刷工作台位置。若发现桥连现象，可适当增大刮刀压力。若发现拉尖现象，需重新调整离网速度，观察还未排除，再调整离网间隙。发现焊盘四周有渗锡现象，添加一些新锡膏，调节增大锡膏黏度，试印刷后，还有渗锡现象，通过缩小离网间隙或减小印刷压力等方法来调节印刷参数，确认印刷品质。发现凹陷现象，减小刮刀压力。发现塌陷现象，减小刮刀压力。发现少锡现象，减小刮刀速度，观察未排除，确认锡膏黏度太高，适当添加少

许溶剂、搅拌，进行试印刷，再次目视确认印刷品质，如此反复，直至合格为止。锡膏印刷中，应每印刷 2~5 片基板抽检 1 片，一旦发现印刷不良，立刻通知技术人员，进行改善调整。上述 6 种印刷缺陷的改善方案见表 2-6。

表 2-6　锡膏印刷缺陷改善方案

序号	缺陷	产生原因	对　策
1	少锡	锡膏黏度较大	规范选用锡膏
		刮刀压力太小	正确设定刮刀压力
		刮刀速度较快	正确设定刮刀速度
		钢网内壁较粗糙	印刷前规范检查钢网
2	渗锡	锡膏黏度较低	规范选用锡膏
		印刷中未及时擦拭钢网	正确设定钢网清洁参数
		印刷后放置时间过长	规范锡膏管理
		钢网开口精度不够	印刷前规范检查钢网
3	桥连	锡膏印刷量太多	控制锡膏印刷量
		锡膏印刷产生偏移	印刷前规范检查基板与钢网的对位
		拉尖锡膏的塌落	控制锡膏的拉尖缺陷
		印刷中未及时擦拭钢网	正确设定钢网清洁参数
4	偏移	基板与钢网未对位	正确调整钢网使其与基板完全对位
		基板 Mark 点识别不良	规范选择基板 Mark
		印刷机的精度较低	选用印刷精度较高的印刷机
		操作人员不认真	提升工作人员的工作态度
5	拉尖	锡膏黏度较大	规范选用锡膏
		钢网内壁较粗糙	印刷前规范检查钢网
		离网速度较快	正确设定离网参数
		印刷中未及时擦拭钢网	正确设定钢网清洁参数
6	凹陷	刮刀硬度较低	正确选用刮刀
		刮刀压力太大	正确设定刮刀压力
		钢网的开口较大	印刷前规范检查钢网开口位置
		钢网内壁较粗糙	印刷前规范检查钢网开口内壁

针对印刷不良基板，应先用刮刀刮下基板已印刷锡膏，再用沾有酒精的无尘纸，清洁基板表面的残留锡膏，最后用风枪离基板大约 3 cm，吹掉基板导通孔孔内的残留锡膏、溶剂，备下一次印刷使用。

印刷品质目检是印刷工序中的最后一道工序，直接把关印刷品质，必须认真对待，其工艺要点可总结如下：

任务要诀

> 锡膏没印好，贴件一边倒；
> 锡膏印偏位，修理白受罪；
> 首件印得好，缺陷自然少；
> 参数设定好，印刷品质高。

工作评价

序号	评价维度		权重	评价情况		
				自我评价	小组评价	教师评价
1	技术性	（1）正确选用锡膏、钢网和刮刀 （2）正确设定印刷工艺参数	0.20			
2	质量性	（3）印刷品质缺陷在目标值内 （4）品质意识内化于各作业环节	0.20			
3	规范性	（5）按照作业指导书操作 （6）按照行业技术标准执行	0.20			
4	经济性	（7）作业效率最高 （8）材料使用最少	0.15			
5	环保性	（9）锡膏、清洗剂符合环保标准 （10）电能消耗最低	0.05			
6	创新性	（11）工艺优化有效提升作业效率与品质 （12）有效降低材料损耗	0.10			
7	职业性	（13）敬业，遵守车间工作纪律 （14）协作，按质按量完成工作	0.10			

任务 2　贴装编程

任务目标

通过贴装编程任务学习，能根据实际产品，使用指定贴装设备，编制、优化贴装程序，设定贴装工艺参数，具备独立程序编制的能力。

任务描述

在前序工作基础上，完成基板 dzzl-01 贴装程序制作，BOM 见表 2-1，具体要求如下：

（1）完成基板数据、贴片数据、元件数据、机器数据等制作；

（2）完成贴片程序优化。

扫一扫

RT-1S 贴片机
（程序制作）

任务分析

根据工作任务的描述，分析如下：

产品特征分析：观察基板 dzzl-01 和 BOM，待组装的元器件中包含 QFP 等精密细节距元器件，因此在贴片编程中需要制作这类元器件图像信息，提升贴装精度。

设备贴装能力分析：现有贴片机不支持贴装 BGA，该 BGA 芯片建议采用 BGA 专用返修台贴装。

料损率控制分析：依据物料损耗要求，在制作贴装程序时，制作零部件资料库，尤其对贴片电容，正确设定贴装压力以防开裂，从而管控好料损率。

贴装良率控制分析：依贴装良率要求，要规范使用供料器，选好基板 Mark 点，编好贴装程序，目检重点关注 QFP 贴装精度，消除偏移、反向等缺陷产生。

任务导图

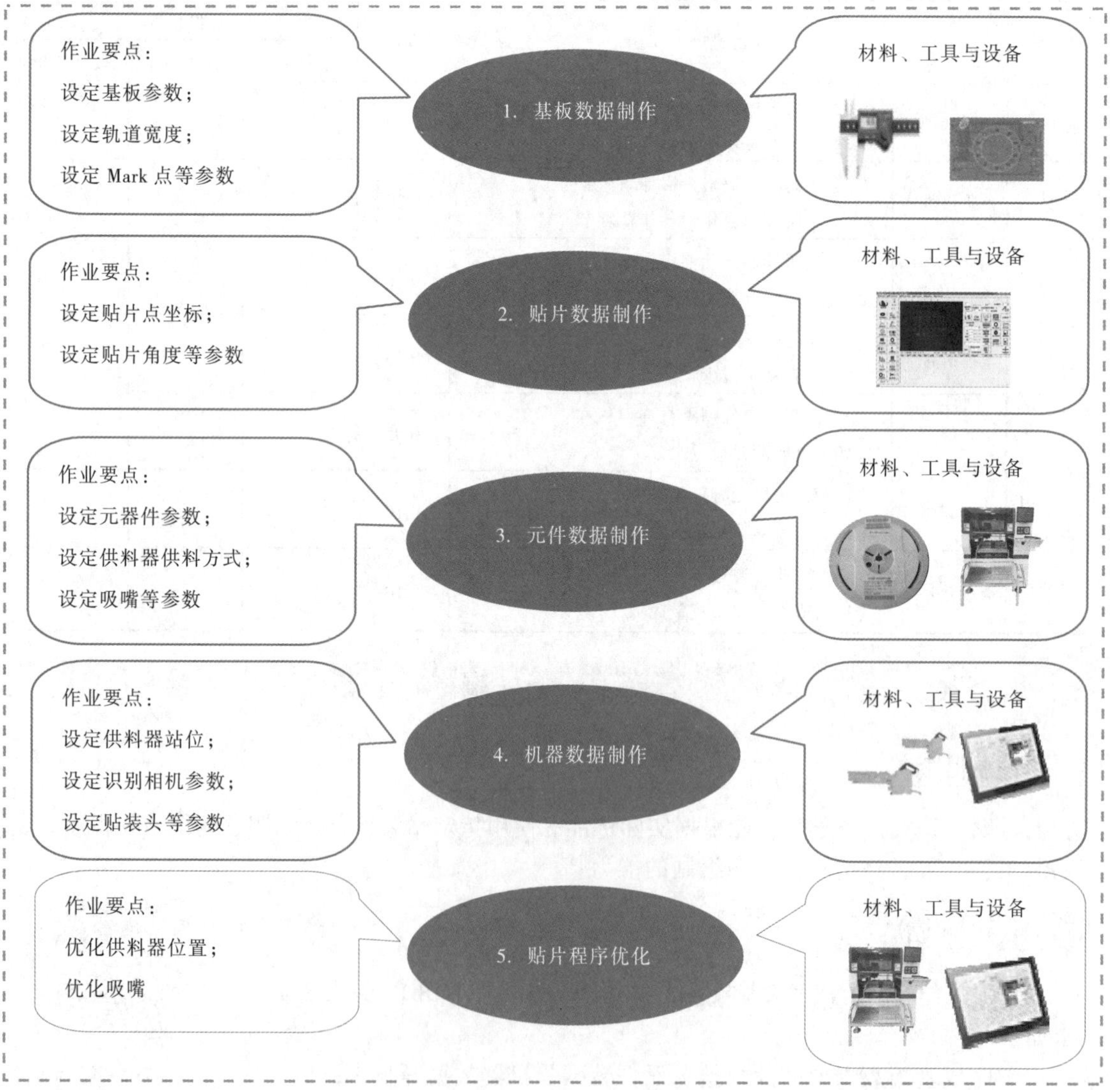

1. 基板数据制作

作业要点：
设定基板参数；
设定轨道宽度；
设定 Mark 点等参数

材料、工具与设备

2. 贴片数据制作

作业要点：
设定贴片点坐标；
设定贴片角度等参数

材料、工具与设备

3. 元件数据制作

作业要点：
设定元器件参数；
设定供料器供料方式；
设定吸嘴等参数

材料、工具与设备

4. 机器数据制作

作业要点：
设定供料器站位；
设定识别相机参数；
设定贴装头等参数

材料、工具与设备

5. 贴片程序优化

作业要点：
优化供料器位置；
优化吸嘴

材料、工具与设备

任务先通

匠心一点通

潜心编程十载，成就技术能手。2019 年 12 月 5 日上午 9 时，广州某电子装联车间键盘敲击声，不绝于耳。原来，这里正在举办企业每年度的贴片机编程大赛。参赛选手们飞快地往计算机里敲打参数，最终张某以最短时间、最优的程序，蝉联工厂冠军，实现 5 连冠，凸显张某编程法的魔力。张某起初编一个基板贴装程序至少要花费 4 ~ 6 个小时，严重影响生产效率。张某苦思，可否有一套快速的编程方法呢？于是她精心研究贴片机设备结构，自学编程语言。寒来暑往，潜心研究十载，终于创造出一套“10 分钟”编程法。一个产品程序，张某总在 10 分钟内完美实现，极大地提升了产品贴装作业时间，为企业效益提升做出突出贡献，在公司赢得了“张快手”的美誉！

安全一点通

安全门感应器失灵，酿成操作员手臂骨折。2020 年 8 月 10 日上午 9 时 30 分，中山市某电子厂的车间里，正在使用贴片机的蔡先生，突然“哇”的一声，应声倒下。工友随即察看，发现蔡先生的手臂鲜血直流，血肉模糊。调查发现，蔡先生违规将机器安全门感应器用胶布遮挡，并打开安全门，将手臂直接伸入机器内部处理机器生产问题时，安全门掉落，砸伤手臂，至骨折。切莫无视机器操作安全提示！

质量一点通

疏于认真，不良上身。2019 年 6 月 11 日夜班，武汉某电子装联车间，贴片机操作员吴某在换料时，未报告领班人员确认换料情况，错将一个 IC 器件换成引脚封装相同、但性能不同的器件，直至巡检人员发现时，已焊接好基板 183PCS。鉴于汽车电子特殊要求，基板不得返修，造成工厂直接经济损失 8.75 万元，质量声誉也受到一定的影响。

任务实施

贴装编程是指在贴片机中完成拾取元件、置放元件程式的制作。在贴装编程任务中，我们将主要学习基板数据制作、贴片数据制作、元件数据制作、机器数据制作、贴片程序优化五个作业技能。

作业 1　基板数据制作

基板数据用于确定基板尺寸信息，主要包括设定基板长度、宽度、厚度以及基准点制作。本作业将以易通 RT-1S 为例，分别介绍基板尺寸设定以及 Mark 点制作。

技能 1　贴片机结构识别

贴片机类型很多，按功能分类，主要有高速机和多功能机两种，如图 2-28 所示。高速贴片机主要以贴装片式元件（指电阻、电容）、二极管、三极管、少引脚的 IC 等为主，多功能贴片机除了能贴装片式元件外，还能贴装 IC（如 QFP、BGA 等）和异形器件（如按钮、插排等）。

扫一扫

RT-1S 贴片机（生产前准备）

贴片机按组装结构分主要有拱架型、转塔形、复合型、模组机（大规模平行系统）四种结构，如图 2-29 所示。拱架型贴片机贴片头沿着 X、Y 轴移动，吸取供料器上元器件，供料器通常静止不动，适用于大部分元器件，高精度机器一般都是这种类型。转塔形贴片机转塔贴片头从一组移动的送料器组成的料站中吸取元器件，然后把元器件贴放在位于移动工作台上的基板上面，拾取元器件和置放元器件同时进行，贴片速度大幅度提高。复合形贴片机综合了转塔式和拱架式的特点，动臂上安装有转盘，又称“闪电头”，贴片速度高。模组型贴片机使用一系列单独小贴装单元，各单元有独立丝杆位置系统、相机和贴装头。各贴装头可吸取部分的带式物料，贴装基板一定区域，基板以固定间隔时间在机器内步进，单独的各个单元机器运行速度较慢，但其连续或平行运行会有很高的效率。

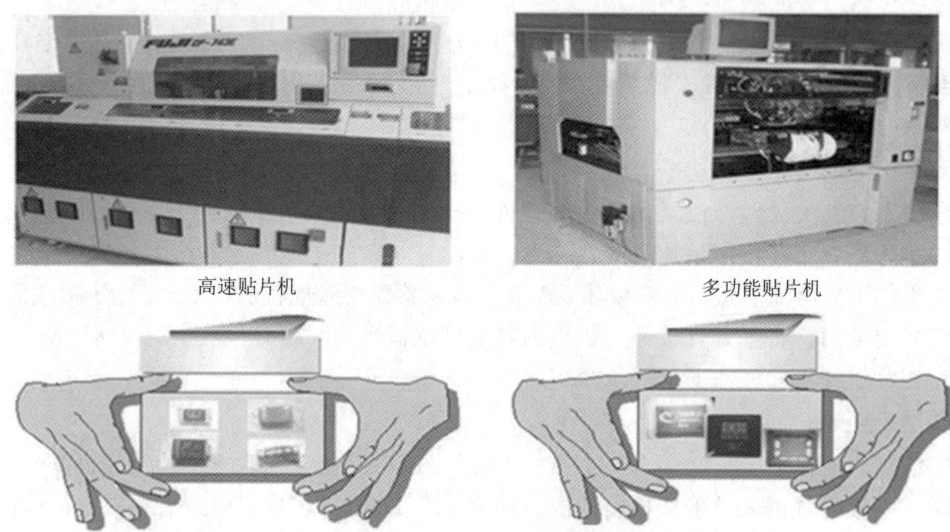

图 2-28　按功能分类贴片机

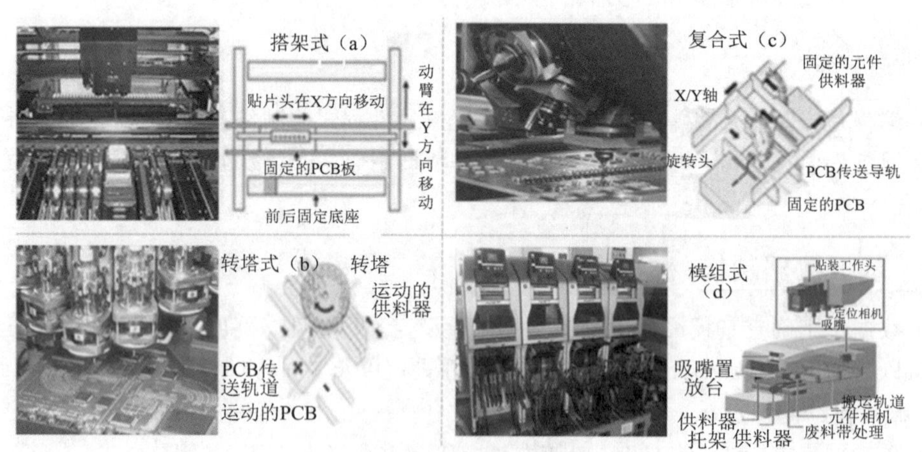

图 2-29　贴片机结构类型

目前市场上贴片机主要有松下、富士、环球、JUKI、雅马哈等品牌，每种贴片机都有若干种型号，完成不同的贴片功能，它们的基本结构主要包含机械系统、检测识别系统、贴片头、供料系统、气路系统和计算机控制系统等六个组成部分。

1. 机械系统识别

贴片机的机械系统主要由机架机壳、基板传送装置、伺服定位装置组成。机架机壳是贴片机的“骨架”和“皮肤”，支撑着所有的传动、定位和传送等机构，保护各种机械电气硬件。因贴片机在工作中处于高速运动，启动和刹车停止的加速度可达 3 *g*（3 个重力加速度），机架将承受很大的冲击作用力，必须沉重而稳定。通常机架有整体铸造式、钢结构式两种，目前贴片机多采用整体铸造式机架，其稳固性、抗震性极强。衡量贴片机机械稳定性的一种简单试验方法，是用一枚硬币立于机台上，稳定性好的机器在运行时不会出现翻倒现象。机壳主要功能是起安全保护、防尘、防电磁干扰等作用。机壳的操作控制部分最佳位置为距离地面 1 018 ~ 1 368 mm 的范围内。相邻两个按钮之间的最佳距离为 50.8 mm。基板传送装置是将基板传送到预定位置，贴片完成后再将它传至下道工序，如图 2-30 所示。伺服定位装置决定机器的贴片精度，一是支撑贴片头、确保贴片头精密定位。二是支撑基板承载平台并实现对基板在 X-Y 方向移动。

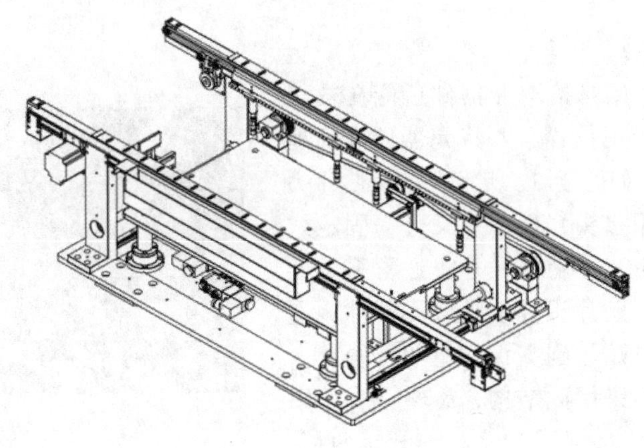

图 2-30　基板传送装置

2. 检测识别系统识别

检测识别系统主要由识别装置和传感器检测装置构成。识别装置在工作过程中，确认基板、供料器和元器件等识别对象的贴装性能和位置。传感器检测装置检测、监视贴片机运行状态，传感器的多少决定着贴片机智能化的水平。其中磁尺作为位移式数字传感器，在贴片机中得到广泛的应用，如图 2-31 所示。它又称磁栅，由磁性标尺、磁头和电路组成。其作用主要是精密测量贴片头移动的位移。磁尺测量位移原理类似于磁带的录音原理，是在非导磁的材料如铜、不锈钢、玻璃或其他合金材料的基体上镀一层磁性薄膜（常用 Ni-Co-P 或 Fe-Co 合金）。

磁头的输出信号为它所对应的磁栅尺上某个位置的磁通。磁栅数显表在接收磁头输出信号后进行处理，通过带通滤波环节设定，中心频率为励磁频率的 2 倍频 ω，这样磁头的输出信号就可表示为随磁尺位置变化的正弦信号，从而检测出磁尺与磁头的相对位置。

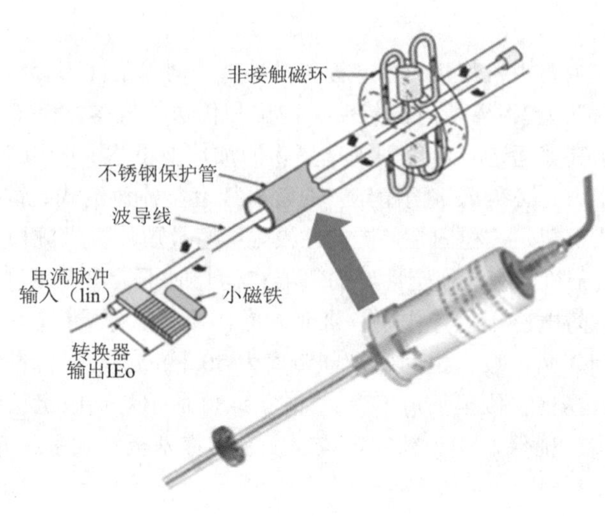

图 2-31　磁尺

3. 贴片头识别

贴片头的主要作用是拾取元器件后能在校正系统的控制下自动校正位置，并将元器件准确地贴放到指定的位置，如图 2-32 所示。早期贴片头有单头，现在一般用多头，而多头又分为固定式和旋转式两种。固定式多功能贴片机通常采用此种结构，工作时多个贴片头分别吸取元器件，通过光学对中后再依次贴放到基板指定的位置上。旋转式高速贴片机多采用此结构，旋转方式可以有水平旋转（转塔）和垂直旋转（转盘式）两种。转塔式这类机器多见松下、三洋和富士制造的贴片机，以松下 MSR 型贴片机为例，贴片机中有 16 个贴片头，每个头上有 4～6 个吸嘴，吸放多种不同大小的元器件。16 个贴片头固定安装在转塔上，只做水平方向旋转，旋转头各位置可明确分工。贴片头在 1 号位从送料器上吸起元器件，然后在运动过程中完成校正、测试，直至 5 号位完成贴片工序。由于贴片头是固定旋转，不能移动，元器件的供给只能靠送料器在水平方向的运动将所需的贴放元器件送到指定的位置。贴放位置则由基板工作台的 X、Y 轴高速运动来实现。转盘式贴片头这类贴片头多见于西门子贴片机，旋转头上安装有 12 个吸嘴，工作时每个吸嘴均吸取元器件，并在 CCD 处调整 $\Delta\theta$（角度位移），吸嘴中均安装有真空传感器和压力传感器。通常此类贴片机中安装两组或四组旋转头，其中一组头在贴片，而另一组则在吸取元器件，然后交换功能，以达到高速贴片的目的。复合式贴片头如安必昂 FCM 型贴片机就是一种，由 16 个独立贴片头组合而成。16 个头可以同时贴放元器件，每小时可以贴放 9.6 万个片式元器件，但对于每个贴片头来说，每小时只贴 6 000 个片式元器件，仅相当于一台中速机的水平。因此工作时贴片精度高，故障率小，噪声低，对一个需贴装的产品来说，只要将所贴放的元器件按照一定的程序分配到 16 个贴片头上，就能实现均衡组合，并可获得极高的速度。

图 2-32　贴片头

4. 供料系统识别

供料系统是片式元器件 SMC/SMD 置放工作站，其作用是按照一定规律和顺序提供给贴片头，并使它准确方便地拾取元器件。根据 SMC/SMD 包装的不同，供料器通常有带状（Tape）、管状（Stick）、盘状（Waffle）和散料等几种。在供料系统的供料台上通常有位置标签、锁定轴、定位槽等装置，可以放置 8 mm、12 mm、16 mm 等带状供料器、管状供料器等。每个 8 mm 供料器占 2 个位置标签，每个 12 mm 供料器占 3 个位置标签。供料器所在位置指供料器定位销对准的位置标签，上侧位置标签表示的是前面供料器放置位置，下侧位置标签表示的是后面供料器放置位置，如图 2–33 所示。

图 2–33　供料系统

5. 气路系统识别

贴片机的气路系统是贴片机的重要组成部分，在贴片机中，应用气动的部分包括基板的停板和夹板机构、吸嘴吸取元器件、吸嘴更换器等。

6. 计算机控制系统识别

计算机控制核心是 VME（VERSA Module Eurocard）箱，实现整机数据的采集传送和分析处理功能，并向各部分发出指令，完成机械传动、图像处理及检测功能，具有良好的人机界面与联机接口及其通信功能，对中断信号的反应非常迅速。硬件控制系统由机器主控制器、内嵌式 PC、运动控制卡、图像卡和 I/O 接口板组成，实现了坐标和外围 I/O 接口控制，保证运动的准确性和快速响应性。运动控制卡主要实现坐标运动控制信号的采集，传送各种加工数据和动作执行指令功能等。图像采集卡主要采集和传送各种贴装元器件和基板标记点的数据，如图 2–34 所示。

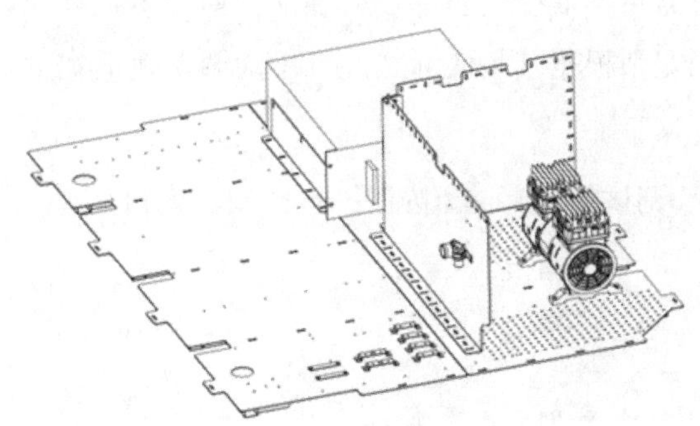

图 2–34　控制系统

技能 2　基板尺寸设定

扫一扫

RT-1S 贴片机（进板调试）

基板尺寸通常包括基板外形尺寸、基准点位置、基板设计偏移量、基板高度、基板厚度、背面高度等几个参数。其中基板长度影响着停板位置以及贴片头行程，基板宽度影响着轨道调宽，基板厚度影响着夹板器的夹紧程度，基板设计偏移量影响基板贴片范围，基板高度影响后期贴片时贴片头下降深度。

在参数设定之前我们先介绍几个概念。一是基准，同印刷机一样也分为前基准、后基准。二是止挡销，若基板从左向右传输，则定义基板的右侧 Y 方向的中间位置是该基板的止挡销；反之，基板从右向左传输，则基板的左侧 Y 方向的中间位置是该基板的止挡销。三是基板设计端点，若前基准，当基板从左向右传输，则基板的右下角位置是该基板的设计端点。四是基板设计原点由编程者选择，可以是基板外的一点，也可以是基板内的一点，通常选择基板内四角顶点，或孔基准点。五是基板设计偏移量是指基板设计端点到基板设计原点之间的位移。

基板尺寸的 6 个参数的设定方法如图 2-35 所示。

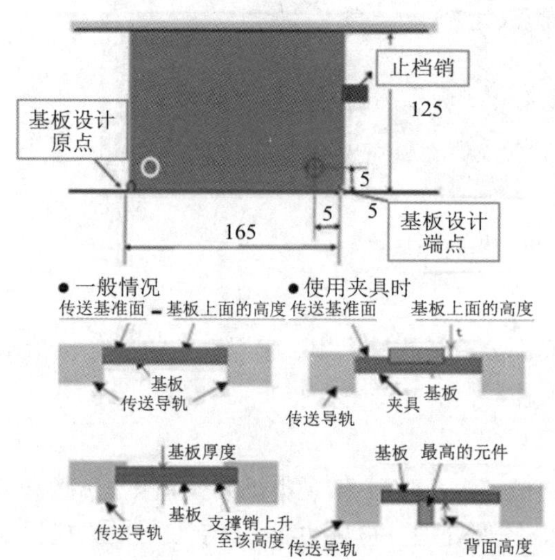

基板设计偏移量：输入从基板设计原点看基板设计端点的位置。

基板设计端点：由机器的前后基准和传输方向决定。

例：基板尺寸　X=165　Y=125
参照孔位置　X=160　Y=5
基本设计偏移量　X=165　Y=0

基板高度：从传输基准面到基板表面的高度，不使用治具时为0。

基板厚度：该值用于决定基板定心时支撑台上升的高度。

背面高度：输入基板背面贴片元件中最高元件高度。

图 2-35　基板尺寸设定参数（mm）

对于 RT-1S 贴片机，它是通过固定式挡板器停板，气动式夹板，故无须设定基板长度和厚度，贴片机会根据基板实际厚度自动夹紧。RT-1S 贴片机只需要设定基板宽度，常规贴片机轨道调宽分为自动调宽以及手动调宽。自动调宽功能需要结合离线式编程，在程序-基板数据中编制宽度数据；手动调宽则根据基板实际宽度，手动调整轨道宽度。下面以 RT-1S 为例，介绍手动调宽的过程:

1. 单击主界面上的“调试界面”按钮，打开调试窗口。

2. 找到“调宽 widening” 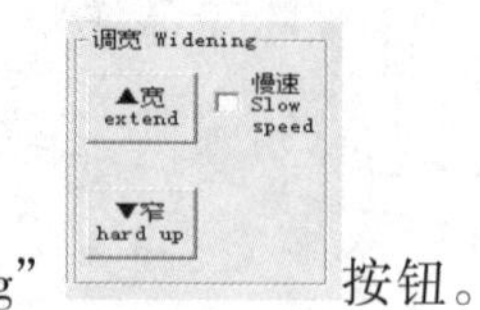 按钮。

3. 将基板放到轨道入口处，如图 2–36 所示，进行轨道调整宽度操作。

图 2–36　基板放入导轨

（1）单击“宽 extend”按钮，轨道会快速变宽。

（2）单击“窄 hard up”按钮，轨道会快速变窄。

（3）在“慢速 Slow speed”上打勾；这时再单击“宽 extend”或“窄 hard up”按钮，可对轨道宽度进行微调。

4. 最后把轨道的宽度调整到合适基板放入的宽度，重复推拉基板，查看是否顺畅进板，这里建议轨道宽度调试成比基板宽度宽约 0.5 mm。

技能 3　基准点制作

基准点用于对基板的光学定位，可分为拼板 Mark，单板 Mark 以及局部 Mark。通常情况下，标准基准点是直径为 1 mm 的实心圆。选择 Mark 点时，应优先选择处于基板对角线的点，以减小贴装偏差；其次由于贴片机夹边有一点的宽度，故应选择离基板边距离大于 3 mm 的基准点，避免被夹边遮挡。

基准点制作是基板设定的关键步骤，以实训设备为例，主要包括设定基准点直径、生成基准点、导入基准点等。制作操作步骤如图 2–37 所示。

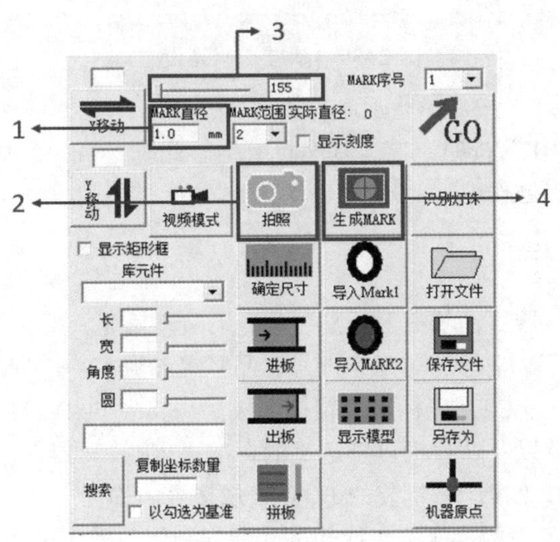

图 2–37　基准点制作步骤

1. 设定基准点直径，填入测量的数据。

2. 基准点拍照，单击“拍照”按钮，如图 2-38 所示。调整基准点不在中心，校正位置使基准在 X 方向中心。

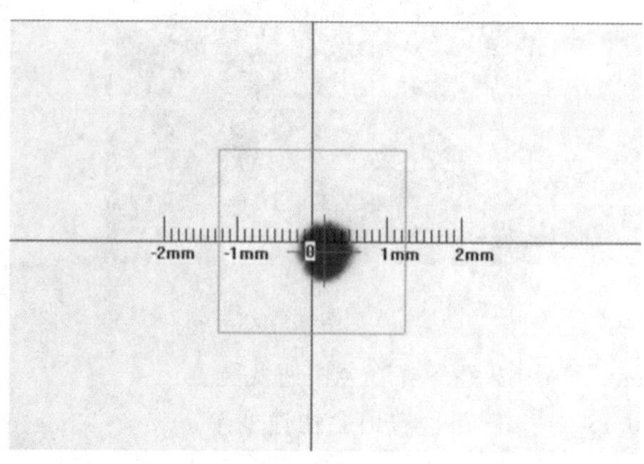

图 2-38　基准点照片

3. 调光设定。如果基准点亮度不够，可按照图 2-39 进行设定。

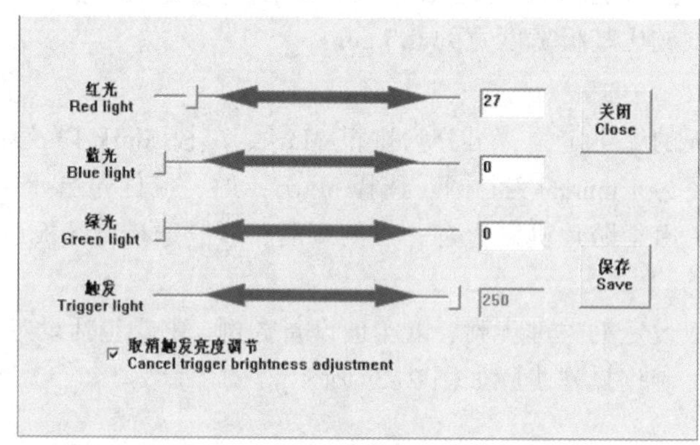

图 2-39　基准点调光设定

4. 单击“生成 MARK”按钮，生成基准点。

5. 单击“导入 MARK”按钮，导入基准点数据。此时，第一个基准点制作完成。按照此步骤，完成第二个基准点制作。

作业 2　贴片数据制作

贴片数据用于确定元器件在基板上的贴装位置、贴装角度、元器件型号、位号。实际程序制作中，需确认 X 坐标、Y 坐标、角度、位号、品号等参数。X、Y 坐标输入有直接量取法、基板图形扫描产生坐标法、CAD 坐标文件转换生成法，其中 CAD 转换最简便、最准确。角度数据则需根据元器件封装以及贴片机自身定义的标准去定性。元器件型号以及位号则以元器件的规格型号命名输入，参照本产品组装的 BOM 表规格号名称。

下面就以 RT-1S 设备为例，介绍在线式贴片数据制作的操作过程。

1. 新建坐标文件。在坐标界面单击功能区中的“进板”按钮。将生产所需基板放入机器中，待进板到位后，单击在菜单栏“文件”中“新建”命令。

2. 查找第一个点坐标。接着单击“坐标界面”中的“视频模式”按钮，进入视频模式，相机灯也同时打开，此时可在头部相机监视区中看到相机实时拍摄的基板的画面，查找基板上第一个点坐标，如图 2–40 所示。

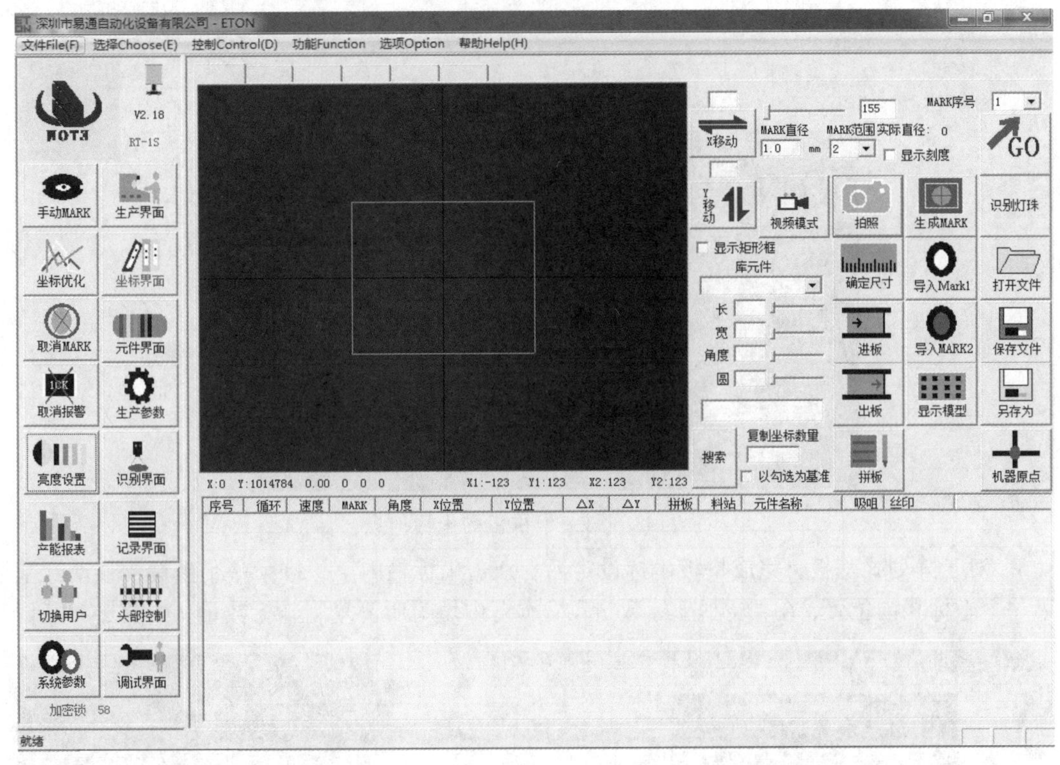

图 2–40　视频模式设定

通过“坐标界面”中 X、Y 轴快速把 X 头部相机移动至“焊盘第一排的第一个中心”，如图 2–41 所示。

3. 插入坐标信息。鼠标点一下坐标栏内，按“Shift + C”组合键插入当前坐标，然后生成坐标，再按鼠标右键选择修改当前坐标信息，包括贴片角度、循环号、取料站号、元件名称等。如图 2–42 所示。

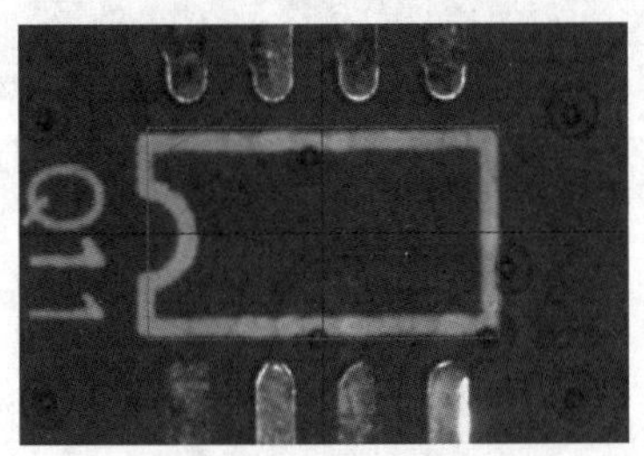

图 2–41　第一个坐标位置

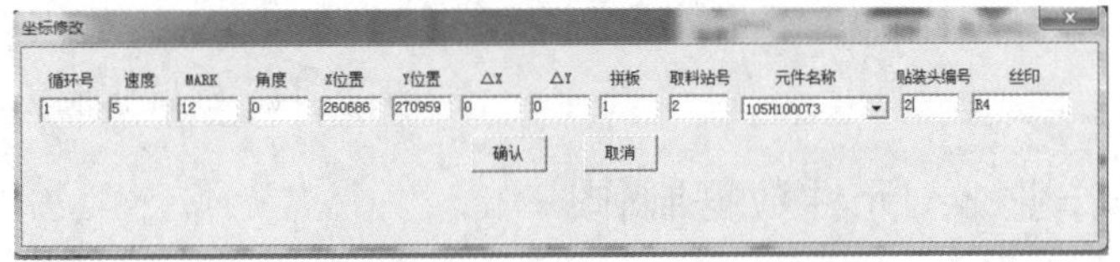

图 2–42　修改第一个坐标信息

4. 依据 BOM 以及基板丝印完成剩余贴装点，编辑完成一个小基板，如图 2–43 所示。

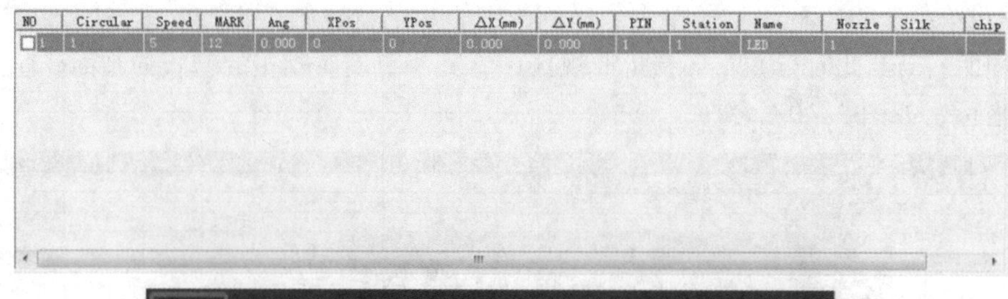

NO	Circular	Speed	MARK	Ang	XPos	YPos	ΔX(mm)	ΔY(mm)	PIN	Station	Name	Nozzle	Silk	chip
1	1	5	12	0.000	0	0	0.000	0.000	1	1	LED	1		

图 2-43　第一个拼板的坐标信息

5. 对于阵列式基板，完成拼板坐标设定后，双击坐标栏内第一排第一个坐标，移动到基板与第一个坐标相同位置，在“复制坐标数量”文本框中填写所要复制坐标数量，如图 2-44 所示。

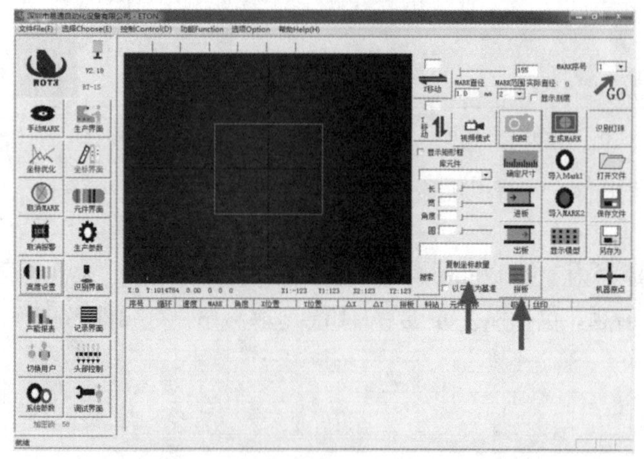

（a）复制第一个拼板的坐标信息

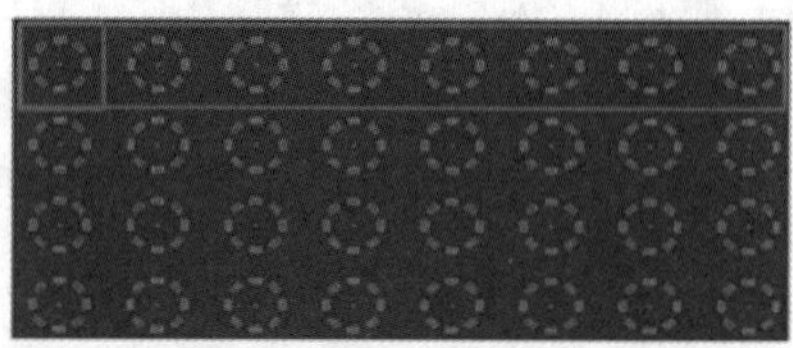

（b）向左复制拼板的坐标信息

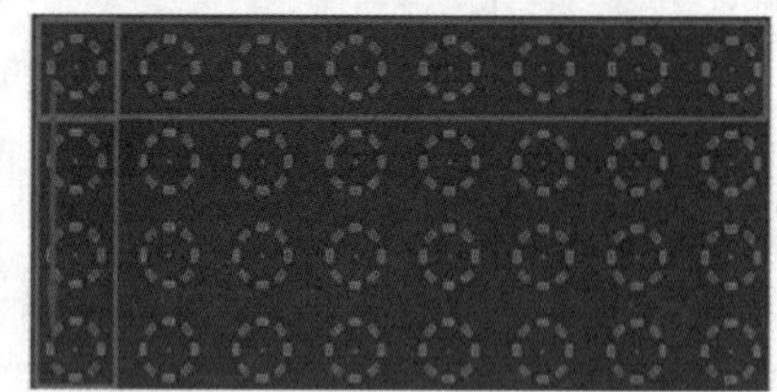

（c）向下复制拼板的坐标信息

图 2-44　拼板坐标编辑

作业 3　元件数据制作

元件数据主要包括元器件的参数、供料器的选择、吸嘴的选择。

元器件参数包括长、宽、厚以及极性点信息。

元器件的长宽决定着影像大小，对于无引脚元器件，长宽就是指本体的长与宽；对于引脚元器件，则需增加引脚的长、宽、节距、数量。厚度则影响着贴装参数的设定，故应使用游标卡尺对厚度进行精确测量。

极性点即为元器件的方向，表示着元器件的正负极或第一引脚。

供料器则包含带式供料器、管式供料器、盘式供料器。

吸嘴常见由金属或陶瓷制成。陶瓷吸嘴具有尖端不反白、吸嘴不产生静电、更耐磨以及寿命更长等优点，逐渐成为主流吸嘴的材料。比如 RT-1S 的吸嘴，吸嘴头材料为陶瓷，在高速运行中，可以避免静电的产生，防止对元件损伤以及静电黏料。

下面就以 RT-1S 为例介绍元件数据的制作。

元件数据制作指的是元件库制作，主要包括元器件参数设定、供料器设定和吸嘴设定等。单击“元件界面”按钮进入元件库界面，如图 2-45 所示。

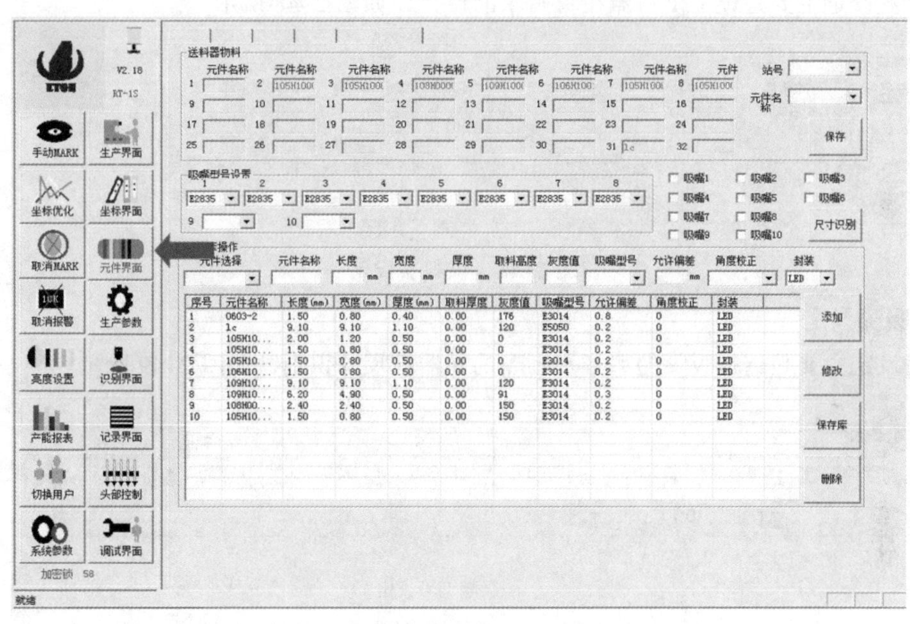

图 2-45　元件库界面

技能 1　元件库建立

单击“添加”按钮，在元件库中添加元件的信息，如图 2-46 所示，主要包括元器件的名称、封装、长度、宽度、高度、灰度值；吸嘴的型号、大小等。设定完成后，单击“保存库”按钮。

元件库操作

元件选择	元件名称	长度	宽度	厚度	取料高度	灰度值	吸嘴型号	允许偏差	角度校正	封装
		mm	mm	mm				mm		LED

序号	元件名称	长度(mm)	宽度(mm)	厚度(mm)	取料厚度	灰度值	吸嘴型号	允许偏差	角度校正	封装
1	0603-2	1.50	0.80	0.40	0.00	176	E3014	0.8	0	LED
2	1c	9.10	9.10	1.10	0.00	120	E5050	0.2	0	LED
3	105H10...	2.00	1.20	0.50	0.00	0	E3014	0.2	0	LED
4	105H10...	1.50	0.80	0.50	0.00	0	E3014	0.2	0	LED
5	105H10...	1.50	0.80	0.50	0.00	0	E3014	0.2	0	LED
6	106H10...	1.50	0.80	0.50	0.00	0	E3014	0.2	0	LED
7	109H10...	9.10	9.10	1.10	0.00	120	E3014	0.2	0	LED
8	109H10...	6.20	4.90	0.50	0.00	91	E3014	0.3	0	LED
9	108H00...	2.40	2.40	0.50	0.00	150	E3014	0.2	0	LED
10	105H10...	1.50	0.80	0.50	0.00	150	E3014	0.2	0	LED

添加　修改　保存库　删除

图 2-46　元件库元件信息

技能 2　元件库修改

如图 2–47 所示，选中某一个元器件，单击“修改”按钮，修改元件库中元件的参数，完成后并保存。单击“删除”按钮，删除元件库中的元件。

图 2–47　修改元件库元件信息

技能 3　供料器设定

供料器设定主要是设定供料器在料站中的位置，如图 2–48 所示。

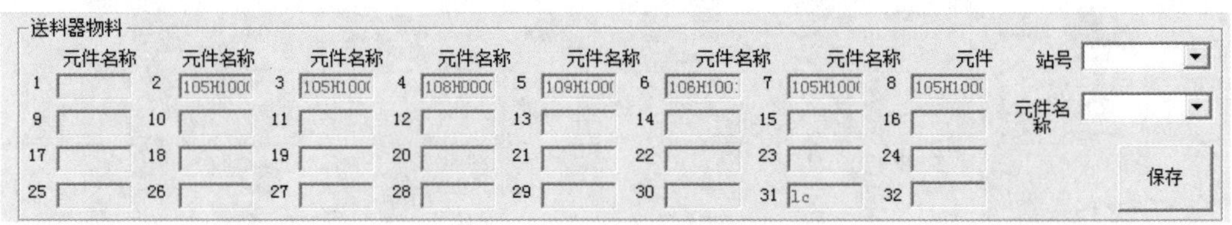

图 2–48　供料器设定

技能 4　吸嘴设定

吸嘴设定主要是选择吸嘴的型号和吸嘴的元器件尺寸识别，如图 2–49 所示。

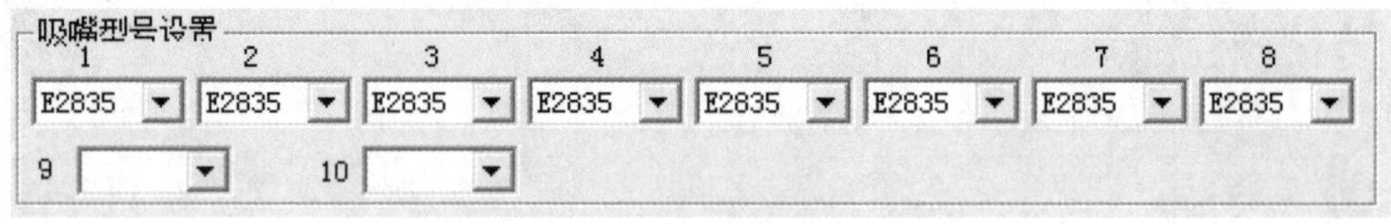

（a）吸嘴型号设定

（b）吸嘴上元件尺寸识别

图 2–49　吸嘴型号设定和元件尺寸识别

作业 4　机器数据制作

贴片机各模块的运行由各自的参数控制。

主要包括生产参数设定、识别相机设定、贴片头设定和查看生产记录。

技能 1　生产参数设定

此部分主要设定设备的机械参数。包括贴片速度、供料器速度、运行速度等。

生产参数设定的界面如图 2–50 所示，单击“生产参数”按钮，具体包括供料器吸取元件的坐标、贴装参数、机器速度、修改坐标等。

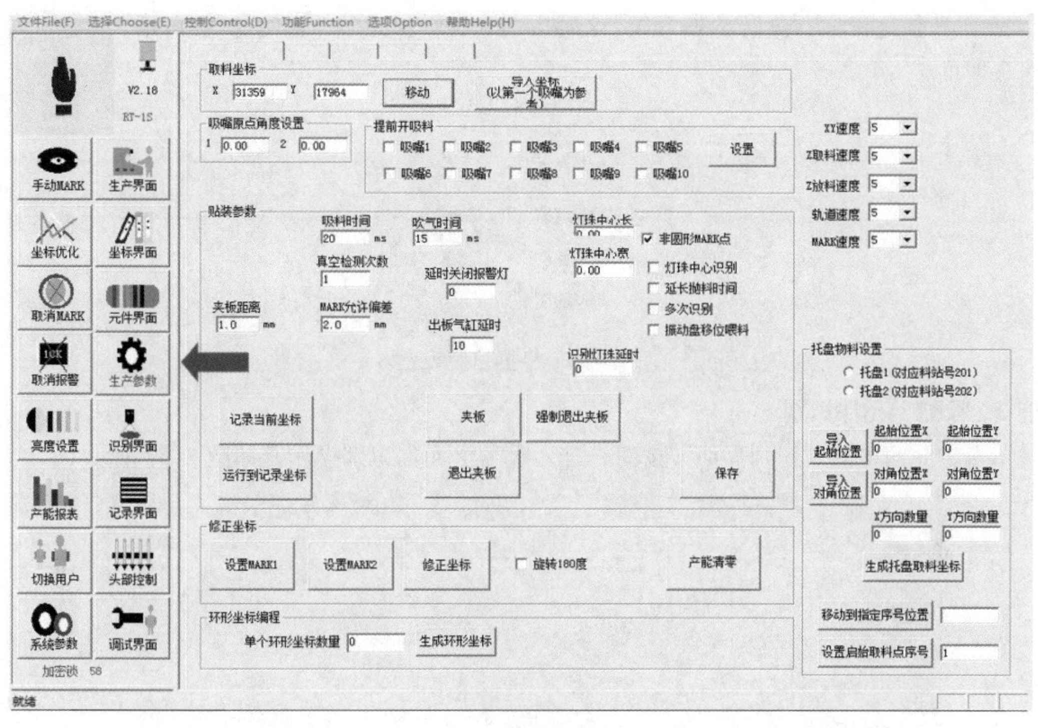

图 2-50　生产参数界面

1. 供料器吸取元件的坐标，单击“移动”按钮，可以参看移动供料器查找元器件的坐标，也可以重新输入坐标。如图 2-51 所示。

图 2-51　供料器吸取元件坐标

2. 贴装参数设定，如图 2-52 所示。这里的贴装参数包括夹板距离、吸料时间、吹气时间、真空检测次数、Mark 容许偏差、识别灯珠延时、延时关闭报警灯、灯珠中心长、灯珠中心宽、出板气缸延时、夹板、强制退出夹板、运行到记录坐标、退出夹板等。

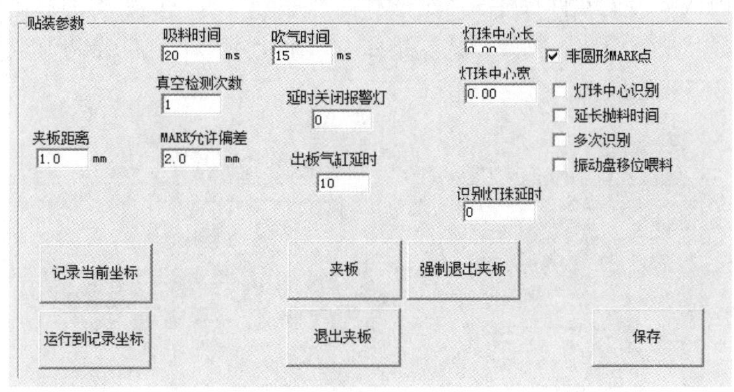

图 2-52　贴装参数设定

3. 机器速度设定，包括 X 轴方向、Z 轴方向和转角速度等，如图 2-53 所示。设定完成后并保存即可。

图 2-53　机器速度设定

技能 2　吸嘴上元件识别

单击主界面中的“识别界面”按钮，进入吸嘴上元件识别操作，如图 2-54 所示。

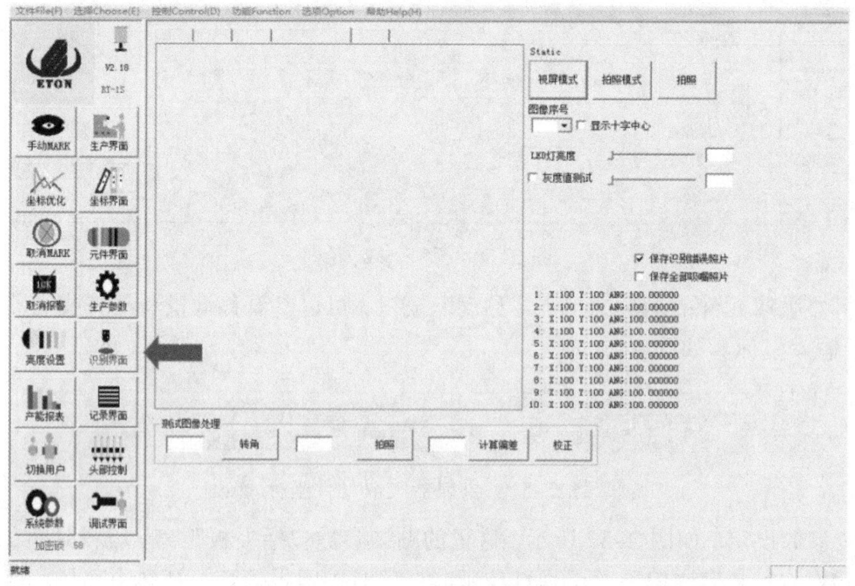

图 2-54　吸嘴上元件识别界面

此界面用于确认吸嘴上元件尺寸，通过选择图像序号查看对应吸嘴的影像信息。主要参数包括吸嘴号码选择、视频模式、拍照模式、拍照、显示十字中心、灯光调节、灰度值确认、保存图片等，如图 2-55 所示。

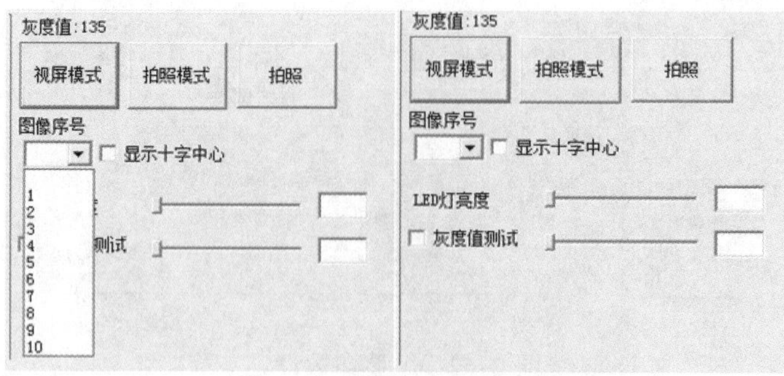

图 2-55　吸嘴上元件识别参数设定

技能 3　贴片头动作参数设定

贴片头参数设定主要包括设定贴片头吸取时间，放置时间、旋转以及原点设定等，其中还包括供料器设定。通过单击主界面中“头部控制”按钮，进入贴片头参数设定界面，如图 2–56 所示。

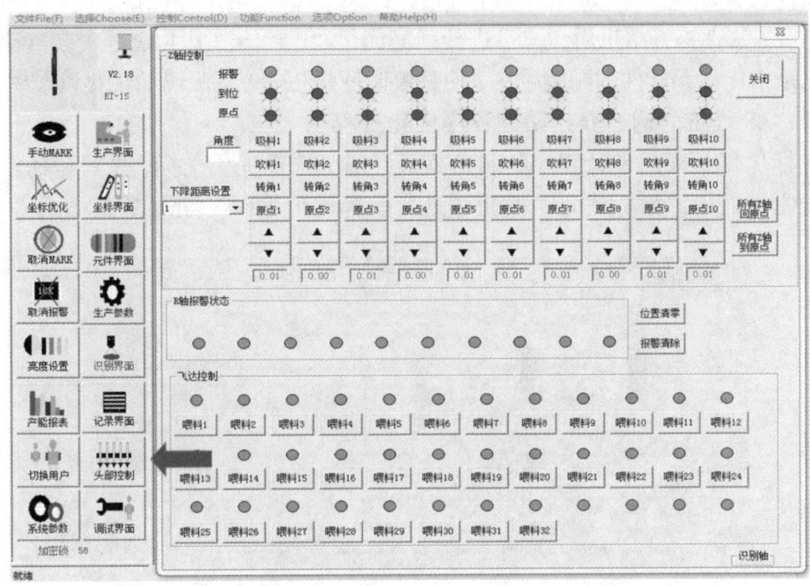

图 2–56　贴片头参数设定

技能 4　查看生产记录

贴片机生产记录详细记录贴片生产中的各种状况，便于工程师及时了解贴片机运行和生产情况，也有利于改进生产工艺。

通过单击主界面中“记录界面”按钮，如图 2–57 所示。

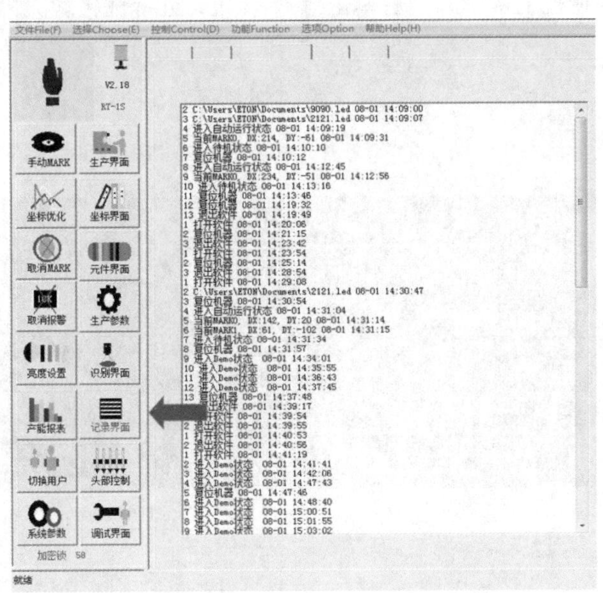

图 2–57　贴片机生产记录

作业 5　贴片程序优化

贴片程序优化是进一步提高贴片机贴装效率的关键，也是贴装编程中的重要步骤之一。主要包括数据一致性检查和坐标优化。

数据一致性检查是指检查已制作的程序和机器设定中的设定内容是否矛盾，以及程序本身是否矛盾。只有当一致性检查结束后，方可进行程序优化。RT-1S 在优化过程中会自动进行检查。

坐标优化是指优化元器件的贴装顺序，使贴装时间最短。包括吸嘴的优化以及供料器的优化。

下面以 RT-1S 设备为例，介绍贴片程序优化过程。

这里的坐标优化是根据设计程序物料的摆放位置，选择优化坐标，主要包括供料器和吸嘴的优化。单击主界面中“坐标优化”按钮，进入坐标优化界面，如图 2-58 所示。

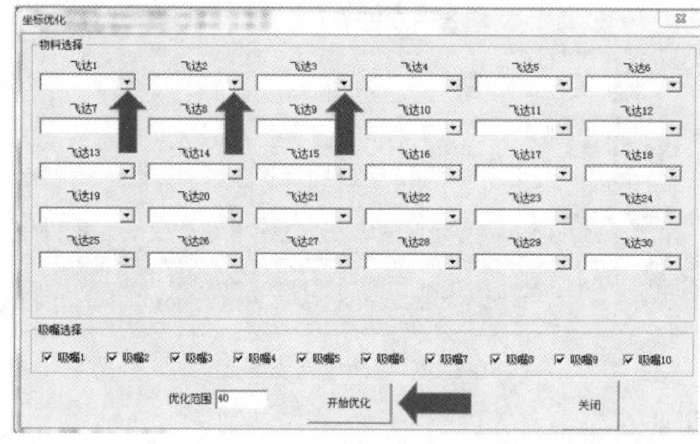

图 2-58　坐标程序优化界面

在此界面中，单击供料器，在供料器中分配所使用元件的名称。在吸嘴设定中，单击吸嘴选择要使用的吸嘴，然后单击按钮，进行优化。优化完成后，保存优化后的程序。

任务要诀

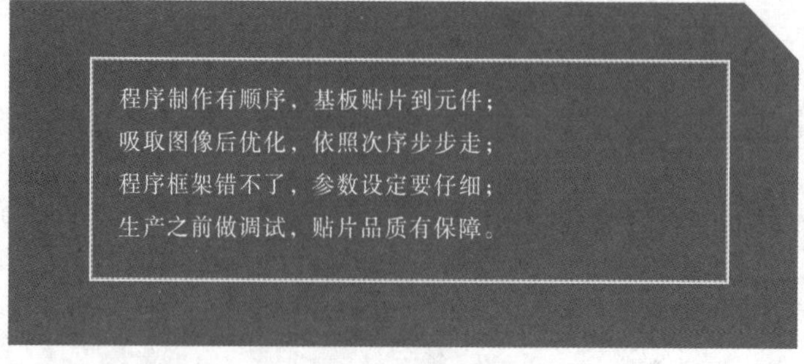

程序制作有顺序，基板贴片到元件；
吸取图像后优化，依照次序步步走；
程序框架错不了，参数设定要仔细；
生产之前做调试，贴片品质有保障。

工作评价

序号	评价维度		权重	评价情况		
				自我评价	小组评价	教师评价
1	技术性	（1）正确识别元器件 （2）参数设定正确	0.20			
2	质量性	（3）贴片品质缺陷在目标值内 （4）品质意识内化于各作业环节	0.20			
3	规范性	（5）按照作业指导书操作 （6）按照行业技术标准执行	0.20			
4	经济性	（7）作业效率最高 （8）元器件损耗最少	0.15			
5	环保性	（9）设备润滑油脂符合环保标准 （10）电能消耗最低	0.05			
6	创新性	（11）工艺优化有效提升作业效率与品质 （12）有效降低材料损耗	0.10			
7	职业性	（13）敬业，遵守车间工作纪律 （14）协作，按质按量完成工作	0.10			

任务 3　贴片操作

任务目标

通过贴片操作任务学习，能正确操作贴片机，将物料安装到供料器和贴片机料站，并能判定贴装缺陷，分析产生原因，具备改善贴装品质的能力。

任务描述

在前序工作基础上，完成基板 dzzl-01 贴装， BOM 表见表 2-1。具体贴装要求如下：

（1）chip 件料损率不高于 5‰，IC 料损率为 0，基板组装良好率为 100% ；

（2）通过炉前 AOI，确认偏移、反向、翻面等缺陷。

任务分析

根据工作任务的描述，分析如下。

产品特征分析：观察产品样板和 BOM，待组装的元器件中既有卷带式元器件，也有管状元器件、盘式元器件，因此在装料时需对不同包装的元器件进行安装，确保安装正确性。

料损率控制分析：依据物料损耗要求，在操作贴片时，要规范装料、换料，从而管控好料损率。

良率控制分析：依据产品贴装良率要求，要规范使用供料器，重点关注 QFP、BGA 贴装精度，消除贴装偏移、贴反等缺陷产生。

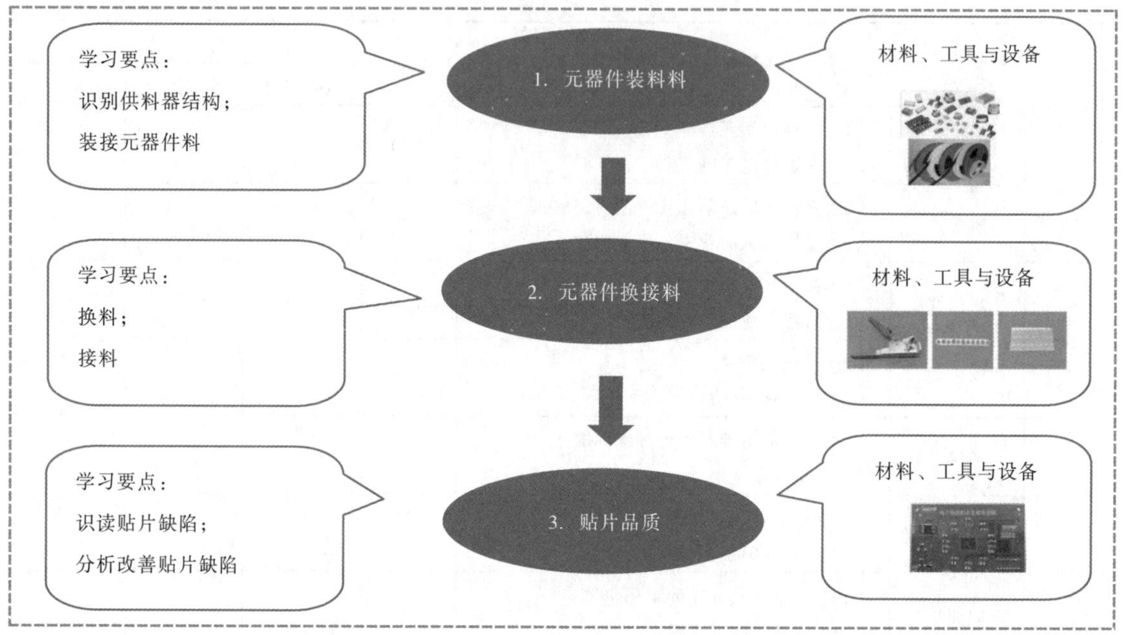

任务先通

匠心一点通

匠心服务，成就公司业绩高速发展。上海某电子公司是一家专门从事电子装联的 OEM 企业，营销代表王某在每次产品交付后，都会用匿名方式回访这家年订单 2 000 万元的客户。有一次产品交付后，王某按惯例回访客户说：“您有产品需要代工吗？”客户回答说：“不需要了，我已有了合作企业”。接着，王某又说：“我们会免费为您提供分割拼版服务的”，客户回答“我的合作企业也做了”，王某又紧跟说：“我们还会免费为您提供产品生产适时信息定制服务”，客户回答说“我们的合作伙伴很早就提供这项服务了，谢谢你，近三年内，我们没有发展新合作伙伴的计划”。王某便挂断电话，此时身旁同事不解地问，“我们公司不正是这家企业合作伙伴吗？为什么您要打这电话？”王某说：“我只是想知道我们做得有多好，客户有多信任我们！”。王某在为客户提供周到服务的同时，赢得了客户的好评，公司每年订单都以 20%速度递增，为企业高速发展作出重要贡献。

安全一点通

一次侥幸心理，酿成终身遗憾苦果。2019 年 5 月 1 日上午 10 时 10 分，珠海某电子装联车间门前，一辆 120 救护车鸣笛声不绝于耳，原来车间领班张某在回单位取资料时，考虑正值假期间就带着孩子一起进了车间。孩子对于在保养中的设备非常好奇，趁着张某找资料的时刻，溜到设备旁，竟然小手伸进设备内部触摸，被机器卡住，孩子哇哇哭叫，鲜血直流，张某急打 120 电话求救。经检查，孩子手背造成严重开放性骨折，最终孩子的右手被截肢。一次侥幸心理，给孩子和一家人带来无尽伤痛！

质量一点通

情绪失控，产品失质。2020 年 12 月 8 日常州某电子装联车间，品检人员在随机抽检时，发现基板上一个 IC 的极性全部贴反。经过调查发现，是操作员王某负责手工贴装这个 IC 器件，她在上班前和家人发生矛盾，心情十分糟糕。工作时带着不良情绪，误贴 IC 器件极性，幸被巡检人员及时发现，避免批量性品质事故。这个事情告诉我们，一名合格的作业员，不应把个人情绪的好恶留在工作中，否则，将会严重影响产品质量。

任务实施

贴片操作是基板贴装制程的最后一个任务，在本任务中将主要学习元器件装料、元器件换接料、贴片缺陷目视检查三个作业技能。

扫一扫

RT-1S 贴片机（供料器装调）

作业 1　元器件装料

装料是贴片操作中一个必不可少的环节，必须在生产前将所有待贴料安装到对应的供料器，再提供给贴片机，才能实现贴片机的自动化生产，因此规范装料就显得尤为重要。各种包装对应的供料器如图 2-59 所示。

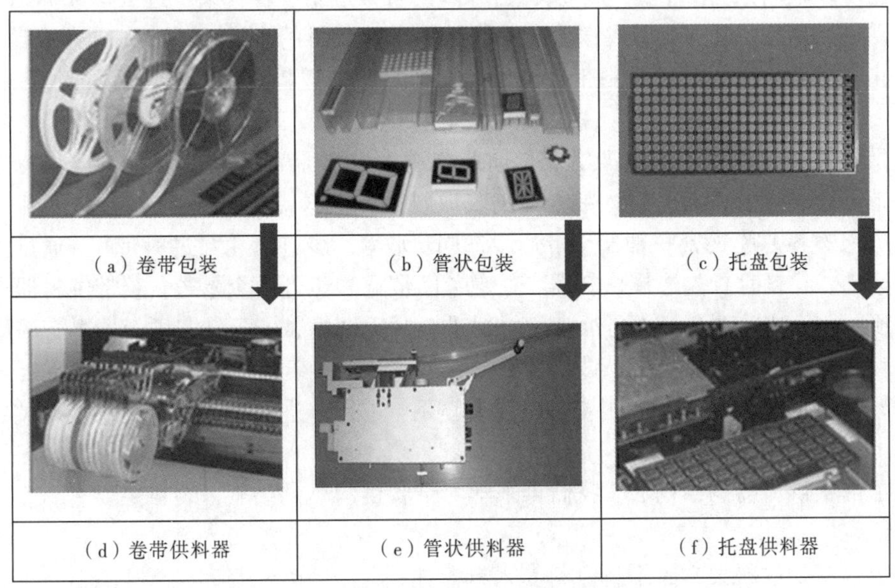

图 2-59　包装与供料器对应关系

技能 1　带状供料器装料

卷带包装是所有包装方式中贴片效率最高的一种包装方式，故成为包装方式的首选，其对应的供料器就为带状供料器。

带状供料器类型有多种，按棘轮驱动方式有电动式、气动式和机械式三种。其中电动式供料器的动力来自直流伺服电机；气动式供料器的动力来自电磁阀转换；机械式则依靠贴片头运动过程中向进给手柄加压来驱动同步棘轮的前进。目前，主流贴片机供料器多以电动式供料器为主，少数采用气动，机械式已基本淘汰。按所装卷带的带宽不同，分为 8 mm、12 mm、16 mm、

24 mm、32 mm、44 mm、56 mm 等类型。按包装材质不同，分为纸带、胶带和通用三种类型。8 mm 带状供料器有纸带和胶带两种形式，12 mm 及以上规格只有胶带。本作业中将以易通 RT-1S 贴片机的带状供料器为例，学习带状供料器的装料方法，其结构如图 2-60 所示。

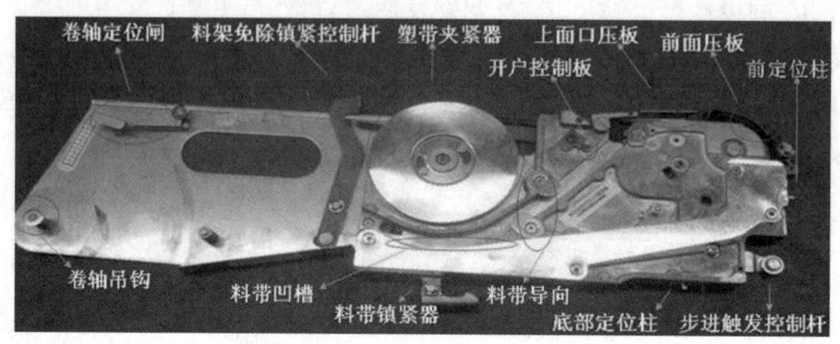

图 2-60　带状供料器的结构

带状供料器主要由卷轴定位闸、镇紧控制杆、料带夹紧器、上口压板、前面压板、前定位柱、步进触发控制杆、底部定位柱、料带导向、料带镇紧器、料带凹槽、卷轴吊钩等组成。其中料盘柱作用是放置、固定料盘，发送轮是拉动料带进给，卷取轮是卷起塑料封带；顶轮是机器顶动顶轮可以使料架进给，手动压顶轮也可以使料架进给，若料架步进改动或标志丢失，通常可以手动进给料架，通过查看发送轮走动的齿数来判断料的步进；Shutter 是随料带一起向前进给，防止料翻背；压盖是压住料带使其紧贴发送轮，使送料时平稳；压簧是锁紧 shutter 和压盖。

带状供料器的供料过程是料架沿着导向凹槽进入进料器（shutter），在卡口与覆盖在料带上的塑料带分离，剥开的料带进入喂料口端吸取料后，空料带由步进旋转齿轮导向凹槽引出。塑料薄膜进入塑料薄膜夹紧联轴器与带速步进同步收紧。步进齿轮穿过料带孔，通过齿轮带动料带向前运动，装料时首先选择供料器，主要考虑带宽和步进两个参数。胶带供料器进料区有凹槽，无顶针，无特殊颜色标志，纸带供料器进料区无凹槽，有顶针，供料器上有粉红色特殊标志。每种供料器上都有带宽的标志，如图 2-61 所示，料架的步进有 2 mm、4 mm 等，有的供料器料架可根据料带的步位孔距〈元器件中心距〉进行步进调整，有的则不能调整，步进在供料器上也有标志。

认识了带状供料器的结构后，我们再来学习带状供料器的装料。装料主要有六个步骤，如图 2-61 所示：

第一步，左手拿料架，右手将盘料套入料盘柱；

第二步，升起 shutter 压下挡块，升起压盖顶住顶块；

第三步，将料带穿过导带槽；

第四步，带孔对准发送轮齿，封带穿过 shutter 口，放下顶柱压下压盖，塑封带位置快到有料处，然后离未开封处 40 ~ 50 mm 处剪断；

第五步，绕封带到卷取轮，并注意锁紧；

第六步，手动进给物料，使料到取料位置，同时注意检查料带走动是否平稳，如有异常则必须重新装料。

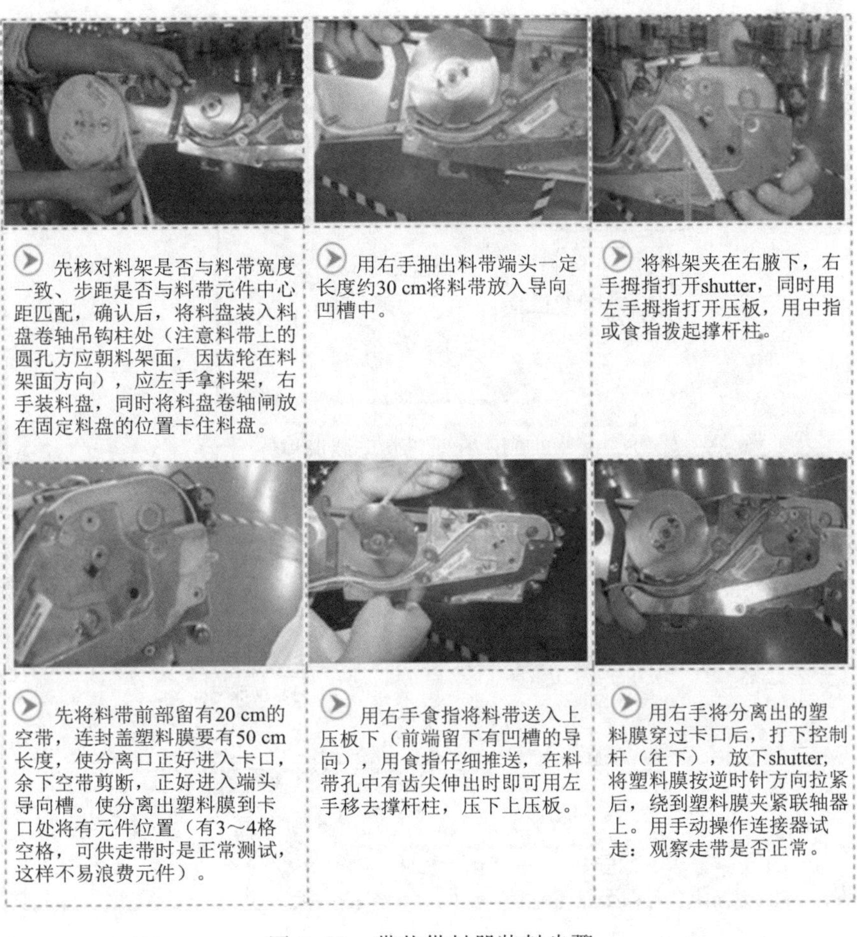

图 2-61　带状供料器装料步骤

技能 2　托盘供料器装料

托盘供料器主要用来放置盘装元器件，图 2-62 为简易托盘供料器，它主要分为元器件补给、供给两个部分。其装料步骤如图 2-63 所示。

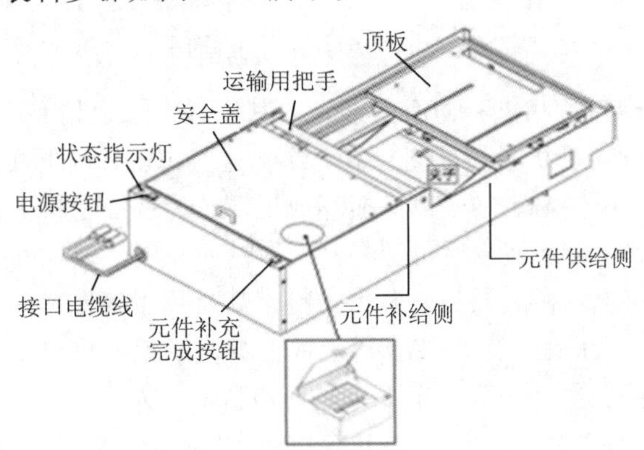

图 2-62　托盘供料器结构

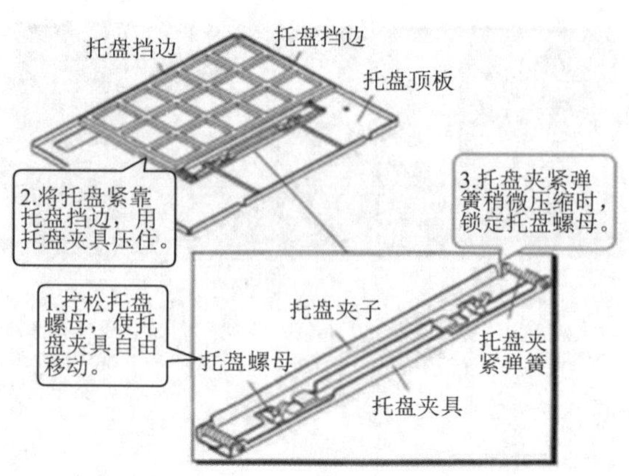

图 2-63　托盘供料安装流程

技能 3　管状供料器装料

RT-1S 贴片机不支持管状供料器，为方便同学们了解，这里以 JUKI2060 贴片机的管状供料器为例说明，其结构组成如图 2-64 所示，它主要由料管接受部、角部护罩部和搬送罩部等三部分构成。

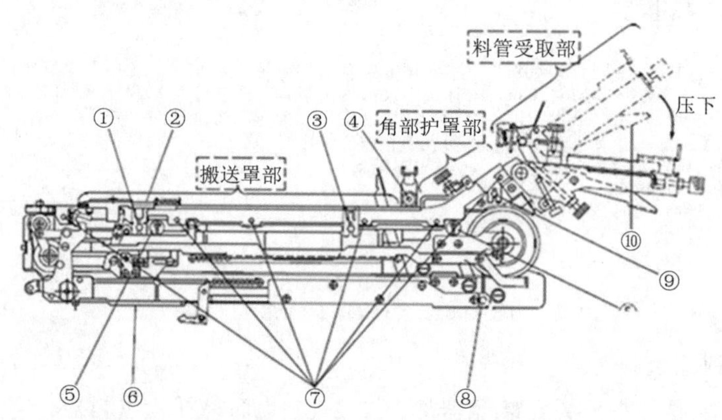

①搬送罩固定螺丝 ②遮挡器 ③搬送罩固定螺丝 ④护罩按压件 ⑤偏心轮毂
⑥料管座 ⑦搬送导轨固定螺丝 ⑧支脚用孔 ⑨角部护罩固定螺丝 ⑩料管放置台推杆

图 2-64　管状供料器结构

管状供料器因其结构与带状供料器有差别，故其装料步骤也稍有不同。

上述介绍了三种不同类型供料器装料步骤，除了这些，还有以下几点需注意：一是上料时供料器不能叠放在一起，应轻拿轻放，以免撞坏或甩坏；二是带装料上料时要检查压料盖下是否压有残留零件，若有，一定要清洁后再上料；三是料上好后一定要确认挂钩与压料盖完全钩好，方可上机台；四是料上到供料器后，多出的料带禁止用手撕断，一定要用剪刀剪断，且保留小于 5 mm 的料带长度；五是一定要按上料流程上料，以免上错料，造成错件。在实际工作中，为了防止装错料事件发生，一般安排 2 人进行装料，一人装，一人核，确保装料正确。供料器装料步骤可总结如下："上料忌出错，AB 齐担职；A 取空飞达，并看排料表；取料对料表，上料于飞达；置放待确认，B 来做核对。检查并签名，再放备料区"。

作业 2　元器件换接料

RT-1S 贴片机
（元器件接料）

贴装过程中换料即是添加料，换料有整盘料换料和接料换料两种方式。

技能 1　整盘料换料

整盘换料流程可归纳为“读取信息、找新料盘、做好三确认、装料复位”等四个步骤，如图 2-65 所示。在换料时要注意的问题：一是对极性元器件必须严格按照挂在生产现场的元器件方向表上料；二是湿敏元器件的换料必须通知 IPQC 确认湿度卡并签名确认，作业员在开封时，注明开封日期和时间，用完后也必须注明用完日期和时间，并通知 IPQC 签字确认。

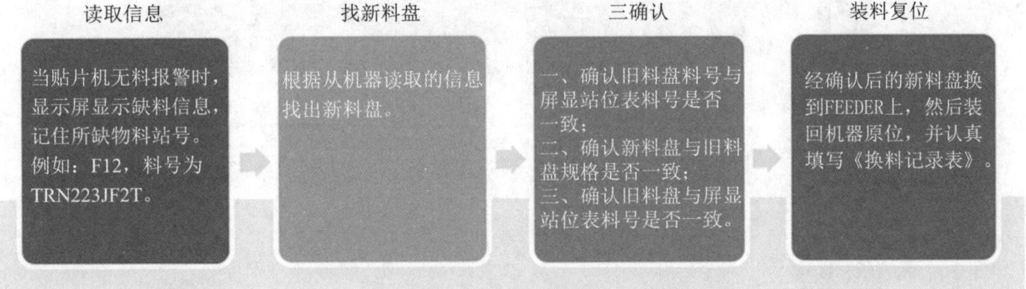

图 2-65　整盘料换料流程

技能 2　接料换料

接料换料只针对卷带式包装，在实施时，所需的材料主要为接料胶带。如图 2-66 所示。它可将两段编带元器件黏在一起以便供料器能够自动跨越编带断点，而无须停机人工干预。SMT 接料胶带具有不需要辅助接料装置、使用简单快捷、可提前接料无须停机重新上料、可完全利用剩余料、降低设备和供料器磨损等优点。

图 2-66　接料胶带

由于编带有不同带宽和供料间距，因此也有不同宽度的接料胶带，常用有 8 mm，12 mm，16 mm，24 mm 带宽这几种规格，通常是每盒 500 片。判断接料胶带质量好坏的方法是，首先中间那层胶带的黏性要强，其次就是胶带的长度，可以根据定位凸点的数量来判定，一般 9 个就可以正常使用，较好的接料胶带也会有 10 个定位点。8 mm 的料一般直接用双面接料带黏接，12 mm 及以上的料一般用双面接料带黏接，并辅以铜扣固定，详细的步骤如图 2-67 所示。

接料工具与材料

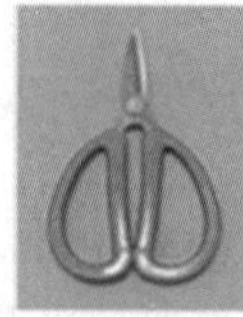
剪刀

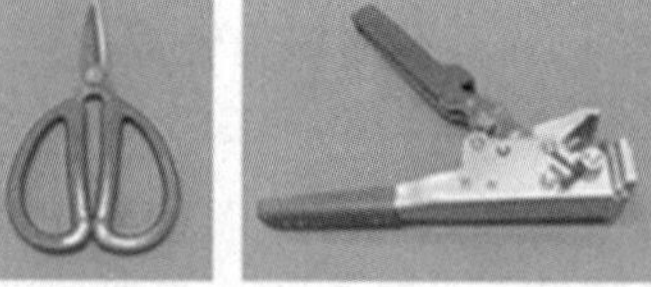
接料钳

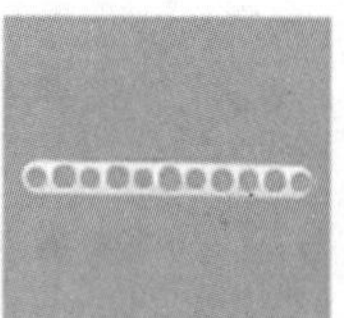
接料铜扣

接料带

接料带接料

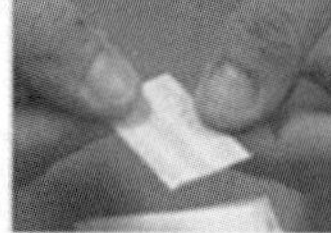
1.准备好接料带。

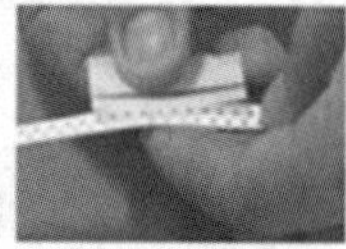
2.打开SMT接料带，将两物料编带对齐放在打开SMT接料带的中心位置。注意黄色的接料带不得覆盖同步带孔。

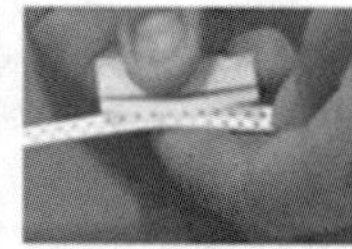
3.沿接料带中心对折，并按压接料带，确保胶带牢固地黏结物料编带。

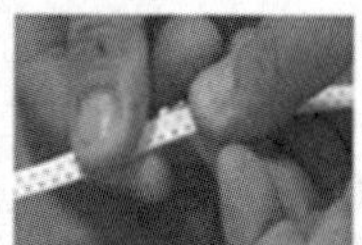
4.撕掉透明胶片，确认拼接效果。

铜扣接料

1.将铜扣放入接料钳压槽中。

2.对物料带剪切，一边从左边进，一边从右边进，保证孔与孔之间的间距相等。

3.按压接料钳，铜扣凸面朝上插入料带孔中。

4.使用接料带固定，保证料带表面平齐，不偏移。

图 2–67　接料换料步骤

作业 3　贴片缺陷目视检查

扫一扫

RT–1S 贴片机（贴片首片检测）

贴片生产中，为了保证贴装精度，还需随机或定时对贴片品质进行检测，以防批量缺陷发生。本作业主要学习贴片缺陷识别、贴片标准识读和贴片缺陷改善等技能。

技能 1　贴片缺陷识别

贴片品质标准和印刷品质标准一样，我们都依据 IPC–A–610 标准，将品质分为 3 层：目标、可接受和缺陷，下面以部分元器件为例，介绍贴片标准，见表 2–7。

表 2-7　IPC-A-610 元器件贴装标准（节选）

名称	状　况		图　例	描　述
电阻电容电感贴放标准	Y方向	目标	200　W　W	零件坐落在焊盘的中央且未发生偏移，所有各金属封头都能完全与焊盘接触

续表

名称	状况		图例	描述
电阻电容电感贴放标准		可接受	Y1≥1/5W Y2≥1/5W	1. 零件 Y 向偏移，但焊盘尚保有其零件宽度的 20%以上。(Y1 ≥1/5 W) 2. 金属封头纵向偏移出焊盘，但仍盖住焊盘 1/5 W 以上。(Y2 ≥1/5 W)
		缺陷	Y1<1/5W Y2<1/5W	1. 零件纵向偏移，焊盘未保有其零件宽度的 20% (MI)。(Y1 < 1/5W) 2. 金属封头纵向偏移出焊盘，盖住焊盘不足 1/5 W(MI)。(Y2 < 1/5 W)
	X方向	目标	W W	零件坐落在焊盘的中央且未发生偏移，所有各金属封头都能完全与焊盘接触。
		可接受	X1≤1/2W X2≤1/2W	零件横向超出焊盘以外，但尚未大于其零件宽度的50%。 (X≤1/2 W)
		缺陷	X1>1/2W X2>1/2W	零件已横向超出焊盘，大于零件宽度的 50%(MI)。(X>1/2 W)
翼型引脚脚面贴放标准	目标		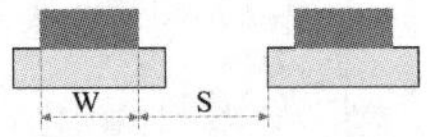 W S	各接脚都能坐落在各锡垫的中央，而未发生偏滑
	可接受		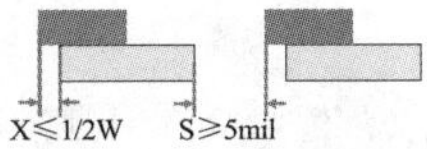 X≤1/2W S≥5mil	1. 各接脚已发生偏移，所偏出焊盘以外的接脚，尚未超过接脚本身宽度的 1/2 W。(X≤1/2 W) 2. 偏移接脚之边缘与焊盘外缘之垂直距离≥1/5 W(5 mil)。(S≥5 mil)
	缺陷		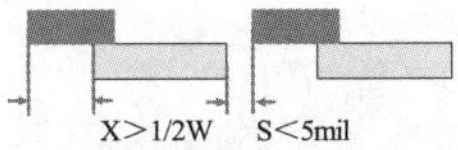 X>1/2W S<5mil	1. 各接脚已发生偏移，所偏出焊盘以外的接脚，已超过接脚本身宽度的 1/2W(MI)。(X > 1/2 W) 2. 偏移接脚之边缘与焊盘外缘之垂直距离 < 1/5 W (5 mil) (MI)。(S < 5mil)
翼型引脚前缘贴放标准	目标		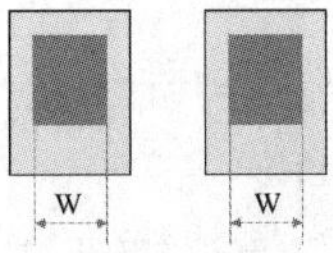 W W	各接脚都能坐落在各焊盘的中央，而未发生偏移
	可接受			各接脚已发生偏移，所偏出焊盘以外的接脚，尚未超过焊盘侧端外缘
	缺陷		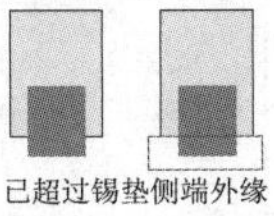 已超过锡垫侧端外缘	各接脚前端外缘，已超过焊盘侧端外缘

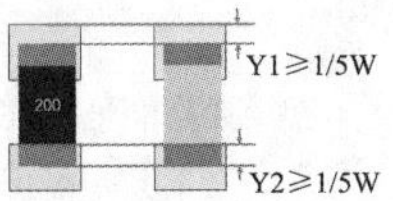

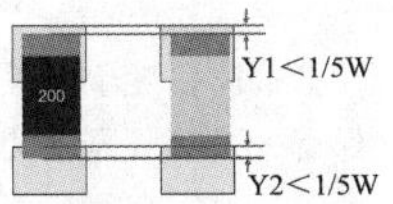

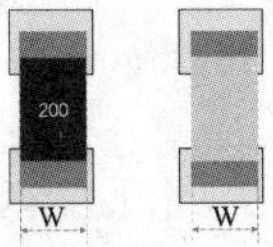

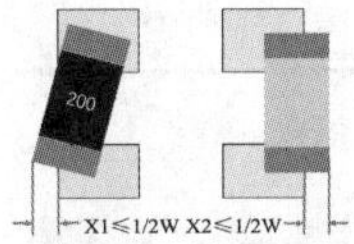

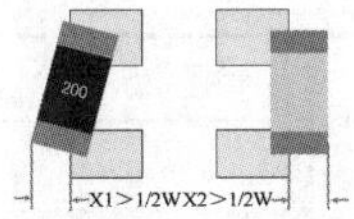

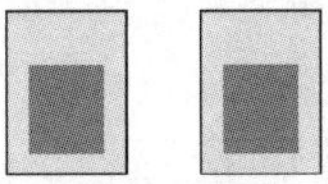

续表

名称	状　况	图　例	描　述
翼型引脚贴放标准	目标		各接脚均能坐落在各焊盘的中央，而未发生偏移
	可接受		各接脚已发生偏移，脚前端 跟剩余焊盘的宽度，最少保有一个接脚宽度（X≥W）
	缺陷		各接脚已发生偏移，脚前端剩余焊盘的宽度 ，已小于接脚宽度（X<W）（MI）

常见的贴片缺陷见表 2–8。

表 2-8　贴片缺陷

缺陷名称	缺陷图片	缺陷特征
缺件		在指定贴装位置无元件
偏移		元件贴装在焊盘上有明显偏移
极反		元件贴装方向与指定方向不符
损件		元件表面出现破损
翻面		元件正面贴到反面

除了上述缺陷以外，还有在贴片过程中，经常会出现的抛料现象。所谓抛料是指贴片机吸嘴吸取料盘的元器件，在放置到贴片位置前的运动过程中，因吸嘴吸力不足，导致元器件从吸嘴中掉落的现象。抛料大大增加了元器件的损耗，尤其对高价器件，这是非常不利的。因此在生产中，我们需要管控抛料、减小物料损耗，降低生产成本。

技能 2　贴片缺陷改善

贴装缺陷通常都是由贴片参数设定不当引起的。若连续发现几块基板在同一焊盘处均有漏贴元器件的现象存在，通过检查该元器件的贴片数据“忽略”参数，修改此参数来调整发现基板上有元器件贴偏，检查该元器件的贴片数据以及贴片坐标，发现基板有元器件极性贴错，通过检查该元器件的元器件数据是否因误设定“元器件供应角度”参数来调整；发现基板有元器件发生裂纹现象，通过检查该元器件的元器件数据“元器件吸取真空压力”参数是否设定过高而引起，并进行确认调整；发现基板有元器件翻面现象，即有字符一面翻面成无字符一面了，该吸嘴可能有磁化现象，调换吸取该元器件的吸嘴，确认该元器件是否还有贴翻现象。详细的贴片缺陷改善方案见表 2-9。

表 2-9　贴片缺陷改善

序号	缺陷名称		产生原因	对　　策
1	元器件型号错误		料上错	重新核对上料
2	元器件极性错误		贴片数据或基板数据角度设定错误	修改贴片数据、或基板数据
3	元器件贴装位置偏移	X-Y 方向偏移	基板 Mark 坐标设定错误	修正基板 Mark 坐标
			基板曲翘度超出设备允许范围。上翘最大 1.2 mm，下曲最大 0.5 mm	烘烤基板
			支撑销高度不一致，致使印制板支撑不平整	调整支撑销高度
			工作台支撑平台平面度不良	校正工作台支撑平台平面度
			基板布线精度低、一致性差，特别是批量与批量之间差异大	修正程序
			贴装吸嘴吸着气压过低，在取件及贴装应在 400 mmHg 以上	调整压力
			贴装时吹气压力异常	检查并调整压力
			焊膏涂敷位置不准确，因其张力作用而出现相应偏移	调整焊膏印刷位置
			基板定位不良	重新定位基板
			贴装吸嘴上升时运动不平滑，较为迟缓	优化吸嘴状态
			X-Y 工作台动力件与传动件间联轴器松动	紧固联轴器
			贴装头吸嘴安装不良	校正吸嘴安装状态
			吹气时序与贴装头下降时序不匹配	调节时序
			吸嘴中心数据、光学识别系统的摄像机的初始数据设定不良	修改设定数据
			贴装吸嘴吸着气压过低，在取件及贴装应在 400 mmHg 以上	调整吸嘴压力
		个别元器件贴偏	元器件贴片坐标输入有错	修正个别元器件贴片坐标或摄像机重新示教

续表

序号	缺陷名称	产生原因	对　策
4	吸取失败	编带规格与供料器规格不匹配	调整送料器
		真空泵没工作或吸嘴压力过低	调整吸嘴压力
		在取件位置编带的塑料热压带没剥离，塑料热压带未正常拉起	调整料带
		吸嘴竖直驱动系统进行迟缓	检查吸嘴驱动系统
		贴装头的贴装速度选择错误	调节贴片速度
		供料器安装不牢固，供料器顶针运动不畅、快速开闭器及压带不良	调整送料器
		切纸刀不能正常切编带	更换切纸刀
		编带不能随齿轮正常转动或供料器运转不连续	调整送料器
		吸取元件时，吸嘴未处于最低位置，下降高度不到位或无动作	调整吸取高度
		取件位吸嘴中心轴线与供料器中心轴引线不重合，出现偏离	调整吸料位置
		吸嘴下降时间与吸取物料时间不同步	调整吸嘴速度
		供料部平台有振动	检查供料台是否有异物
		元器件厚度数据不正确	修改元器件厚度数据
		吸取物料高度的初始值有误	修改吸片高度
5	料带浮起	Table 和料站的供料器前压盖未到位	检查并调整 Table 和料站的供料器前压盖
		料带是否有散落或是断落在感应区域	检查料带
		机器内部有无其他异物	检查并排除机内异物
		料带浮起感应器异常	检查是否正常工作。
6	基板在传输过程中进板不到位	传送带有油污	清洁传送带
		Board 处有异物，影响停板装置正常动作	清除异物
		基板板边是否有脏物（锡珠）	取出板边异物
7	随机性不贴片	基板曲翘度超出设备允许范围。上翘最大 1.2 mm，下曲最大 0.5 mm	烘烤基板
		支撑销高度不一致，致使印制板支撑不平整	调整支撑销高度
		吸嘴部粘有胶液或吸嘴被严重磁化	更换吸嘴
		吸嘴竖直运动系统运行迟缓	检查吸嘴驱动系统
		吹气时序与贴装头下降时序不匹配	调整贴装头下降速度
		印制板上的胶量不足、漏点或机插引脚太长	调整基板涂胶量
		吸嘴贴装高度设定不良	调整贴装高度
		电磁阀切换不良，吹气压力太小	更换电磁阀
		某吸嘴出现 NG 时，器件贴装 STOPPER 气缸动作不畅，未及时复位	更换气缸

续表

序号	缺陷名称	产生原因		对策
8	取件姿态不良		真空吸嘴气压调节不良	调整吸嘴真空压力
			吸嘴竖直运动系统运行迟缓	检查吸嘴驱动系统
			吸嘴下降时间与吸片时间不同步	调整吸嘴吸取时间
			吸片高度或元器件厚度的初始值设定有误，吸嘴在低点时与供料部平台的距离不正确	调整吸片高度或元器件厚度的初始值设定
			编带包装规格不良，元器件在安装带内晃动	调整元器件
			供料器顶针动作不畅、快速载闭器及压带不良	检查供料器
			供料器中心轴线与吸嘴垂直中心轴线不重合，偏移太大	调整吸取中心
9	抛料	吸取不良	吸嘴堵塞或是表面不平，造成吸取时压力不足或者是造成偏移在移动和识别过程中掉落	更换吸嘴
			供料器的进料位置不正确	通过调整使元器件在吸取的中心点上
			程序中设定的元器件厚度不正确	参考来料标准数据值来设定
			元器件的吸料高度的设定不合理	参考来料标准数据值来设定
			供料器的卷料带不能正常卷取塑料带	调整料带
		识别不良	吸嘴的表面堵塞或不平，造成元器件识别有误差	更换清洁吸嘴
			吸嘴真空压力不足	调整吸嘴真空压力
			吸嘴的反光面脏污或有划伤，造成识别不良	更换或清洁吸嘴
			元器件识别相机的玻璃盖和镜头有元器件散落或是灰尘，影响识别精度	清洁照相机镜头
			元器件的参数参考值设定不正确	更改元器件参数设定

任务要诀

机台乱摆放，安全没保障；
按照规范做，缺陷避免了；
部品稽查好，填好上料表；
料站一一对，错件去除了；
极性设定错，部品贴反向；
安全很重要，责任心要高。

工作评价

<table>
<tr><th rowspan="2">序号</th><th colspan="2" rowspan="2">评价维度</th><th rowspan="2">权重</th><th colspan="3">评价情况</th></tr>
<tr><th>自我评价</th><th>小组评价</th><th>教师评价</th></tr>
<tr><td>1</td><td>技术性</td><td>（1）正确选用供料器
（2）正确装料、卸料、换料</td><td>0.20</td><td></td><td></td><td></td></tr>
<tr><td>2</td><td>质量性</td><td>（3）贴片品质缺陷在目标值内
（4）品质意识内化于各作业环节</td><td>0.20</td><td></td><td></td><td></td></tr>
<tr><td>3</td><td>规范性</td><td>（5）按照作业指导书操作
（6）按照行业技术标准执行</td><td>0.20</td><td></td><td></td><td></td></tr>
<tr><td>4</td><td>经济性</td><td>（7）作业效率最高
（8）元器件损耗最少</td><td>0.15</td><td></td><td></td><td></td></tr>
<tr><td>5</td><td>环保性</td><td>（9）设备润滑油脂符合环保标准
（10）电能消耗最低</td><td>0.05</td><td></td><td></td><td></td></tr>
<tr><td>6</td><td>创新性</td><td>（11）工艺优化，有效提升作业效率与品质
（12）有效降低材料损耗</td><td>0.10</td><td></td><td></td><td></td></tr>
<tr><td>7</td><td>职业性</td><td>（13）敬业，遵守车间工作纪律
（14）协作，按质按量完成工作</td><td>0.10</td><td></td><td></td><td></td></tr>
</table>

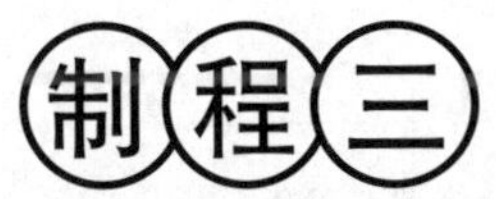

制程三

基板焊接

"基板焊接"制程，是"1+X"电子装联职业技能等级标准（中级）第三个学习领域。该制程包含再流焊接、选择性波峰焊接、机器人焊接三项工作任务，重点讨论用再流焊炉、选择性波峰焊炉、焊接机器人实现基板焊接的相关问题，包含焊炉结构认知、炉温测试板制作、焊接参数及其炉温曲线设定调试、焊接治具选用、焊接品质检测和缺陷改善等知识与技能。

任务1　再流焊接

任务目标

通过再流焊接任务学习，会操作再流焊炉，会调试再流焊温度曲线，会制作测温板，会目视检测再流焊接品质缺陷，具备独立完成再流焊接工艺生产的能力。

任务描述

在前序工作基础上，完成基板 dzzl-01 再流焊接任务，再流焊接要求具体如下：

（1）采用无铅焊接工艺；

（2）再流焊接一次缺陷率≤1 000 PPM。.

任务分析

根据工作任务的描述，分析如下。

客户产品特征分析：观察客户样板，依据所包含的典型贴装元器件，如贴片电容、贴片电阻、QFP 等，在制作温度测试板时，注意测温点的正确选择。

产品组装工艺分析：依据无铅焊接工艺选择要求，调试出正确的温度曲线，设定焊接区升温速率和冷却区降温速率。

料损率控制分析：依据产品料耗要求，控制好元器件焊点故障率，减少元器件返修率，从而管控好料损率。

焊接良率控制分析：依据客户再流焊接良率要求，控制好各个温区的温度，避免贴片电容开裂和 QFP 桥连等缺陷产生，并能正确分析缺陷起因，提出改善措施。

任务导图

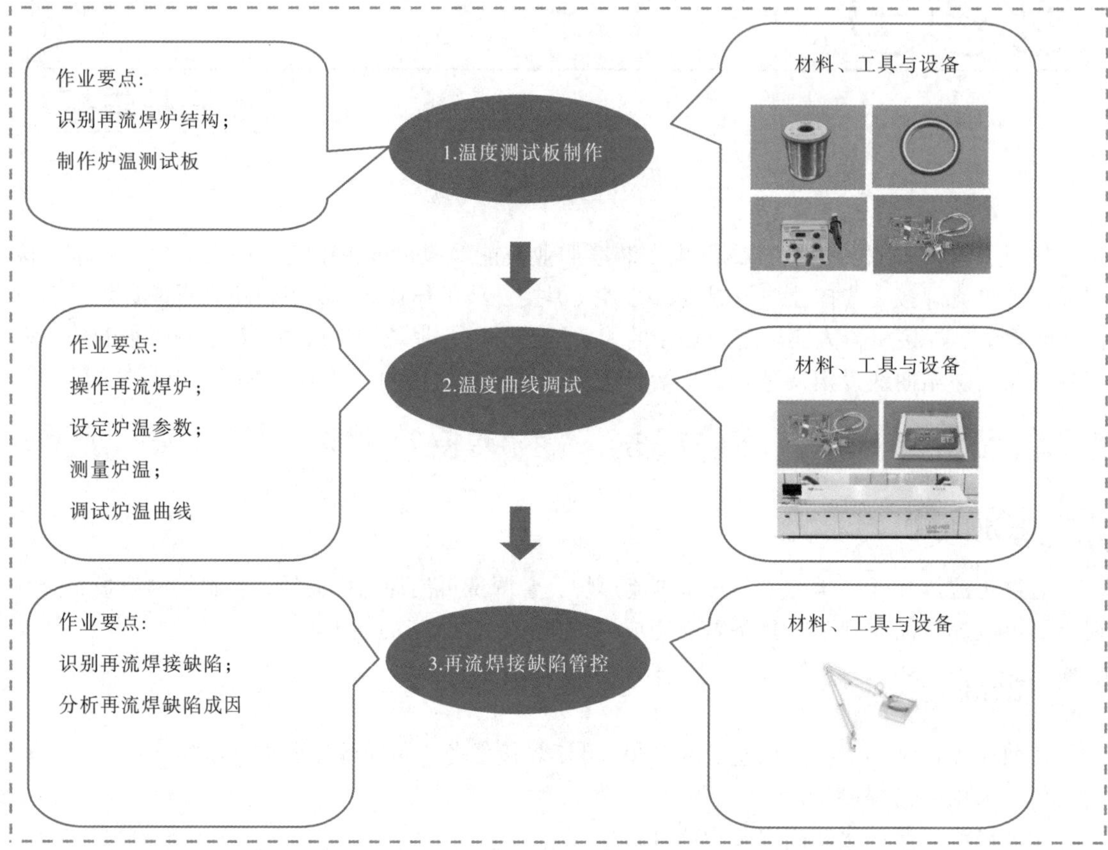

任务先通

匠心一点通

专注治具创新，设备效能一台变十台。南京某电子公司是一家服务企业的电子制造商，周某是公司治具主管。2019 年，客户订单呈多品种小批量，急需投入点胶、焊接、锁附等机器人设备，预计投入设备费 300 万元。周某团队思考可否在公司的点胶机器人平台上，开发出一款万能治具，同时实现焊接机器人、锁附机器人等功能，这样就可以极大扩展公司设备的功能。周某主动向公司请缨，查阅了南京、上海各大院校的专业图书资料，调研上海、深圳各大电子设备展会，制定并实施开发方案，耗费钢材达 10 t，经过 360 个日夜的苦战，终于研发出首款集点胶、焊接、锁附等功能于一体的万能治具，成功替代传统十台设备的效果，为企业节省经费 230 万元。

安全一点通

一个小粗心，一台炉报废。2019 年 9 月 25 日 15 时 50 分，杭州某电科公司 SMT 生产车间 –SMT05 线，维修员刘某某保养再流焊炉后，违反操作规程，没有认真检查，清理现场，粗心将一盒装有螺母的塑料盒落在炉膛内。在关闭炉膛试机检查时，事故发生了，炉膛内出现“咚咚”撞击声，紧接着，炉膛冒起浓浓烟雾。幸好当班主管及时发现，按住紧急按钮，启用消防灭火系统，扑灭了炉火。经查，炉子传送轨道严重变形，散落的螺丝与残留在炉膛壁上的助焊剂摩擦而引发火灾，导致电控元件损坏，一台炉子基本报废，直接经济损失 30 万余元。粗心大意害死人，教训惨痛。

质量一点通

私改作业参数，质量事故缠身。2020 年 11 月 15 日 18 时 00 分，苏州某电子科技有限公司 SMT 生产车间-SMT2 线，在调试某品牌汽车中控板，直通率很低，检查发现是因主板焊点出现虚焊所致。车间追溯查明，作业员谢某为了急于整点下班，尽快完成焊接组装基板的任务，擅自调整基板传送速度，最终导致 15 块基板焊点出现虚焊现象。按客户要求，该批板不得修复，造成产品报废，公司直接经济损失 2 万余元，品牌信誉也遭受严重影响。

任务实施

测温线制作在再流焊接任务中，主要学习炉温测试板制作、再流焊温度曲线调试、再流焊接缺陷管控三个作业内容。

作业 1　炉温测试板制作

再流焊接，是一种熔融预先施加在焊盘上的焊料或者焊膏，实现元器件与基板连接的焊接工艺。再流焊接中，影响再流焊接质量的重要因素是焊接温度。判断炉温设定是否达到焊接温度要求，最好的办法就是预先测试焊接温度曲线。焊接温度曲线测试有使用实际产品+热电偶、内置抽样测温系统、内置实时监控系统等三种方法。目前行业最常采用“实际产品+热电偶”的测量方法。该方法首先要制作专门的焊接温度测试板。测温板制作的主要工序是：材料工具准备→测温点选择→测温线制作→测温点固定。

扫一扫

测温板制作

技能 1　材料工具准备

根据测温板制作材料要求，提前准备好高温锡丝、高温胶带、热风枪、测试板、热电偶测温线、防静电腕带等工具材料，如图 3-1 所示。其中，热风枪要求最高调节温度为 300～350 ℃；测试板用已经贴装元器件的基板；炉温测试仪的误差范围为±1 ℃；热电偶测温线要求耐温 350 ℃。测试板流入方向一般与贴装进板方向一致，并置于轨道中间，测试环境温度一般在 15～30 ℃，测试频率一般每班一次，换线或其他异常情况例外。

（a）高温锡丝

（b）高温胶带

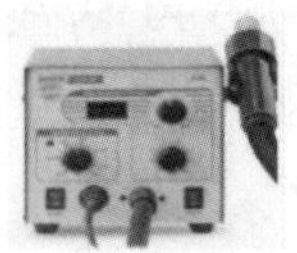

（c）热风枪

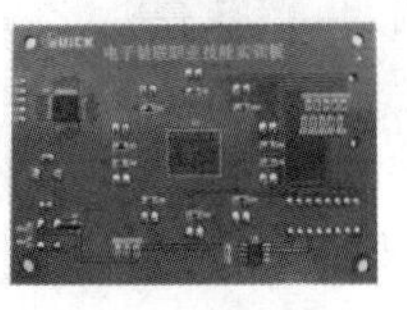

（d）测试板

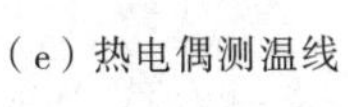

（e）热电偶测温线

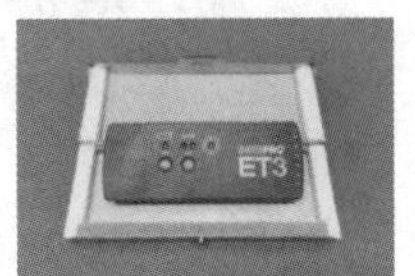

（f）炉温测试仪

图 3-1　测温材料

技能 2　测温点选择

测温点选择是指针对待测试基板（即测试板），选择要进行温度测试的焊接点。选点的基本原则是需平均分配覆盖基板面区域，同时需要覆盖大中小热容量元器件，必须反映 PCBA 上最高、最低、关键器件（如热敏感元件）焊点的温度，如图 3-2 所示。

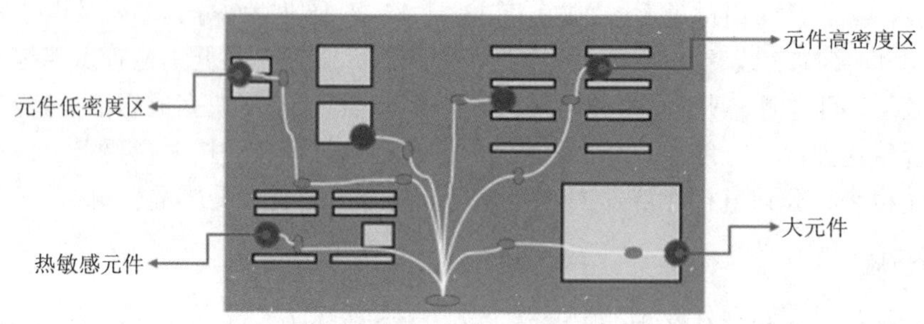

图 3-2　测试基板测温点选择

客户有指定选取测试点的测试板必须按照客户指定的测试点进行温度测试。客户没有指定选取测试点的板，选取测试点遵循以下具体原则：

1. PCBA 为 100 个焊点以下

无特殊敏感器件，则温度测试板只需选择三个点。选择热容量小的元器件测温点（如 0402，空焊盘等），选择中等热容量的元器件焊点（如钽电容，功率三极管等），且元件少的板选点隔离越远越好。

2. PCBA 为 100 个焊点以上

分两种状况：

（1）PCBA 上有 QFP，但无 BGA 的基板。温度测试板只需选择四个点。其中大 IC 及小 IC 各一点，有电感及高端电容必须选取，选点越近越好。

（2）PCBA 上既有 QFP 又有 BGA 的基板。温度测试板必选择五个点以上，选点方式应选择零件较密的中心位置的点来测试。

3. PCBA 有 QFP 时

在 QFP 引脚焊盘上选取一点测试 QFP 引脚底部温度，最后一点测试基板表面温度或 CHIP 零件温度。若基板上有几个 QFP，优先选取较大的为测试点。

4. PCBA 有 BGA 时

BGA 测试点不少于两点，测试 BGA 锡球和 BGA 表面温度各一点，如图 3-3 所示。

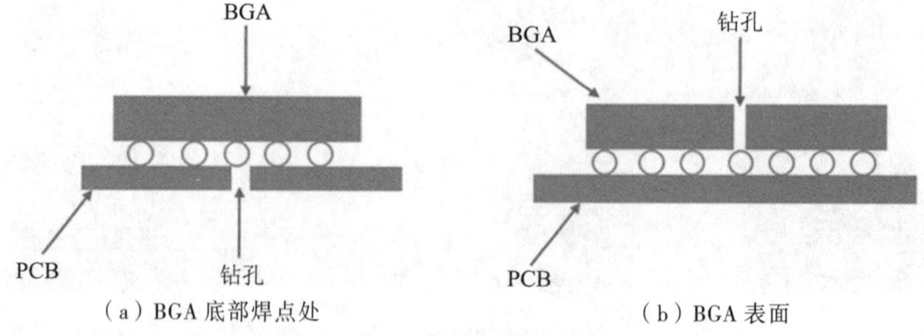

图 3-3　BGA 测温点的选取

5. SMT 贴片零件多时

根据 BGA→QFP→PLCC→SOP→SOJ→SOT→DIODE→CHIP 顺序选择测试点。

6. 双面贴片同时焊接时

应在基板正反两面都选测试点，一般背面选择一个测试点，如图 3-4 所示。

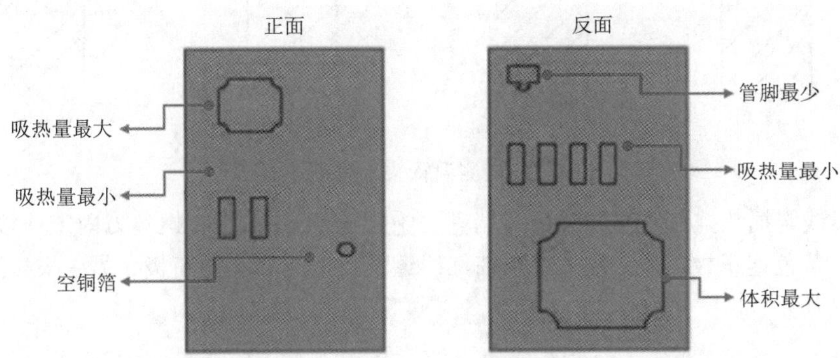

图 3-4　双面板选点测温位置

7. 有一些特殊材料时

在选取测试点时，必须优先考虑在此材料焊盘上选取测试点，以确保材料的焊接效果（例如易发生冷焊的电感引脚，易爆裂的电解电容本体）。

技能 3　测温线制作

测温线用于温度测量时对焊接测试点的温度感应。测温线外形如图 3-5 所示。

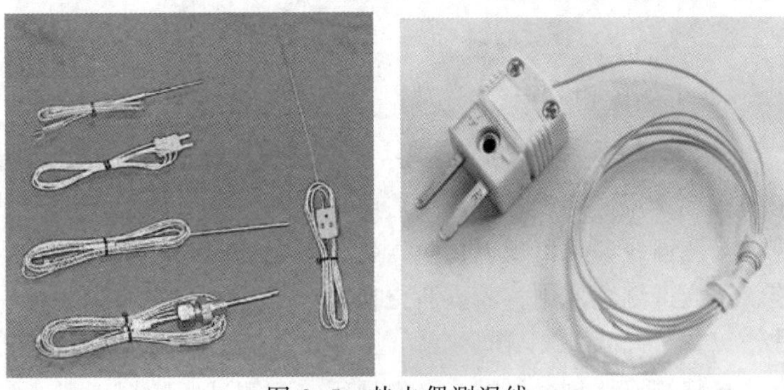

图 3-5　热电偶测温线

1. 测温线特性

（1）测温线的种类：K 型镍铬–镍铝热电偶测温线，测温范围–200 ~ 1 250 ℃，直径≤0.254 mm。

（2）测温线构成：由两根线组成，有极性之分，黄线表示正极，红线表示负极，两根线的连接点形成热电偶探头实现温度测量。

（3）测温线长度：控制在基板长度的 2 倍，最好不超过 1 m（理论上短一点好，可以防噪声干扰与阻抗）。

2. 测温线制作要求

（1）检查测温探头是否合格：测温线测点端接头（即热电偶探头）分开后，务必用点焊炉熔接成一个结点，切勿用扭绞方式，测试点不能出现交叉现象，如图 3-6 所示。

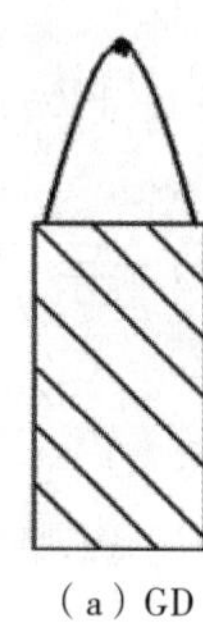
（a）GD

（b）NG

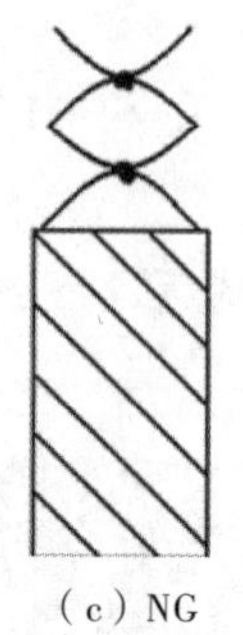
（c）NG

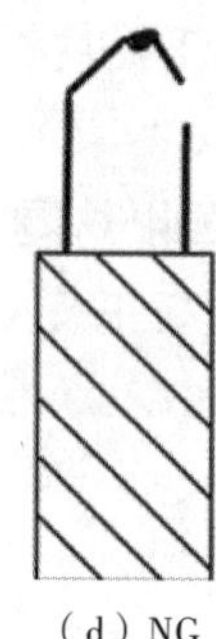
（d）NG

图 3–6 测温探头合格要求

（2）测温线与插头连接：测温线另一端剥去绝缘皮约 6 mm，用螺丝刀固定连接到插头上，红色连负极，黄色连正极。镍铬端（有条细红线缠绕）接测温头的正极，另一根接测温头的负极，如图 3–7 所示。

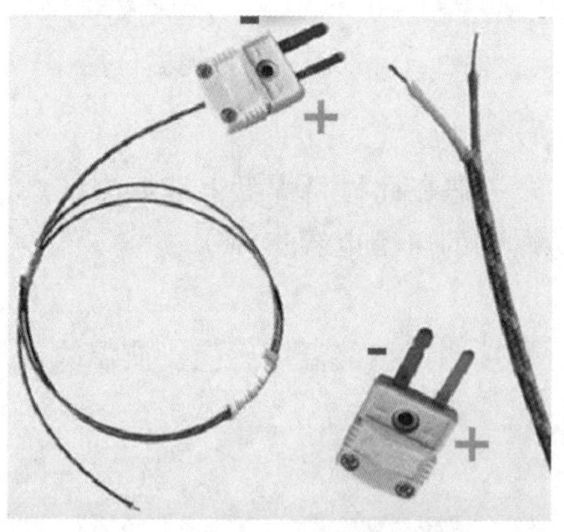

图 3–7 测温线与插头连接

（3）测温线阻值标准：用万用表分别连接热电偶插头，应≤15 Ω。

（4）测温线更换：测温线如果出现老化、碳化、黑化，同时与新线比误差超过±1.0%，或者外皮破损、桥连，不允许继续使用，需重新更换。

技能 4 测温点固定

测温点的固定是指将测温线热电偶探头可靠地固定到测试板的焊接测试点上。固定好的测温点在测试过程中不能松开，固定点大小应尽可能小，反映测温点的真实温度变化。测温线热电偶与基板测试点之间的固定方式分为焊接固定、黏结固定、胶带固定三种方式，如图 3–8 所示。

焊接固定：用高温焊锡丝将热电偶探头焊在测试点上，热电偶电极完全包裹，不得暴露；焊点尽可能小，如图 3–8（a）。

黏结固定：在离测试点 5 mm 处再点胶，将测温线进行固定，如图 3–8（b），黏结胶一般为红胶，银胶传导效果最好。

胶带固定：使用高温胶将热电偶探头胶合在测试点上。适合临时应急使用，如图 3–8（c）。

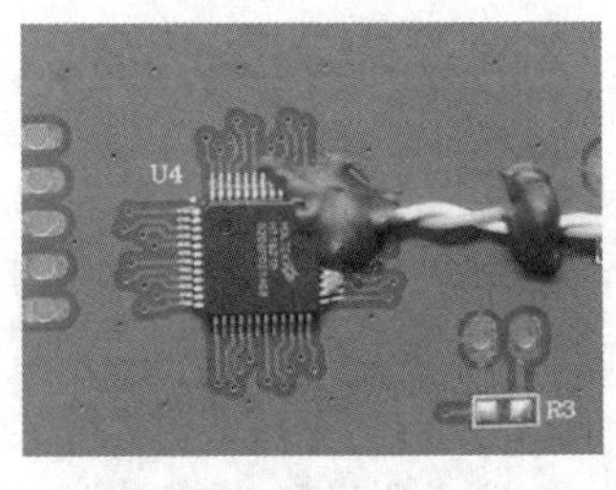

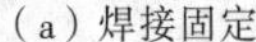

（a）焊接固定

（b）黏结固定

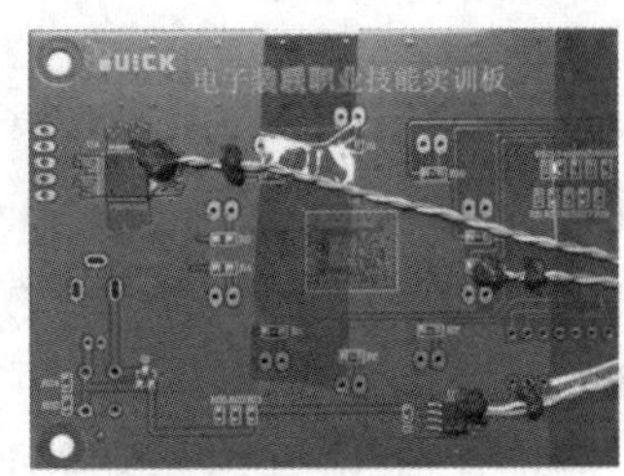

（c）胶带固定

图 3-8　测温点固定方法

测温固定点要求：

1. 焊接点大小

测温点高度≤2.5 mm，长宽≤5 mm。不符合要求需要重新焊接，在不影响牢固性及温度测试的状态下，焊点越小越好（或者红胶用量越少越好）。

2. 不同元件测温点固定要求

（1）引脚类元件测温点固定：必须平贴基板，与元件引脚紧紧相连。探头浮起时，测量值不稳定且偏高。引脚类元件测温点固定方法如图 3-9 所示。

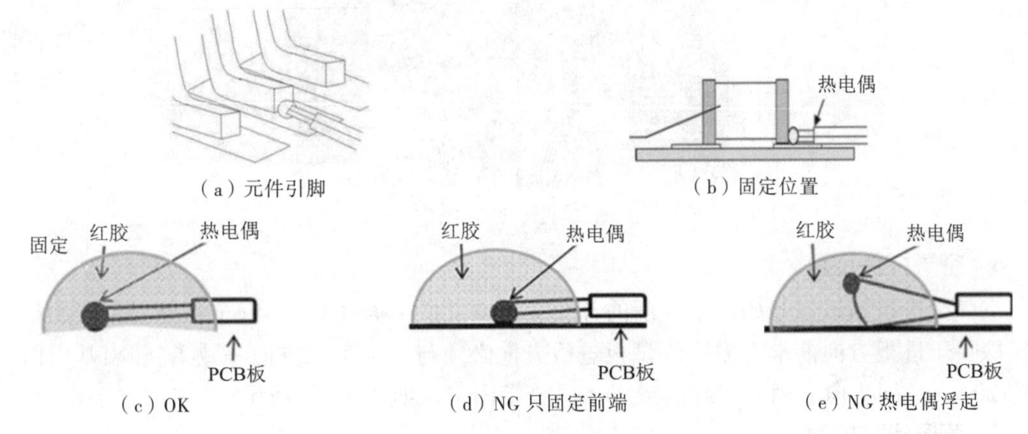

（a）元件引脚　（b）固定位置

（c）OK　（d）NG 只固定前端　（e）NG 热电偶浮起

图 3-9　引脚类元件测温点固定

（2）BGA 类元件测温点固定：必须紧贴在所选取的焊点上面，从元件背面打孔，将测温线穿过孔把探头埋在孔内，然后用红胶对 BGA 元件四边进行固定，并封堵洞口，如图 3-10 所示。

（a）BGA　（b）BGA 打孔位置　（c）BGA 测温点固定连接

图 3-10　BGA 类元件测温点固定

（3）QFN/QFP 类元件测温点固定：用少量的锡线将测温线探头焊接在 QFN/QFP 元件引脚与焊盘间接触的区域（针对 QFN 也可按 BGA 类元件在接地焊盘位置钻孔），焊点完全把热电偶探头包裹住（或用红胶），不允许一部分暴露在外面，在保证测温点裹住的前提下，应尽量使测试点体积小。如图 3-11 所示。

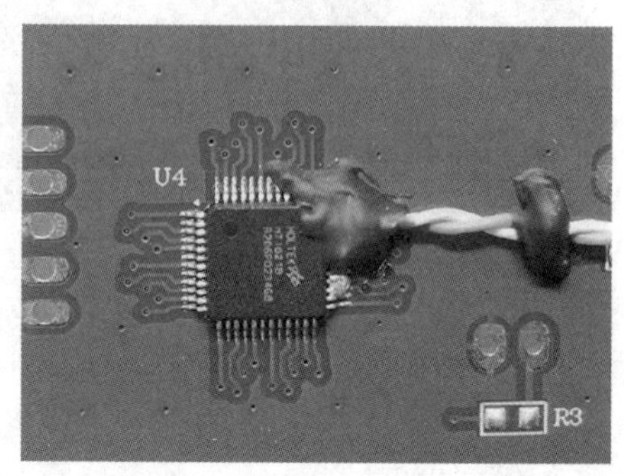

图 3-11　QFN/QFP 类元件测温点固定方法

3. 红胶固定测温线

一根测温线上红胶固定点数至少是 2 个，第 1 个点在离测温点 0.5 mm 处，第 2 个固定点在离测温点 2cm 处（若只有前端固定，测量时电缆稍微拉扯会被拉掉），如图 3-12 所示。

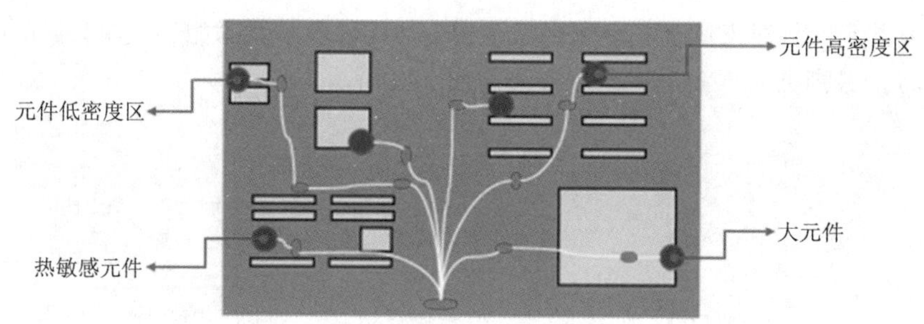

图 3-12　红胶固定

4. 空气探头布置

空气探头是测试仪开始记录温度的开关，当空气探头温度高于 40 ℃，测温仪开始记录。空气探头于进板方向前端（温度测试板进板方向必须与实际生产方向一致），伸出基板前端长度约 20 mm，探头向上稍微用红胶或者高温胶带固定，如图 3-13 所示。

5. 测温线防松动

用高温胶带把热电偶测试线整齐固定在温度测试板上，热电偶测试线必须整齐，不能打结或者缠绕，如图 3-14 所示。

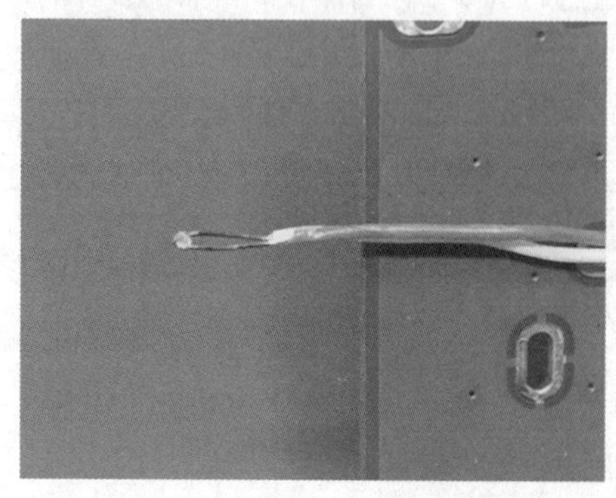

图 3-13　空气探头布置

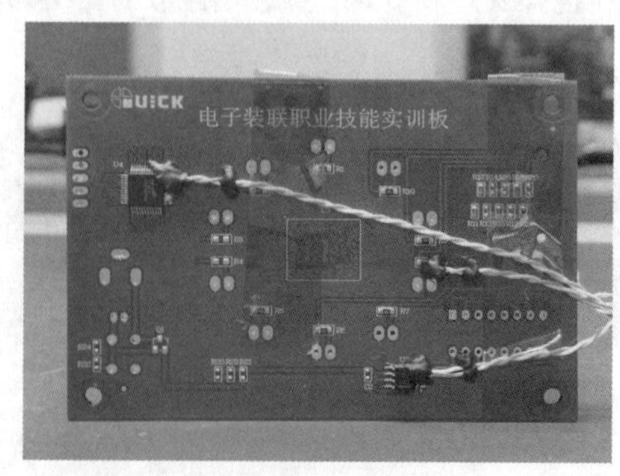

图 3-14　高温胶带固定防松

6. 编制测温线序号

测温点所对应的元器件编号，位置要和测温头相对应。

作业 2　再流焊温度曲线调试

扫一扫

炉温测试

再流焊温度曲线调试的目的，是记录基板在以一定速度经过再流焊炉时，基板上焊点温度变化的轨迹。焊接温度曲线是保证焊接质量的关键。一条好的焊接温度曲线应该是对所要焊接的基板上的各种表面贴装元器件都能够达到良好的焊接，焊点不仅具有良好的外观品质而且有良好的内在品质。焊接温度曲线不适当会引起许多焊接缺陷。对焊接温度曲线的合理控制，在生产制程中有着举足轻重的作用。本小节以再流焊炉操作为例，说明温度曲线调试过程。再流焊接工作流程如图 3-15 所示。

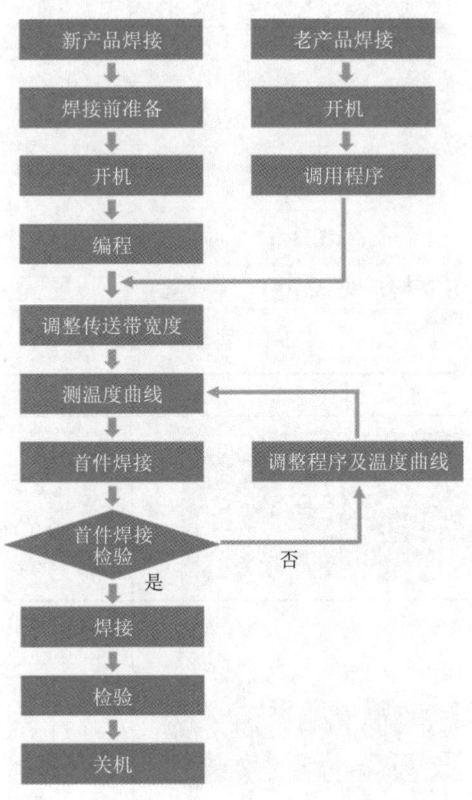

图 3-15　再流焊接工作流程

技能 1　再流焊炉结构识别

再流焊炉是进行再流焊接的专用设备，按照其加热方式的不同分为热板传导再流焊、红外辐射再流焊、热风再流焊、气相再流焊、真空再流焊等。其中热风再流焊是利用加热器与风扇，使炉膛内的空气或氮气不断加热并强制循环流动，从而实现被焊件加热的焊接方法，原理如图 3-16 所示。由于采用此种加热方式，印制板和元器件的温度接近给定的加热温区的气体温度，完全克服了红外再流焊的温差和遮蔽效应，故目前应用较广，本制程所讨论的再流焊均指热风再流焊。

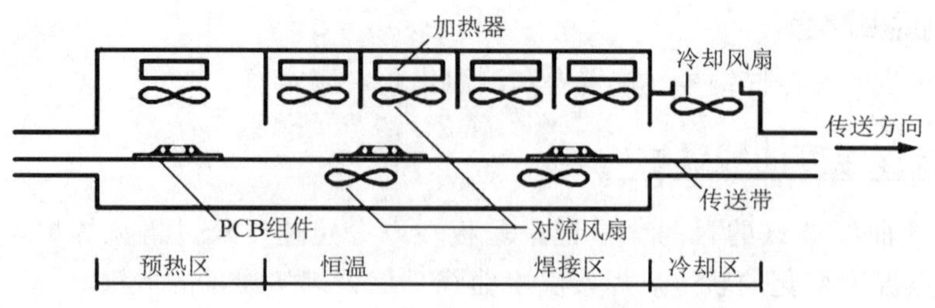

图 3-16　热风再流焊工作原理

以再流焊炉 HB-CR1004 为例，学习再流焊炉的结构、温度曲线调试的步骤及焊接参数设定等知识与技能。其外观如图 3-17 所示。

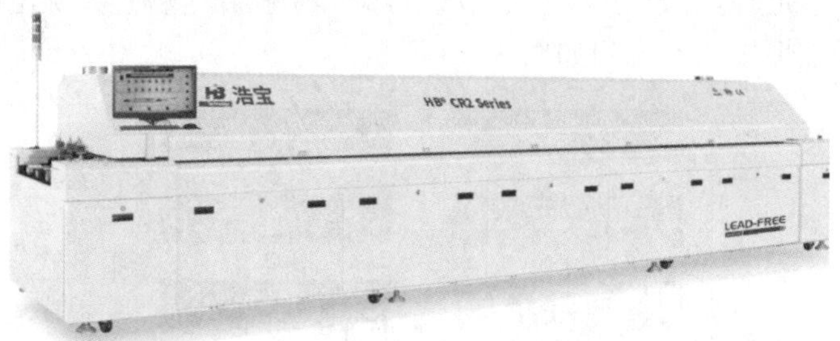

图 3-17　再流焊炉

再流焊炉 HB-CR1004 主要构成见表 3-1。

表 3-1　再流焊炉结构

名　　称	图　　例	功　　能
传送系统		三种方式：轨道链条方式、网带方式、轨道链条+网带方式
预热区		（1）根据产品和制程的要求，选择合适的预热温区数 （2）上下循环热风，保证印制板温度的均匀性 （3）高热效率电热器，用电机驱动进行循环热风加热 （4）每一个温区为 4×2.5 kW 功率，保证足够的热效能
焊料熔化区或焊接区		（1）焊接区是将 PCBA 上的焊点加热到焊料熔点以上，元件耐温以下，以便焊料熔化形成焊点。焊接峰值温度、熔点以上的加热时间是再流焊接最重要的两个参数 （2）锡珠、立碑、元件偏移、焊剂飞溅、冷焊、虚焊、基板分层、元件变形等缺陷，都发生在焊接阶段

续表

名　称	图　例	功　能
焊料凝固区或冷却区	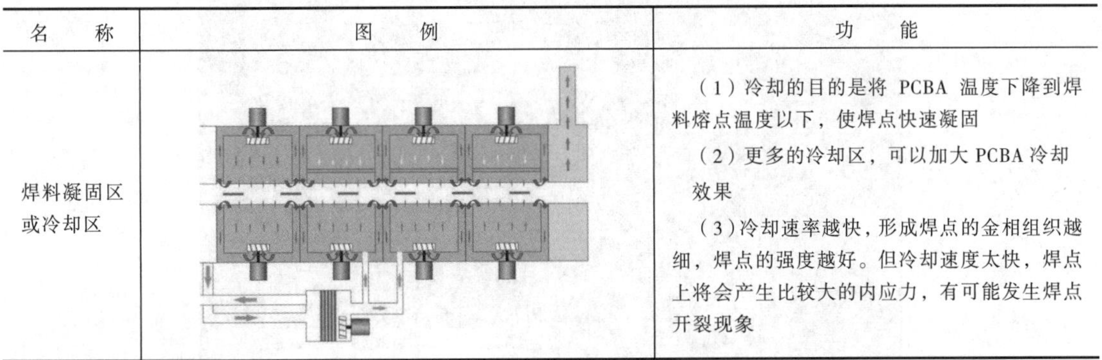	（1）冷却的目的是将 PCBA 温度下降到焊料熔点温度以下，使焊点快速凝固 （2）更多的冷却区，可以加大 PCBA 冷却效果 （3）冷却速率越快，形成焊点的金相组织越细，焊点的强度越好。但冷却速度太快，焊点上将会产生比较大的内应力，有可能发生焊点开裂现象

技能 2　焊接温度曲线识读

焊接温度曲线，反映的是基板以一定传送速度经过再流焊接时，基板上表面温度随时间变化的关系曲线图。焊接温度曲线常见帐篷型和保温型，目前常用的是保温型焊接温度曲线。保温型焊接温度曲线一般分为预热、保温、焊接和冷却四个工作区。其每个温度区间在整个再流焊接过程中扮演着不同的角色。如图 3-18 所示，预热区将基板的温度从室温提升到锡膏内助焊剂发挥作用所需的活性温度，并适当地挥发助焊剂中的溶剂。保温区目的是将基板维持在某个特定温度范围并持续一段时间，使基板上各个区域的元器件温度相同，减少它们的相对温差，同时使锡膏内部的助焊剂充分发挥作用，去除元器件焊端和基板焊盘表面的氧化物，从而提高焊接质量。焊接区将炉内的温度升高，使锡膏熔化，温度达到最高点，在基板焊盘和元器件的电极之间形成合金，完成焊接过程。冷却区对完成焊接的基板进行降温，使焊点凝固，最终实现元器件引脚与焊盘可靠的电气和机械连接。

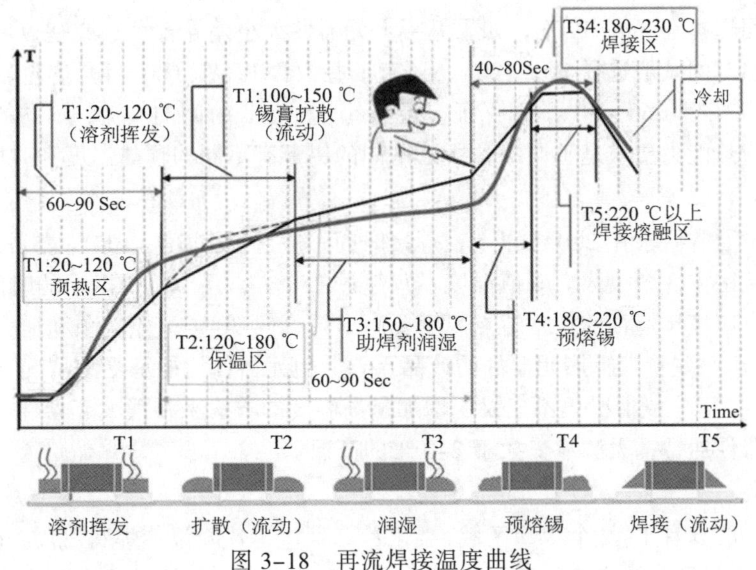

图 3-18　再流焊接温度曲线

温度曲线中各温区参数的正确性尤为重要，参数不合理将直接影响焊接质量。图 3-19 给出了再流炉各温区温升参数的推荐值。

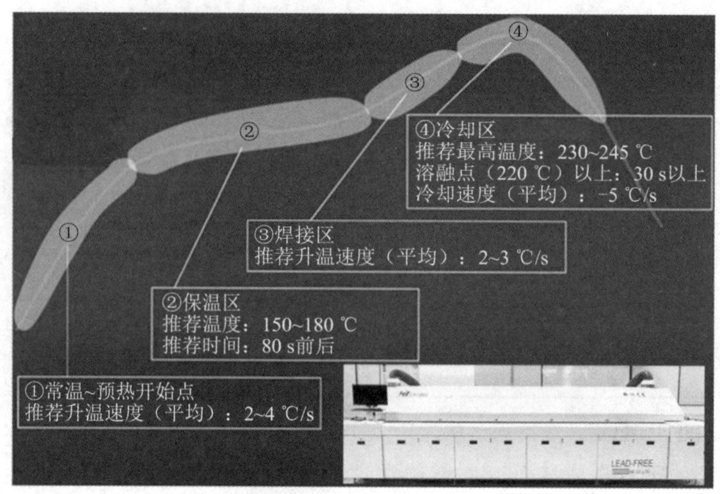

图 3-19　再流炉各温区温升参数设定参考

1. 预热区

通过缓慢加热的方式使基板从室温加热至 150 ℃，推荐升温速率一般在 2 ~ 4 ℃/s。炉子的预热区一般占加热通道长度的 1/4 ~ 1/3，如 10 温区再流焊炉一般预热区占 4 个温区。其停留时间可作这样的估算，设环境温度为 25 ℃，若升温斜率按照 3 ℃/s 计算则（150–25）℃/3 即为 42 s，如升温斜率按照 1.5 ℃/s，计算则（150–25）℃/1.5 即为 85 s。通常根据元器件大小差异程度调整时间以调控升温斜率在 2℃/s 以下为佳。

2. 保温区

也称助焊剂活化区，通常维持在 150 ~ 180 ℃之间，如 10 温区再流焊炉一般保温区占 3 个温区。保温时间选择在 60 ~ 120 s，如果基板上元器件大小差异较大，或基板上元器件热容量差异大时，预热时间一般选择 90 ~ 120 s，还有一些如含 BGA、QFP 等热容量较高的产品，会缩短预热时间，一般为 60 ~ 90 s，以保证有足够的助焊剂长时间的漫流，不同的锡膏对预热的温度和松香的耐热能力要求是不同的，所以不同的锡膏有不同的预热温度和时间要求。

3. 焊接区

该区的温度通常要求在 220 ℃以上，焊接时间一般选择在 30 ~ 100 s 之间，如 10 温区再流焊炉一般焊接区占 3 个温区。峰值温度不宜超过 250 ℃，且 230 ℃以上的时间为 20 ~ 40 s，一般的峰值温度应该比锡膏的正常熔点温度要高出约 25 ~ 30 ℃，才能顺利地完成焊接作业。针对 BGA、QFP 一些特大吸热元器件的产品，在其他元器件均能承受的情况下将焊接区时间加长至 60 ~ 90 s，但一般情况下不建议用增加最高温度的方法来补偿大元器件的加热不够，因为一般的晶体器件通常都无法承受大于 240 ℃的高温。

4. 冷却区

再流焊炉一般设有 1 ~ 2 个冷却区域，要求冷却区应迅速降温使焊料凝固，通常设定为 1 ~ 6 ℃/s。理想的冷却区曲线应该是和预热区曲线成镜像关系，越是靠近这种镜像关系，焊点达到固态的结构越紧密，得到焊接点的质量越高，结合完整性越好。但值得注意的是在加快冷却速度的同时须注意到零件耐热冲击的能力，一般的电容所容许的最大冷却速率大约是 4 ℃/s，过快的冷却速率很可能因元器件、焊料、与焊点各拥有不同的热膨胀系数及收缩率，从而引起应力影响而产生龟裂，也可能引起元器件焊端与基板焊盘焊接点的剥离。

技能3　焊接温度测量

焊接温度测量，即采用再流焊炉，利用温度测试仪以及制作的测温板，测试设定炉温下基板上的焊接温度变化曲线。焊接温度测量的主要工序是：开机前检查→开启再流炉→设定炉温→轨道宽度调节→测量焊接温度曲线→下载炉温数据。

第一步，开机前检查。

（1）检查三相五线制电源供给是否为本机额定电源；

（2）检查设备是否接地良好；

（3）检查位于出入口端部的紧急开关是否弹起；

（4）检查炉盖是否关闭紧密；

（5）查看运输链条及网带是否有挂、碰现象；

（6）查看用户手册注意事项说明，确认开机前检查已经完成。

第二步，开启再流焊炉。见表 3-2。

表 3-2　开启再流焊炉

启动步骤	图　例
（1）将设备总开关拨到向上位置	
（2）将控制面板上 POWER（电源总开关）旋至 ON	POWER OFF ON
（3）打开计算机主机和显示器电源	
（4）按下绿色开启按钮	START
（5）在桌面双击图标打开再流焊软件	Technology

续表

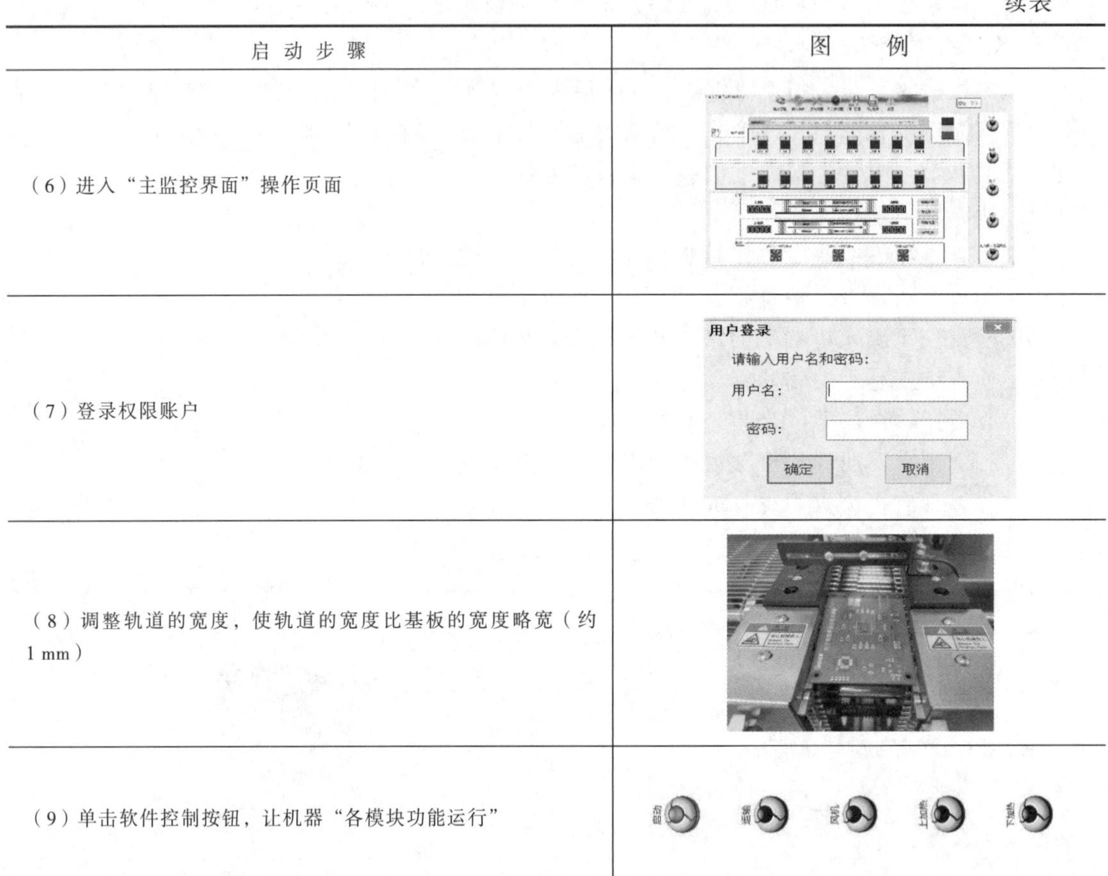

启动步骤	图　例
（6）进入“主监控界面”操作页面	
（7）登录权限账户	用户登录 请输入用户名和密码： 用户名： 密码： 确定　取消
（8）调整轨道的宽度，使轨道的宽度比基板的宽度略宽（约 1 mm）	
（9）单击软件控制按钮，让机器“各模块功能运行”	

第三步，设定炉温。炉温设定，就是通过对再流焊接炉各温区的温度设定，使产品测试点温度符合制定的温度曲线要求。如果客户有炉温要求，按客户要求设定，如客户无具体要求，则按如下几个要点设定：

（1）选择以前相似产品的炉温；

（2）依据焊膏供应商提供的参考资料；

（3）依据 BGA、IC、基板供应商提供的参考资料；

（4）依据再流焊设备供应商提供的参考资料；

（5）焊接效果。

根据经验，HB 十温区的温度设定，起始温度设定可参考表 3-3 进行设定。

表 3-3　HB 的温度设定的起始温度

温区	1	2	3	4	5	6	7	8	9	10
上温区	100	120	150	150	150	170	180	205	245	230
下温区	100	120	150	150	150	170	180	205	245	230
传送速度	80 cm/min									

具体设定步骤见表 3-4。

表 3-4　再流焊炉炉温设定步骤

设 定 步 骤	图　　例
（1）在主监控界面单击“配方参数”按钮	
（2）弹出“参数设置”界面 相应的文本设定温区参数、导轨参数、风机频率、氧气浓度报警值等，单击“应用”按钮	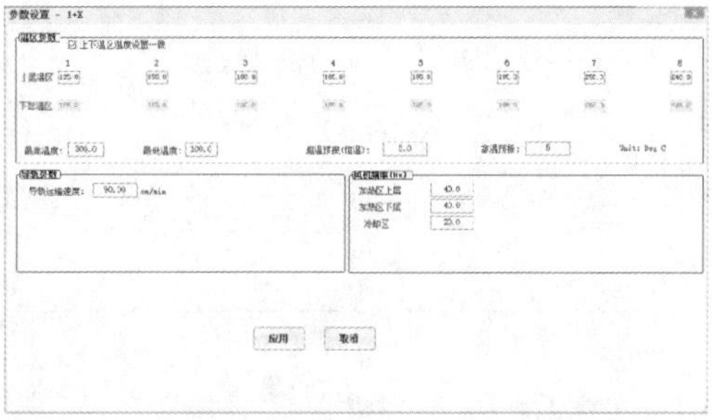
（3）温区参数设置 各温区温度的设定范围为最低温度至最高温度。当超过设定范围时自动设为最低温度。超温预报的设定范围为 2 ~ 20 ℃，最高温的设定范围为最低温度 ~ 300 ℃，最低温的设定范围为 10℃ ~ 最高温度，在此界面可以设定最高温度和最低温度以及超温预报的上限值，超温预报的初始值为 2 度。参数的设定功能：单击要修改的参数，用键盘输入数值后单击“应用”按钮即可	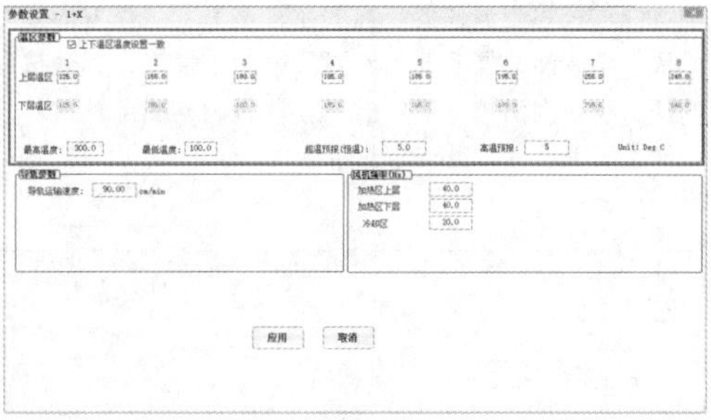
（4）导轨参数设置 导轨运输速度的设定范围为 0 ~ 200 cm/min，导轨宽度的设定范围为 50 mm ~ 导轨最大宽度	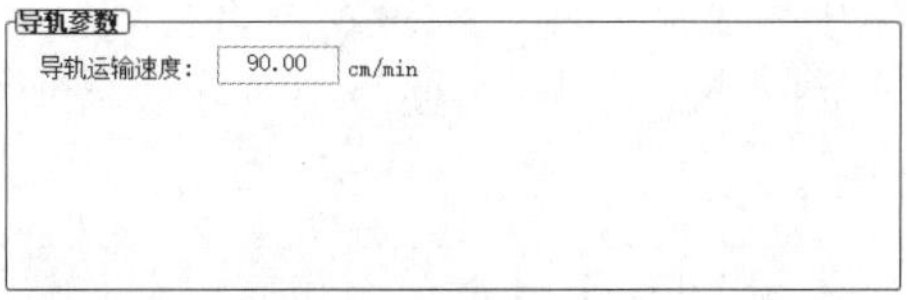 导轨参数 导轨运输速度: 90.00 cm/min
（5）风机频率设置 设定预热区、焊接区。冷却区的风机频率，风机频率的设定范围为 20 ~ 50 Hz	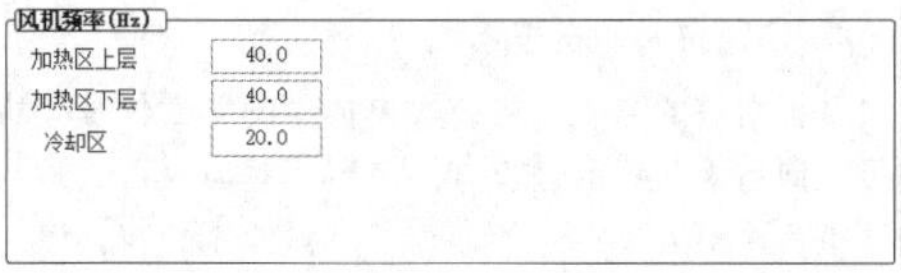 风机频率(Hz) 加热区上层 40.0 加热区下层 40.0 冷却区 20.0
（6）氧气浓度报警设置 氧气浓度超高报警值的设置范围为 超低报警值 ~ 5 000，氧气浓度超低报警值的设定范围为 100 ~ 设定值，氧气浓度设定值的设定范围为超低报警值至超高报警值，关闭氮气无板时间的值的设定范围为 1 ~ 60 min	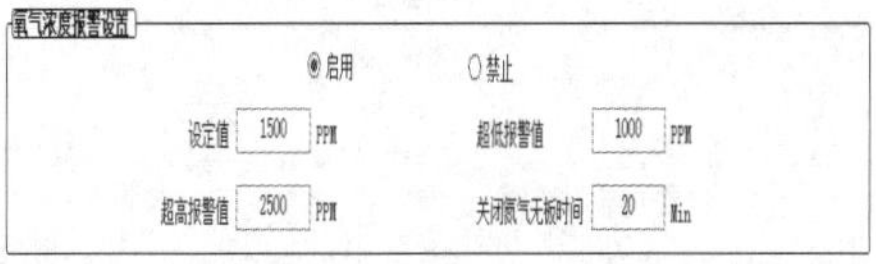 氧气浓度报警设置 ◉启用　○禁止 设定值 1500 PPM　超低报警值 1000 PPM 超高报警值 2500 PPM　关闭氮气无板时间 20 Min

第四步，轨道宽度调节。

调整轨道宽度，使轨道的宽度比基板的宽度略宽（约 1 mm）。当炉温达到正常设定值，绿灯亮时，等待炉温稳定 10 min 以上，再开始测试焊接温度。确保炉内温度稳定后，进行首次温度曲线测试。

第五步，测量焊接温度曲线。见表 3–5。

表 3-5　焊接温度曲线测试步骤

步　　骤	图　　例
（1）清除测试仪内上一次的记录数据	
（2）测温仪与测温板连接 将测试板和测温仪器装置放在轨道上，进板方向与生产线的进板方向一致，将测温线探头插到测温仪第 1 个插口，其他按序号依次将热电偶的探头插在测温仪对应的插口。调整确认测温仪过炉治具的宽度和基板一样宽，并固紧	
（3）测温仪装入高温保护盒 打开测温仪开关开始测温记忆，将测温仪装置放入保护盒内，放到过炉治具上，测试板在前，测温仪在后，中间保持测温线基本拉直，开始过炉测试炉膛温度，监控观察过炉，在炉口守候出炉	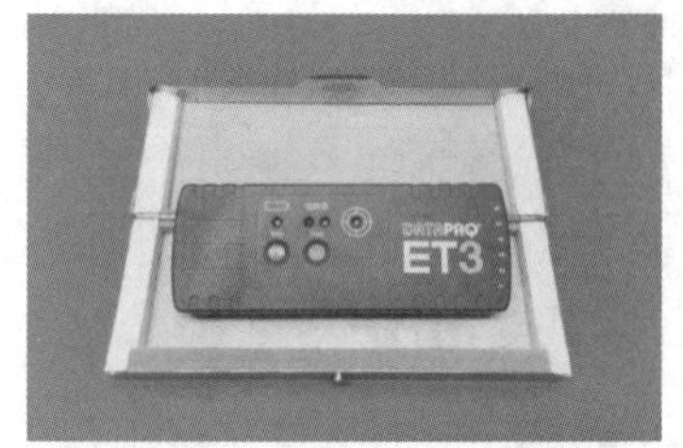
（4）测温仪与测温板入炉 以基板在前的方式，将装入保护盒的测试仪及基板放入再流焊轨道。进板方向与生产线的进板方向一致。测温仪送进炉后，手应立即离开，谨防手和测温线夹在链条上。手不得伸进炉腔，以免烫伤	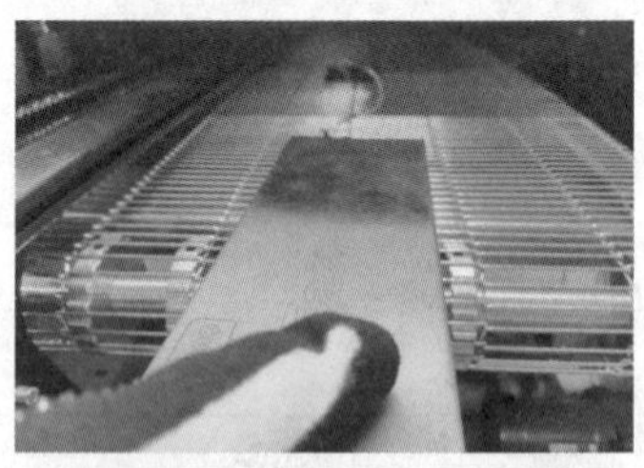
（5）测温仪和测温板出炉 戴好耐高温手套，防止烫伤！在炉口拿出测试板和测温仪，注意不要发生跌落。打开高温保护盒，关闭测试仪，拔除测温线。剥离测温线时，应戴防护手套操作，避免皮肤产生过敏	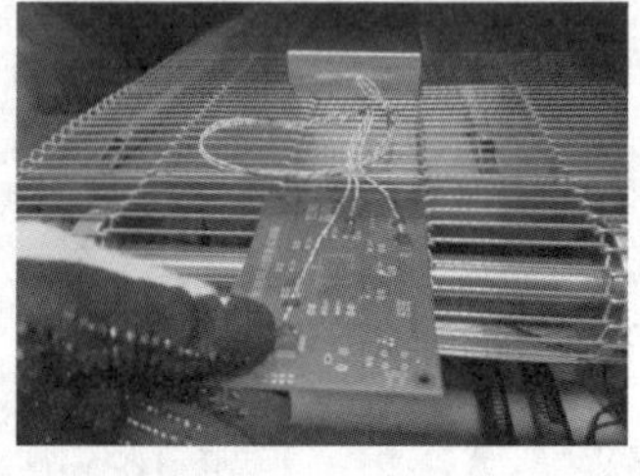

第六步，下载炉温数据。打开炉温测试仪测温软件测温窗口，将测温仪连到专用电脑 USB 插口上，按提示一步一步建立曲线。确认测量的曲线是否存在异常，有异常时分析原因，并重

测。测试温度曲线如图 3-20 所示。

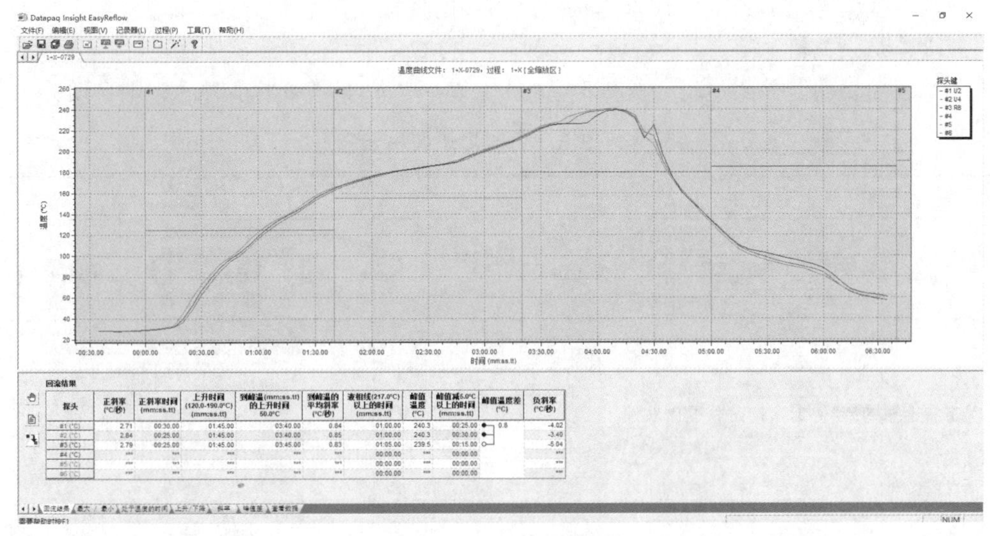

探头	正斜率(°C/秒)	正斜率时间(mm:ss.tt)	上升时间(120.0-190.0°C)(mm:ss.tt)	到峰温(mm:ss.tt)的上升时间 50.0°C	到峰温的平均斜率(°C/秒)	液相线(217.0°C)以上的时间(mm:ss.tt)	峰值温度(°C)	峰值减5.0°C以上的时间(mm:ss.tt)	峰值温度差(°C)	负斜率(°C/秒)
#1 (°C)	2.71	00:30.00	01:45.00	03:40.00	0.84	01:00.00	240.3	00:25.00	0.8	-4.02
#2 (°C)	2.84	00:25.00	01:45.00	03:40.00	0.85	01:00.00	240.3	00:30.00		-3.40
#3 (°C)	2.79	00:25.00	01:45.00	03:45.00	0.83	01:05.00	239.5	00:15.00		-5.04
#4 (°C)	***	***	***	***	***	00:00.00	***	00:00.00		***
#5 (°C)	***	***	***	***	***	00:00.00	***	00:00.00		***
#6 (°C)	***	***	***	***	***	00:00.00	***	00:00.00		***

图 3-20　测试温度曲线

技能 4　焊接温度曲线调试

一条合格的温度曲线是通过设定、测量、调整三个步骤得来的。一条完美的焊膏再流温度曲线不仅可以得到光亮的、结构紧密的焊点，还能够对印刷、贴片等工序造成的不良起到一定的修复作用。在实际的操作中要得到一条适合产品特点的温度曲线，要经过多次的测量和调整才能够实现。

第一步，焊接温度曲线评价。

参考标准温度曲线评价测试温度曲线是否在标准范围内。

判定炉温设定的正确性可以先从分析保温时间是否在要求范围内、分析焊接时间是否在要求范围内、分析预热区升温斜率是否符合要求、分析峰值温度是否在要求范围内、分析降温速率是否在要求范围内等五个方面做一个初步的判定，确认后，再从焊接区升温斜率、焊接温度曲线图走势、过炉总时间、入炉到焊接区的时间、焊接区升/降温的时间比、基板正反面温差、基板上大小元器件温差等七个参数做具体判定。主要要求峰值温度偏差控制在±3 ℃以内，其他曲线段温度偏差控制在±5 ℃以内，其他指标是否需要，需根据客户需要判定，调整温度曲线时应以热容量最大、最难焊的元器件为准。

第二步，焊接温度曲线调整。

当判定焊接温度曲线设定有差异时，需要对炉温设定进行调整。一般情况下，加热区设定的温度、炉网/链条的运行速度、热风马达转动频率、抽风大小等这几个参数决定着焊接温度曲线，其中以加热区温度、炉网/链条的运行速度为最重要参数，一般情况下我们调试焊接温度时以调节这两个参数居多，在调节炉温时主要采用分区方法来调整焊接温度曲线。

分区法调整焊接温度曲线，首先参照与任务相近似的焊接温度曲线，测试其实际的焊接温度曲线，将所测的实际焊接温度曲线按温区等分，将此炉温的设定值分别标示在相应的区域上，观察各区的曲线段与实测焊接温度的关系，进行对比并找出差异，以区为单位，调整各温区设定参数。值得注意的是当发现温区间温差太大（超过 50 ℃）时，要酌情考虑调节基板的传送

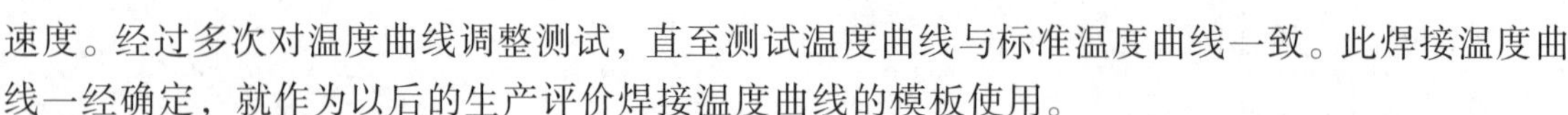

速度。经过多次对温度曲线调整测试，直至测试温度曲线与标准温度曲线一致。此焊接温度曲线一经确定，就作为以后的生产评价焊接温度曲线的模板使用。

第三步，结束关机。

机器“各模块功能关闭运行”，冷却至 100 ℃以下，炉子冷却半小时后，则自动关机。

表 3-6　再流焊炉关机步骤

关机步骤	图　例
（1）单击软件控制按钮，让机器“各模块功能关闭运行”	
（2）单击右上角的“×”退出按钮，退出软件	
（3）软件弹出“切换工作模式”对话框，选择“冷却模式”单选按钮，并单击“确定”按钮	
（4）关闭控制面板电源，将 OFF/ON（电源 CONTROL 总开关）旋至 OFF	

作业 3　再流焊接缺陷管控

在再流焊接中，被焊物的可焊性、焊料和适合的温度曲线这三个主要因素必须相匹配，方可获得良好的焊接效果。然而，在实际的焊接中，要实现这三者的匹配还是很困难的，所以在整个再流焊接中，会有多种不同的焊接缺陷。常用的焊接质量检验方法有目检法、自动光学检查法、在线测试法、X 光检测法以及功能测试法。

技能 1　再流焊接缺陷类型识别

合格的焊点必须呈现润湿特征，焊料良好地附着在被焊金属表面。润湿的焊点，其焊缝外形特征是呈凹形的弯月面，判定依据是润湿时焊料与焊盘，焊料与引线/焊端之间的界面接触角较小或接近于 0° 。通常焊料合金的范围很宽，可以表现出从很低甚至接近 0° 的接触角直到接近 90° 的接触角。如果焊接面有部分面积没有被焊料合金润湿，则一般认定为不润湿状态，这时的特征是接触角大于 90° 。如图 3-21（a）和（b）所示，焊点润湿角都不超过 90° ，合格；但图 3-21（c）和（d）所示，属于例外情况，接触角虽然超过 90° ，也是合格的，原因是焊接区域被设计要求或阻焊膜所限制，焊点轮廓延伸出外部边缘。

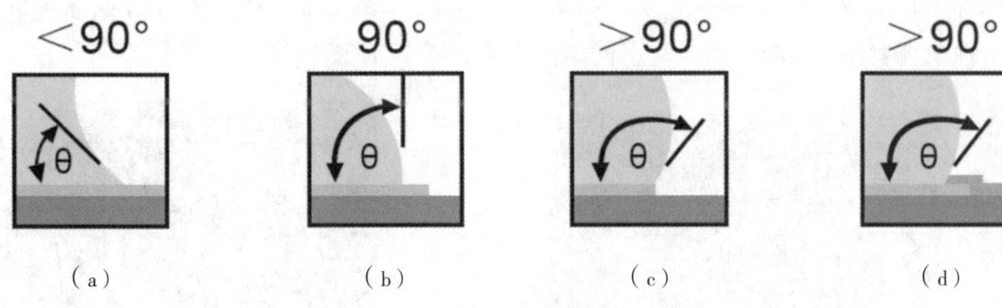

（a）　　（b）　　（c）　　（d）

图 3-21　常见焊点接触角

IPC-A-610 是国际上电子制造业界普遍公认的可作为国际通行的质量检验标准。IPC 标准将电子产品划分为三个级别（一级通用类电子产品，二级专用服务类电子产品，三级高性能电子产品），各级产品均分四级验收条件。IPC-A-610 规定了怎样把元器件合格地组装到基板上，对每种类（级）别的标准都提供了可参照的元器件位置和焊点尺寸，并提供了完成再流焊接后的外观图片。

再流焊接目检标准为：所有焊点目视或用 5～20 倍放大镜检查时，元器件焊端或引脚与焊盘应润湿，焊缝表面不应开裂、蜕皮等，且焊点处不应呈凹凸不平或波浪起伏状。再流焊接检验标准见表 3-7。

表 3-7　再流焊接检验标准

序号	形态	检验标准
1	H	焊接面呈弯月状，且当元器件高度>1.2 mm 时，焊接面高度 H≥0.4 mm;当元器件高度≤1.2 mm 时，焊接面高度 H≥元器件高度的 1/3，为最佳
2		当元器件高度>1.2 mm 时，焊接面高度 H≥0.4 mm;当元器件高度≤1.2 mm 时，焊接面高度 H≥元器件高度的 1/3，且焊接面有一端为凸圆体状，判为合格
3		SOP/QFP 器件引脚内侧形成的弯月形焊接面高度至少等于引脚的厚度，且整个引脚长度均被焊接，为最佳
4		SOP/QFP 器件引脚内侧形成的弯月形焊接面高度大于或等于引脚厚度的一半，且引脚长度的 75%被焊接，判合格
5		SOJ/PLCC 器件引脚两边所形成的弯月形焊接高度至少等于引脚两边弯度的厚度，为最佳；元器件上的胶点直径等于贴装元器件之前涂布到基板上的胶点直径，为最佳
6		SOJ/PLCC 器件引脚两边所形成的弯月形焊接面高度至少等于引脚两边弯度厚度的一半，判合格
7	200　200	残存于基板上孤立焊球最大直径应小于相邻导体或元器件焊盘最小间距的一半，或直径小于 0.15 mm;残存基板上焊球每平方厘米不超过一个;较小直径多个焊球，则不允许超过上述等体积

焊接质量检验目的是希望能通过检验及时发现焊接的缺陷。IPC-A-610 标准规定了焊点外观合格性总体要求。如图 3-22 为不同引脚焊点的合格状态。

（a）片式元件焊点

（b）L 形引脚焊点

（c）L 形引脚焊点

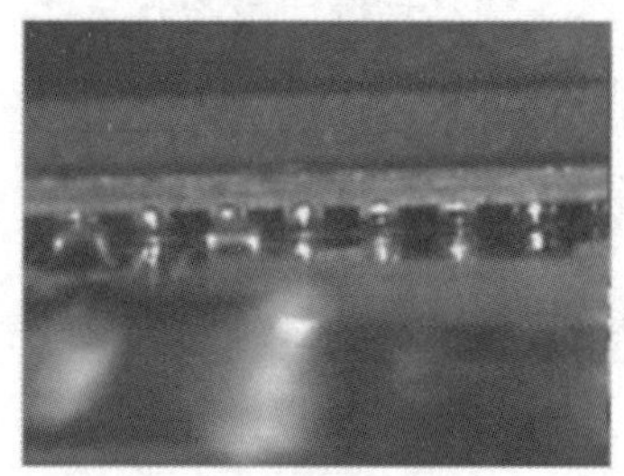

（d）球形引脚焊点

图 3-22　焊点合格状态

焊接缺陷可以分为主要缺陷、次要缺陷和表面缺陷。与 SMA 功能失效的缺陷称为主要缺陷；次要缺陷是指焊点之间润湿尚好，不会引起 SMA 功能丧失，但有影响产品寿命的可能的缺陷；表面缺陷是指不影响产品的功能和寿命。通常主要缺陷必须进行维修，次要缺陷和表面缺陷是否需要维修，由缺陷的程度及产品的用途决定。不同的生产部门对次要缺陷及表面缺陷，可结合 IPC-A-610 标准以及自己产品的性质来决定是否维修，对于表面缺陷在要求某种特定外观或尚未对它准确认定之前，也应给予维修。现把常见的再流焊接缺陷介绍如下：

1. 锡珠缺陷识别

锡珠是再流焊接常见的缺陷之一。锡珠可分为两类，一类出现在片式元器件一侧，常为一个独立的大球状；另一类出现在 IC 引脚四周，呈分散的小珠状。锡珠的不良现象如图 3-23 所示。

图 3-23　锡珠

2. 立碑缺陷识别

片式元器件的一端焊接在焊盘上，而另一端则翘立，这种现象就称为立碑现象。元器件体积越小越容易发生。立碑现象的产生是由于元器件两端焊盘上的焊膏在熔化时，元器件两个焊端的表面张力不平衡，张力较大的一端拉着元器件沿其底部旋转而致。立碑的不良现象如图 3-24 所示。

3. 桥连缺陷识别

桥连是指 SMD 相邻的引线因焊料而连接，造成桥连的现象。随着引线窄间距化和组装高密度化，桥连发生的频率很高。桥连的不良现象如图 3-25 所示。

图 3-24 立碑

图 3-25 桥连

4. 芯吸缺陷识别

芯吸多见于气相再流焊中。芯吸现象是焊料脱离焊盘沿引脚上行到引脚与芯片本体之间，会形成严重的虚焊现象。芯吸的不良现象如图 3-26 所示。

5. 针孔缺陷识别

针孔是指焊接后焊点上出现的小孔，影响焊接的牢固性和电气连接的可靠性。针孔的不良现象如图 3-27 所示。

图 3-26 芯吸

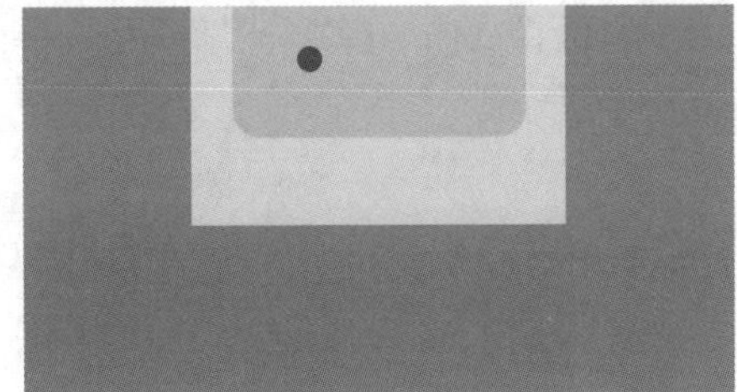

图 3-27 针孔

6. 冷焊缺陷识别

冷焊是指焊膏未完全熔化就凝固的焊点，多半是因为焊膏在过炉时温度未达到导致。冷焊的不良现象如图 3-28 所示。

7. 开裂缺陷识别

裂纹是指焊锡部分或者元器件受外力或者其他应力而裂开并产生裂缝，将严重影响元器件的焊锡可靠度，易造成开路，影响板卡的电气性能。开裂的不良现象如图 3-29 所示。

图 3-28 冷焊

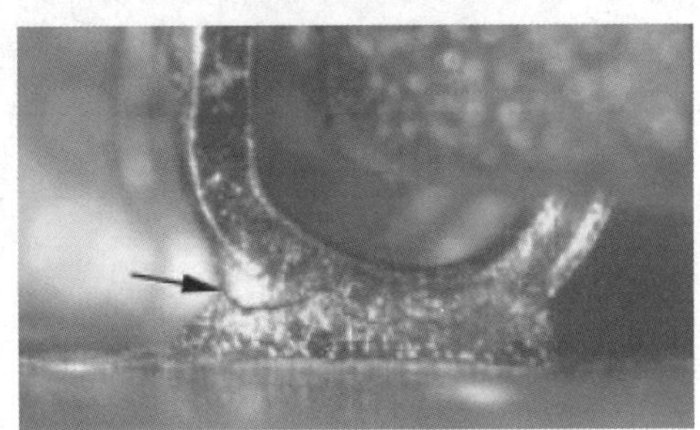

图 3-29 开裂

8. 不润湿缺陷识别

不润湿是指过炉时焊锡膏在零件的引脚与基板焊盘上不能很好地润湿，导致引脚或者焊盘不吃锡。不润湿的不良现象如图 3-30 所示。

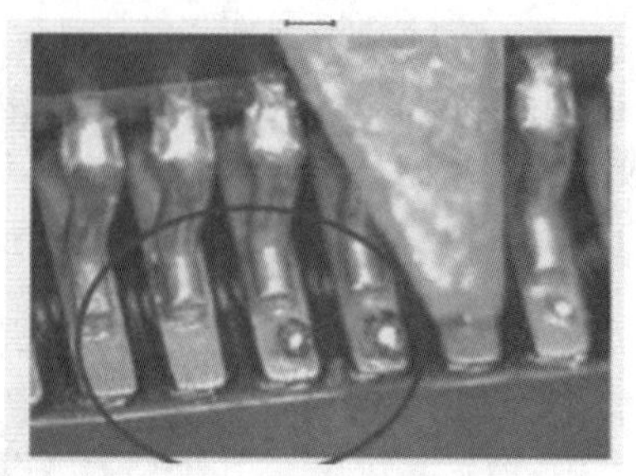

图 3-30　不润湿

技能 2　缺陷原因分析改善

在 SMT 生产过程中，我们都希望基板从印刷工序开始，到焊接工序结束，质量处于零缺陷状态，但实际上这很难达到。由于 SMT 生产工序较多，不能保证每道工序不出现一点点差错。因此，在 SMT 生产过程中总会碰到一些焊接缺陷。这些焊接缺陷通常是由多种原因所造成的，对于每种缺陷，我们应会分析其产生的原因，从而采取相应的对策加以解决。下面以一些常见的焊接缺陷为例，介绍其产生的原因及解决方法。

常见影响焊接品质的因素有 4M1E 的五大方面，即人、机、料、法、环。人，即操作人员，包括在焊接工序中参与的所有人；机，即设备，指生产所用的再流炉；料，即再流焊中所用到的辅材和工具；法，即再流焊工序的工艺方法，如参数设定等；环，即生产环境，通常指环境的温度、湿度和静电防护等几方面。针对再流焊接的不同缺陷，主要考虑从以上几个方面进行缺陷产生原因分析，一般采用鱼骨图法尽可能找出最主要的原因再进行一一排除。如图 3-31 所示为以立碑缺陷为例，介绍采用鱼骨图进行缺陷原因分析。

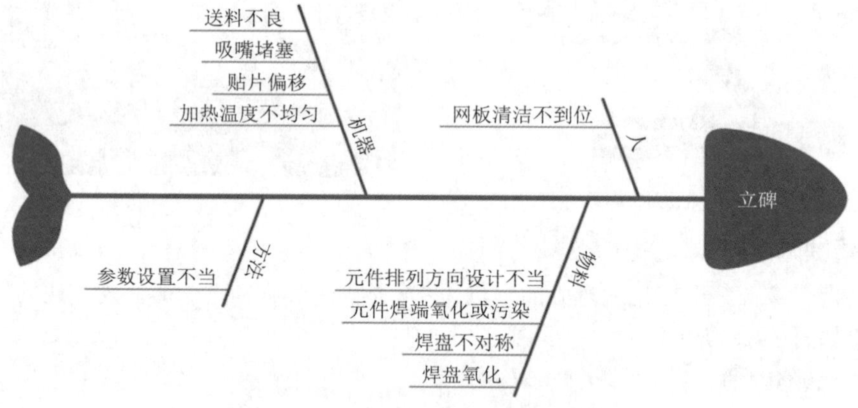

图 3-31　鱼骨图分析立碑缺陷原因

生产作业中，归纳再流焊接典型缺陷成因分析改善，见表 3-8。

表 3-8　再流焊接典型缺陷成因分析改善

序号	缺　陷	原　因	解 决 方 法	图　例
1	元件移位	（1）贴放位置不对 （2）焊膏量不够或定位安放的压力不够 （3）焊膏中焊剂含量太高，在再流过程中焊剂的流动导致元件移位	（1）校正定位坐标 （2）加大焊膏量，增加安放元器件的压力 （3）减少焊膏中焊剂的含量	

续表

序号	缺　　陷	原　　因	解 决 方 法	图　　例
2	焊点锡不足	（1）焊膏不够 （2）焊盘和元器件焊接性能差 （3）再流焊时间短	（1）扩大钢网孔径增加下锡量 （2）更换焊膏或重新印刷 （3）加长再流焊时间	
3	焊点锡过多	（1）钢网孔径过大 （2）焊膏黏度小	（1）缩小钢网孔径 （2）增加焊膏黏度	
4	立碑现象	（1）印刷位置的偏移 （2）焊膏中的焊剂使元器件浮起 （3）印刷焊膏的厚度不够 （4）加热速度过快且不均匀 （5）焊盘设计不合理 （6）元器件可焊性差	（1）调整印刷参数 （2）采用焊剂含量少的焊膏 （3）增加印刷厚度 （4）调整再流焊温度曲线 （5）严格按规范进行焊盘设计 （6）选用可焊性好的焊膏	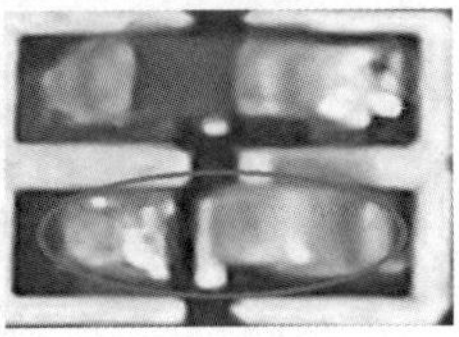
5	锡珠	（1）加热速度过快 （2）焊膏吸收了水分 （3）焊膏被氧化 （4）基板焊盘污染 （5）元器件安放压力过大 （6）焊膏过多	（1）调整再流焊温度曲线 （2）降低环境湿度 （3）采用新的焊膏，缩短预热时间 （4）更换基板或增加焊膏活性 （5）减小压力 （6）减小孔径，降低刮刀压力	
6	虚焊	（1）焊盘和元器件可焊性差 （2）印刷参数不正确 （3）再流焊温度和升温速度不当	（1）加强基板和元器件的可焊性 （2）减小焊膏黏度，检查刮刀压力及速度 （3）调整再流焊温度曲线	
7	桥连	（1）焊膏塌落 （2）焊膏太多 （3）钢网背面有脏污 （4）加热速度过快	（1）增加焊膏金属含量或黏度、换焊膏 （2）减小钢网孔径，降低刮刀压力 （3）清洗钢网，并增加钢网清洗频率 （4）调整再流焊温度曲线	
8	芯吸	基板可焊性差，焊盘和元器件引线再流焊时温差大	改善基板可焊性，调整再流焊工艺，充分预热基板，缩小焊盘与元器件引线之间的温差	 SMD

续表

序号	缺陷	原因	解决方法	图例
9	元件开裂	基板变形，检测探针冲击焊点	基板和元器件在贴装前进行干燥处理	

任务要诀

测温板先选焊点，元件热容覆盖全；
测温常用 K 形线，探头固定要可靠；
再流曲线很重要，标准曲线可参考；
预保焊冷各不同，轨道速度和风速；
曲线分析看指标，标准参数来对照；
焊点质量好不好，IPC 标准来对照；
锡珠桥连和立碑，常见缺陷会识别；
缺陷要因查得清，分析人机料法环。

工作评价

序号	评价维度		权重	评价情况		
				自我评价	小组评价	教师评价
1	技术性	（1）能制作炉温测试板，调试炉温曲线，识别再流焊接缺陷类型 （2）能根据人机料法环分析再流焊接、缺陷产生的原因并提出解决对策	0.20			
2	质量性	（3）炉温参数和缺陷率控制在目标值内 （4）品质意识内化于各作业环节	0.20			
3	规范性	（5）按照作业指导书操作 （6）按照行业技术标准执行	0.20			
4	经济性	（7）作业效率最高 （8）材料使用最少	0.15			
5	环保性	（9）符合环保标准 （10）电能消耗最低	0.05			
6	创新性	（11）工艺优化有效提升作业品质 （12）有效检验准确性与效率	0.10			
7	职业性	（13）敬业，遵守车间工作纪律 （14）协作，按质按量完成工作	0.10			

任务2　选择性波峰焊接

任务目标

通过选择性波峰焊接（简称选波焊）任务学习，根据客户产品要求，会选用喷嘴、安装喷嘴；会操作选波焊炉，会编辑基板参数，设定助焊剂涂布参数、创建焊接点坐标，设定和校准温度曲线，具备独立完成选波焊接工艺生产能力。

任务描述

在前序工作基础上，完成基板 dzzl-01 相关焊点的选波焊接任务，试样基板如图 2-1 所示，插件物料见表 2-1。选波焊接要求具体如下：

（1）采用无铅焊接工艺；

（2）选波焊接一次缺陷率≤1 000 PPM。

任务分析

根据工作任务的描述，分析如下。

客户产品特征分析：待选择性波峰焊接的焊点是 C1、U1、J1、K1、DS1~DS10 等 14 个元器件，包含插件电容、插件 IC、电源插座、按键开关和发光二极管等，选用合适的波峰喷嘴。

产品焊接工艺分析：针对基板特征，结合插件电容、插件 IC、按键开关、发光二极管等特性，设定预热和锡缸温度时，充分考虑元器件耐热温度并防止快速升温给元器件带来开裂等问题。

焊接良率控制分析：依据客户焊接要求，正确控制每个焊点的焊接参数（助焊剂的喷涂量、焊接时间、焊接波峰高度等）并分别调至最佳。消除连锡、少锡、冷焊、元件浮高、焊点不饱满、拉尖、掉件等缺陷。

任务导图

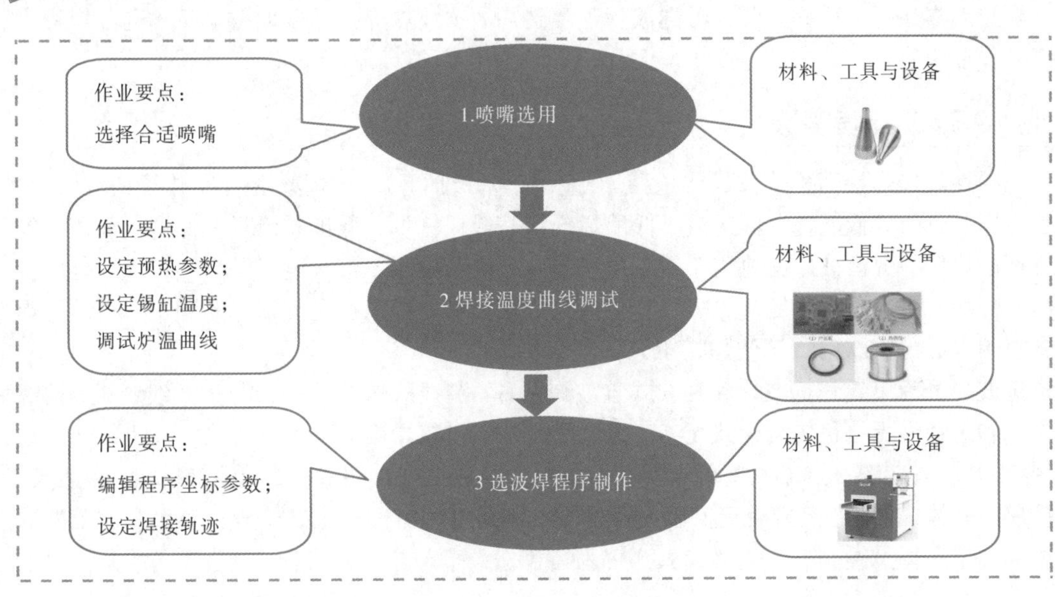

匠心一点通

赵某治具，省时省心。赵某是某装备股份有限公司电子装联车间 QC 小组组长，2017 年 4 月 27 日发现公司最近装联的一款产品极性反向缺陷率居高，赵某和 QC 成员们研究分析发现，由于作业员经常错误操作，将治具反向流入选择焊设备焊接，导致元器件极性反向缺陷的主要原因。极性控制全靠作业员双眼紧盯，时常疲劳，出现问题，在所难免。赵某思考能否研发一款具有极性置放导向的“防呆”治具，说干就干，带领团队，从操作人员、机器等角度，多原因分析，最后从设备角度进行改良，经过 20 多日夜奋战，否定再否定研讨方案 9 个，作废了图纸样稿 36 幅，最后成功研发出具有智能视觉识别极性的新型治具，彻底解决这一困扰车间生产因极性反向造成不良甚至报废的品质难题。同时，极大减轻了员工的劳动强度，提升了生产效率，公司为表彰赵某特将此治具命名为“赵某治具”。

安全一点通

事故，失之规范。2017 年 4 月 12 日上午 9 时 10 分，在苏州某电子科技有限公司电子装联车间，设备维护员小王正对选波焊例行维护保养，在检查高温锡缸时，未穿戴绝热手套裸手触碰检查高温元器件，不遵守选波焊炉保养操作规程，手指重度烫伤，造成伤残十级的安全事故。

质量一点通

急躁，质量天敌。2017 年 11 月 23 日夜班，苏州某电子厂 SMT 生产车间青年作业员张某，急于早点下班回家，盲目赶超生产进度，竟越权进入设备高级管理员账户，自行修改了焊炉关键参数，导致 PLC 烧毁，设备计算机系统崩溃，直接停机 6 小时，炉膛 8 块产品板报废。欲速则不达，生产线生产进度非但不快，反而酿成重大质量事故，工厂直接经济损失 3 万余元，严重影响企业品牌形象。

任务实施

在选波焊接任务中，主要学习选波焊喷嘴选用、选波焊焊接温度曲线调试、选波焊程序制作三个作业内容。

作业 1　选波焊喷嘴选用

选择性波峰焊接简称选波焊或选择焊，应用于基板插件通孔焊接。相比于传统的波峰焊接，选波焊因其具有“低能耗、低锡渣、低助焊剂量、低耗氮量、低工装治具、低占地面积”等六个方面的优势，现已被广泛地用于军工电子、航天舰船电子、汽车电子、数码相机、打印机等高品质焊接要求，及工艺复杂的多层基板通孔焊接领域，特别在混装基板制程中，当通孔焊点数 < 总焊点数的 10%时，选波焊接工艺优势会更加凸显。

选波焊分为离线式选波焊和在线式选波焊两种。离线式选波焊是指与生产线脱机，助焊剂喷涂机和选择性焊接机为分体式 1+1，其中预热模组跟随焊接部，人工传输，人机结合，设备占用空间较小；在线式选波焊，可以实时接收生产线数据全自动对接，助焊剂模组、预热模组、焊接模组一体式结构，特点是全自动链条传输，设备占用空间较大，适合自动化要求较高的生产模式。

选波焊炉是利用熔融焊料，通过电磁泵的推动，循环流动的波峰与装有元器件的基板焊接面相接触，以设定的速度及方向实现点焊或拖焊的机器，如图 3–32 所示的是 W3030X 选波焊炉。本任务中，将以此选波焊炉为例，学习选波焊炉的结构、焊接程序坐标以及轨迹的编辑、焊接参数设定等知识与技能。

图 3–32　选波焊炉示意图

技能 1　选波焊接机结构识别

选波焊接工作流程，如图 3–33 所示。

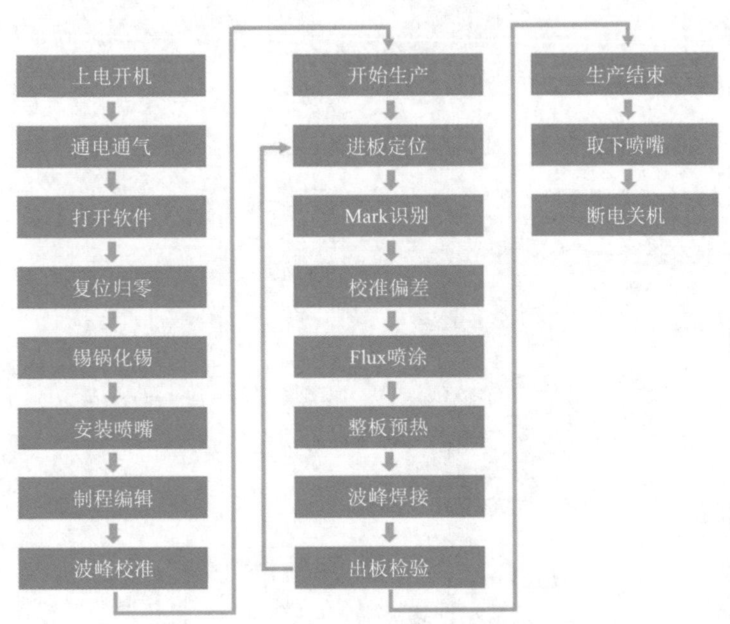

图 3–33　选波焊炉工作流程

选波焊炉 W3030X 外部组成有三色灯、前罩、紧急制动开关、显示器、主电源开关和开始按钮等几部分，前置部分用于对机器工作台的防护，保证只有在机器前后罩都盖上后才能开始工作。内部结构由机械系统、视觉系统、气动系统和电控系统四个部分组成。视觉系统主要定位，保证加工位置的一致性，利用“Mark”点识别，防止进板方向错误。气动系统提供焊接工作所需的气压，提供氮气等。电控系统实现焊接工作过程受计算机控制，减少人工干预，提高生产效率。下面重点学习选波焊接机械系统。

选波焊接机机械部分由全尺寸万能治具、CCD 识别装置、微滴点喷助焊剂涂布装置、模块化可配置预热装置、电磁泵驱动焊接喷嘴的焊接装置等组成。具体每个装置功能见表 3-9。

表 3-9　选波焊炉典型结构组成图例及功能表

名　　称	图　　例	功　　能
全尺寸万能治具		（1）根据基板尺寸，调节调宽移动侧确保板子的合适摆放，并通过防倾倒固定装置确保平整 （2）适用于 40 mm × 40 mm ~ 500 mm × 500 mm 范围的基板
CCD 识别装置		（1）一键自动扫图，实现无缝拼接，编程简单快捷 （2）CCD 摄像辅助定位系统，保证加工位置的一致性 （3）CCD“防呆设计”，利用“Mark”点识别，防止进板方向错误
微滴点喷助焊剂涂布装置（工作站）		（1）进口微滴点喷嘴，0.178 mm 蓝宝石节流孔直径，精确控制助焊剂喷涂量 （2）可选配双喷嘴并行工作，保证效率，间距范围 85 ~ 250 mm
模块化可配置预热装置（工作站）		（1）配置上、下预热区 （2）配备两档风量组合热风加热，有效提高基板整体温度，降低热冲击，保障通孔焊料填充 （3）红外加热灯管 8 × 1.5 kW，极具效率

续表

名　　称	图　　例	功　　能
电磁泵驱动焊接喷嘴的焊接装置（工作站）	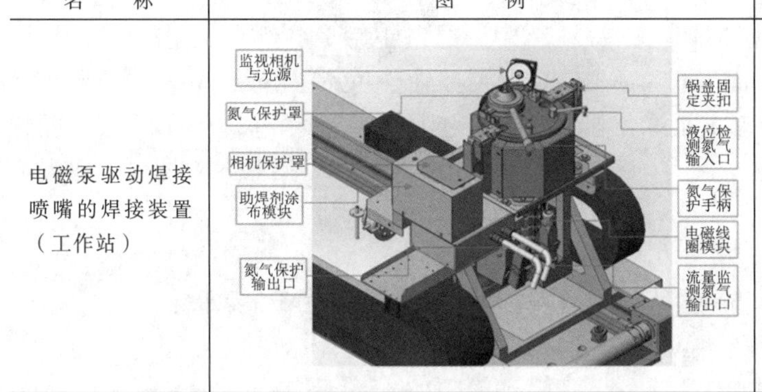	（1）电磁泵驱动，锡波高度精确可控 （2）锡槽液位自动侦测，用比例阀监测氮气流量变化并通过软件反馈 （3）波峰自动校准，通过探针接触锡波来判断锡波高度，软件来控制并自动补偿 （4）锡波喷嘴采用磁性基座连接，方便快速切换

基板进入助焊剂喷涂区域，基板前沿接触挡块停止，边夹夹紧后高清摄像头寻找基准点并校准，然后微滴助焊剂喷嘴按程序路径进行喷涂。完成助焊剂喷涂作业的基板进入第二个工作站，运行至上、下预热模组之间的导轨上开始加热。通过功率和时间控制使基板达到所需预热温度后，基板进入下一区域焊接工作站，基板接触挡块后停止，然后焊锡喷嘴按程序路径进行焊接。标准集成式离线设备，满足小批量产品的工艺验证和试产。

技能 2　喷嘴选用

1. 喷嘴类型识别

对于不同的焊点，考虑焊接效果和生产效率，选用不同内径和外径的喷嘴。喷嘴越小，焊接空间的适用性程度越高，但效率相对较低。由于高温氧化更加严重，喷嘴的寿命也越低。较大的喷嘴使用寿命长，根据产品的实际情况实现点焊和拖焊，效率相对较高。

目前，选波焊使用的喷嘴主要有以下两种形式：

（1）润湿式喷嘴：其表面有特殊涂层，焊料可以在喷嘴外表面润湿，可以形成均匀的四周外溢的形式，如图 3-34 所示。这类喷嘴使用一段时间后,涂层会氧化（见图 3-35），造成波偏移等情况，影响焊接效果。此时，需要用助焊剂刷洗保养，保持其润湿性。

图 3-34　润湿式喷嘴

图 3-35　氧化后喷嘴

（2）非润湿式喷嘴：采用非润湿材质，在喷嘴的一侧开个小槽，让锡波从喷嘴的一侧流出，如图 3-36 所示。这类喷嘴在焊接过程中类似传统的波峰焊，有单侧的锡波流动和脱离的过程。如果设计得当，工艺性相对较好。

2. 喷嘴规格识别

以润湿式喷嘴为例，选波焊喷嘴尺寸考虑内、外直径，有多种规格。图 3-37 中 A 为喷嘴内径，B 为喷嘴外径，常见波峰喷嘴尺寸见表 3-10。

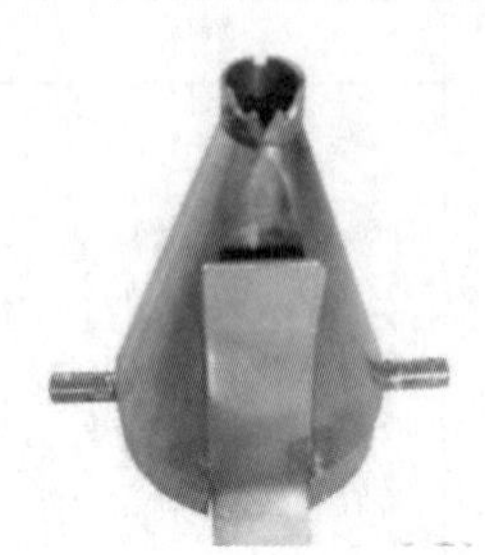

图 3-36　非润湿式喷嘴

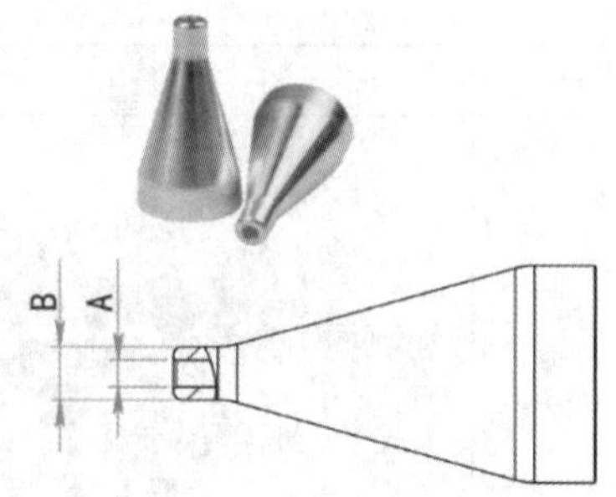

图 3-37　波峰喷嘴外观

表 3-10　波峰喷嘴尺寸

喷嘴尺寸（mm）	
A	B
$\phi 3$	$\phi 6$
$\phi 4$	$\phi 8$
$\phi 5$	$\phi 9$

3. 喷嘴选取

（1）在焊接空间足够的情况下，能选大喷嘴，不选小喷嘴；

（2）焊接空间要求如图 3-38 所示。

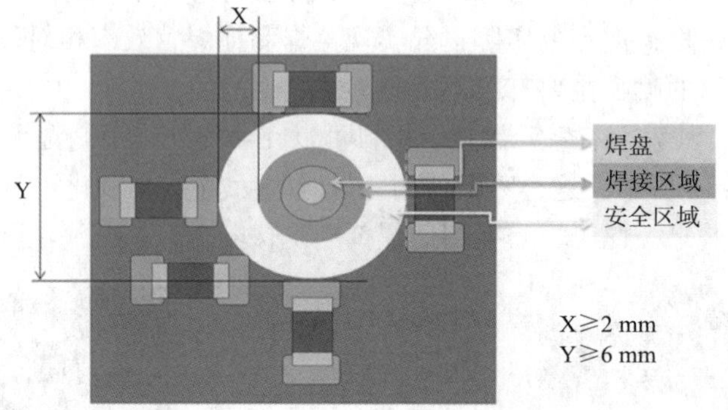

图 3-38　选择性波峰焊空间要求

焊盘为图中棕色区域。

焊接区域表示波峰与基板接触形成的焊料覆盖面积。

安全区域为保证相邻元器件不被选择性波峰焊的影响而需要预留的空间（X）。

因此，在选择喷嘴时，如遇到周边元器件与被焊接点距离较近时（实际距离参考图 3-38），需考量喷嘴尺寸、焊接高度，以保证焊接区域范围和安全区域的有效性，避免在焊接时发生“洗料”现象。如喷嘴尺寸越大，焊接区域越大；焊接高度越小，焊接区域越大。

技能 3　喷嘴安装

1. 喷嘴固定方式识别

喷嘴需要固定在底座上，如果不进行紧固，喷嘴在焊料的浮力及喷涌的冲击力作用下会浮起，甚至脱落。因此，喷嘴必须被可靠地固定在喷嘴底座上。目前市场上的选择焊设备的喷嘴固定方式主要有磁铁吸附式、螺纹紧固式、过盈配合式，本作业以磁铁吸附式为例。

磁铁吸附式是指在底座上配有高温磁铁，在喷嘴材料中含有 Fe 元素，喷嘴和底座之间会产生一定的吸附力，使得喷嘴位置在工作过程中固定不动。其优点是拆装方便，基本免维护。缺点是高温磁铁在工作几年后磁力会下降，当下降到一定程度时，就无法吸附住喷嘴了，此时需要换底座或高温磁铁。某厂家的喷嘴，就是用这种形式固定的，如图 3-39 所示。

（a）吸附式喷嘴

（b）喷嘴底座

图 3-39 吸附式喷嘴与底座

2. 喷嘴安装

待锡缸化锡，装锡锅盖后，温度上升到设定值，等待波峰起来后，安装喷嘴。具体可分为五步骤：

热头。用尖嘴钳轻轻夹住喷嘴底部，用锡预热喷嘴头部。

热底。用尖嘴钳轻轻夹住喷嘴头部以下约 5 mm 的位置，用锡预热喷嘴底部。

装嘴。用尖嘴钳轻轻夹住喷嘴头部以下 5 mm 的位置，用锡一边预热喷嘴底部一边往喷嘴底座上安装。

锡淌。喷嘴完全放在底座上，锡能在喷嘴上流淌顺利就完成了。

装罩。最后安装上氮气保护罩，保护喷嘴。

具体如图 3-40 所示。

1

2

3

4

5

图 3-40 喷嘴安装过程

3. 喷嘴使用

首次使用时，喷嘴放入锡锅中（在浸入锡锅前，先对锡锅内部锡渣锡灰进行清理，防止污染喷嘴表面）进行加热两分钟，到时间后拿出，看表面润锡程度，一般新喷嘴这样操作一次润锡程度就很好，可直接安装，然后焊接。在使用过程中，按照保养规则，使用高温毛刷配合氧化还原剂清理喷头，以增强喷嘴表面润湿性，对于顽固的氧化物需要用金属刷进行清理。

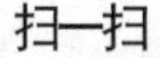

扫一扫

选择性波峰焊（设备保养）

多次使用后，喷嘴多次使用后或者长时间不使用，要按照第一次使用进行润滑喷嘴，若使用时间达到 45 天，观察喷嘴的电镀情况，有露底或者脏污无法去除，需要更换新喷嘴。

喷嘴在使用过程中要每日保养，首先关闭波峰，使用毛刷蘸取专用助焊剂或者还原剂，对润湿不佳的区域进行涂抹均匀，再打开波峰，动态焊料波峰可以自然形成稳定波峰则保养结束，否则，循环以上作业。

扫一扫

选择性波峰焊（软件介绍）

作业 2　选波焊焊接曲线调试

技能 1　选波焊炉温参数设定

1. 预热参数设定

整板预热可以有效地防止基板的受热不均，而造成基板的变形。充分的预热还可以缩短焊接时间，降低焊接温度，降低焊盘与基板的剥离以及基板的热冲击和熔铜的风险，焊接的可靠性自然大大增加。

选波焊的预热单元分为底部预热和顶部预热。底部预热的方式为短波红外，特点是预热速度快，对助焊剂的有效成分的破坏较小。顶部预热的方式一般采用热风的方式，可使基板和零件充分的预热，特别是对于散热较快的基板和元器件作用尤为明显，对于 OSP 处理工艺的基板，如无必要，可关闭热风预热的方式。因为在助焊剂去除基板焊盘的 OSP 之后，热风容易使焊盘裸露的铜箔二次氧化，不利于焊料的浸润。

预热参数设定一般依据助焊剂的性能参数，在预热完成时，基板焊点的温度应在助焊剂的活化温度区间内（目前市场上供应的醇基助焊剂，活化温度区间一般为 90 ~ 120 ℃），如果有热敏感元件，预热的参数设定需兼顾热敏元件的温度要求。如果是散热较快的基板，为了达到焊点的填充率要求，有时需适当提高预热温度。在无法兼顾助焊剂的性能参数的情况下，应以焊接填充率的要求为主。

预热的参数设定步骤如下：

（1）单击预热模块下方的按钮，页面显示参数列表如图 3-41 所示。

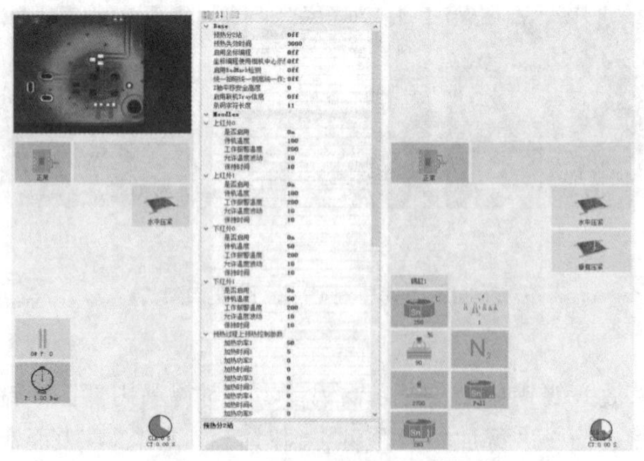

图 3-41　预热参数设定页面

（2）根据工艺文件，设定上吹工作温度、下红外待机温度、预热功率，保持时间等相关参数。上预热温度 100 ℃、下预热温度 100 ℃、预热功率为 100 W、预热时间为 100 s，大小风时间为 100 s。具体预热温度参数如图 3-42 所示。

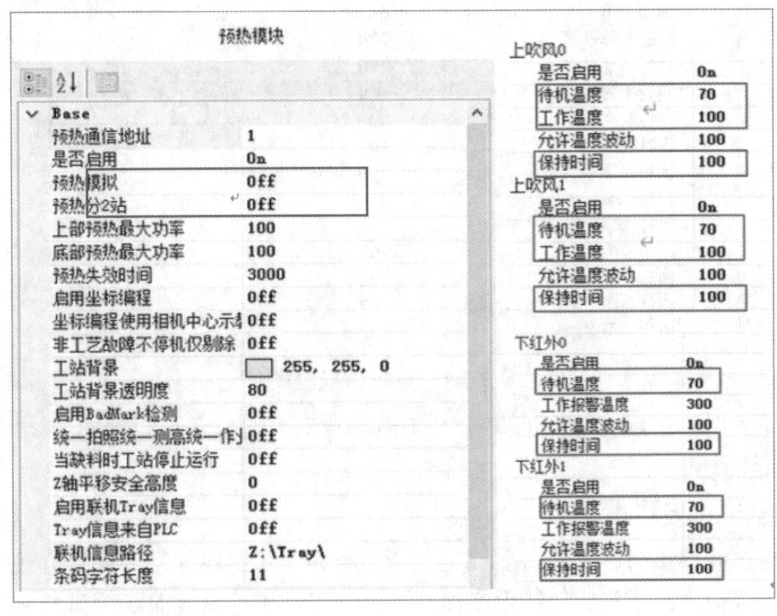

图 3-42　预热温度参数

（3）编辑完成后单击■按钮，再单击←按钮，页面返回显示模块状态。

2. 锡缸温度设定

针对不同的焊点，焊接时间、温度、功率、开氮气温度进行个性化设定，从而使焊点的焊接效果达到最佳。一般锡缸温度设定在 320 ℃。具体步骤如下：

（1）单击焊接模块下方的□按钮，页面显示参数列表（见图 3-43）

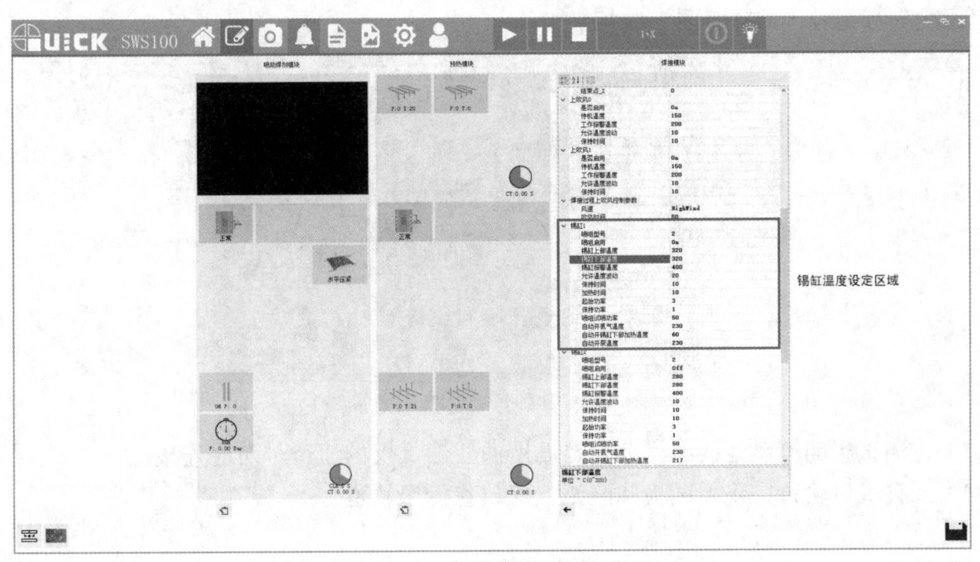

图 3-43　锡缸温度设定页面

（2）根据工艺文件设定锡缸温度，具体设定温度如图 3-44 所示。

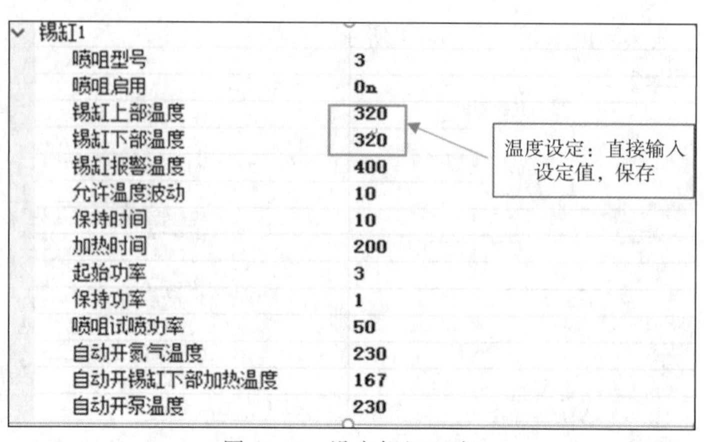

图 3-44　设定锡缸温度

（3）编辑完成后单击按钮，再单击按钮，页面返回显示模块状态。

技能 2　炉温曲线调试

1. 温度曲线测试板制作

当新的基板选波焊接时，我们需要知道基板、材料、元器件等是否在符合规定的温度容差范围内进行焊接保证产品质量，降低生产损耗，所以需要通过温度曲线测试板精确测量选波焊接工艺制程中的重要温度参数。温度曲线测试板具体制作步骤如下：

第一步，准备材料。炉温曲线测试板制作主要需准备产品、热偶线、高温胶带或红胶、高温锡丝、热风枪等材料及工具。

第二步，制作测温点。先将热电偶用高温焊料固定在待焊通孔中，固定点要覆盖测温头，不可大于 2.0 mm。再将测温线贴附于板子上时，用高温胶带或红胶固定。针对产品板，分别在电源插座、按钮、LED 灯等元器件上设定测温点，具体如图 3-45 所示，为方便识别分别对 3 条测温线进行编号，并写于测温线接头上。

图 3-45　测温点选择示意图

（1）将测试板的测温线按编号分别与温度曲线测试仪的通道号对应连接。

（2）调整机器轨道，将测试板和测试仪安放在传送轨道上。

（3）单击启动按钮运行焊接程序。

（4）从出口处取出测试板和测试仪，将测试仪连接电脑，查看温度曲线（见图 3-46），其中探头 1 接的是电源插座，探头 2 接的是按键开关，探头 3 接的是基板，探头 4 接的是电解电容，探头颜色和曲线颜色一一对应。

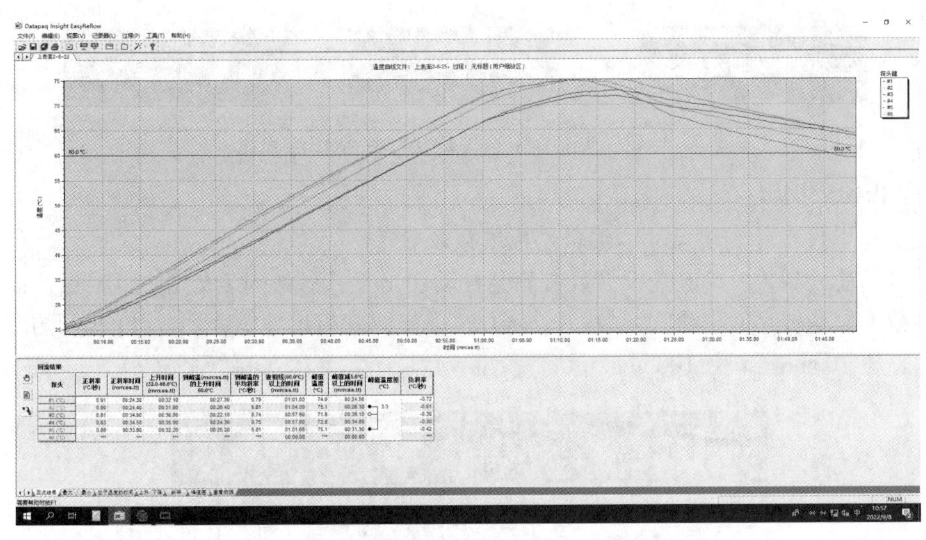

图 3-46 测试选择波峰焊温度曲线

2. 炉温曲线调试

选波焊由于炉子容量远小于常规波峰焊，所以温度波动会大一些。预热温度、传输速度决定助焊剂的活化效果。焊锡波面温度、波高决定焊接质量和透锡性。只有加强对预热温度和焊接温度的控制，才能确保焊接质量。

（1）主页面的焊接模块如图 3-47 所示，可以看到如下图标框。

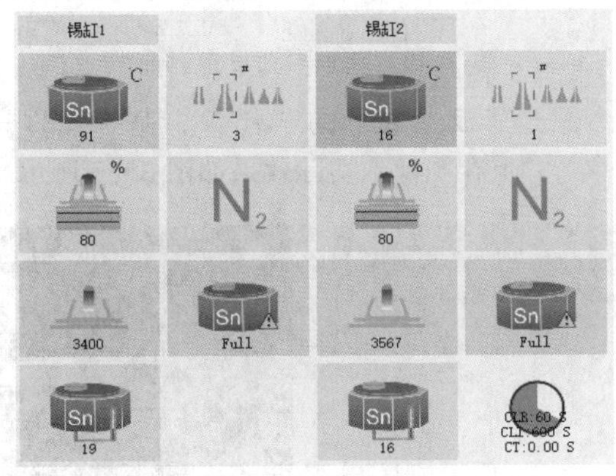

图 3-47 焊接模块配置

（2）上加热区温度校准：Shift+鼠标左击，弹出对话框，输入测温仪所测得实际温度值，点击按钮保存。

（3）下加热区温度校准：Shift+鼠标左击，弹出对话框，输入测温仪所测得实际温度值，单击按钮保存。

作业 3 选波焊程序制作

设备进入焊接程序设定的界面，W3030X 选波焊接程序制作的流程如图 3-48 所示。

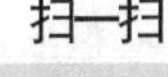

扫一扫

选择性波峰焊（设备操作）

图 3-48　W3030X 选波焊接程序制作流程图

技能 1　基板参数编辑

根据游标卡尺实际测得尺寸，编辑基板参数。

（1）编辑基板参数：点击基板参数右侧会自动弹出工艺参数列表，用户可根据产品工艺输入基板参数（如基板尺寸、膨胀系数、丢弃值等）。实测基板尺寸输入图 3-49 所示的参数设定界面中，X 为 70 mm，Y 为 100 mm。

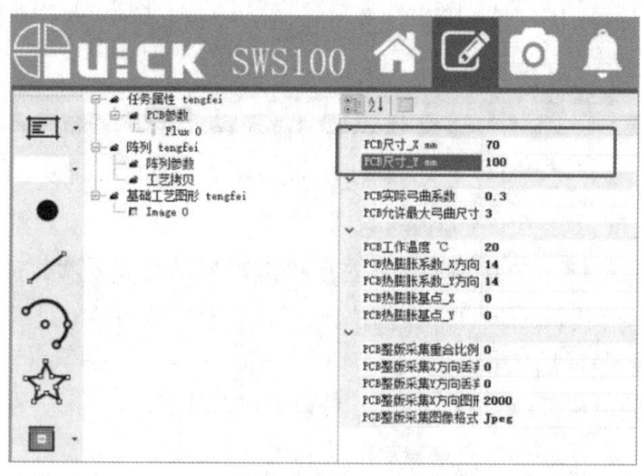

图 3-49　基板参数设定界面

（2）图像采集编辑：右击基板参数下的子任务，基板图像采集并拍照（一般使用 CAMEARA 为基准采集图像）并保存图像，实际效果如图 3-50 所示。

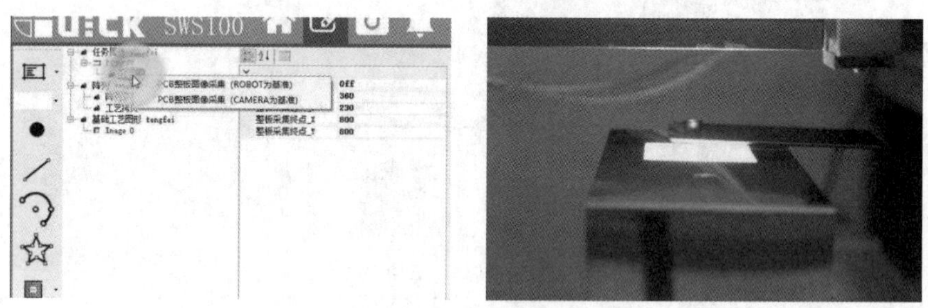

图 3-50　基板图像采集及效果

技能 2　程序坐标以及轨迹编辑

编辑程序坐标以及轨迹，包括 Mark 点创建、助焊剂轨迹、焊接轨迹，轨迹设有点状、线状、半圆状、星形状等，此处主要介绍助焊剂点喷与线喷轨迹、点焊接和直线焊接轨迹。各自具体创建操作界面如图 3-51 所示。

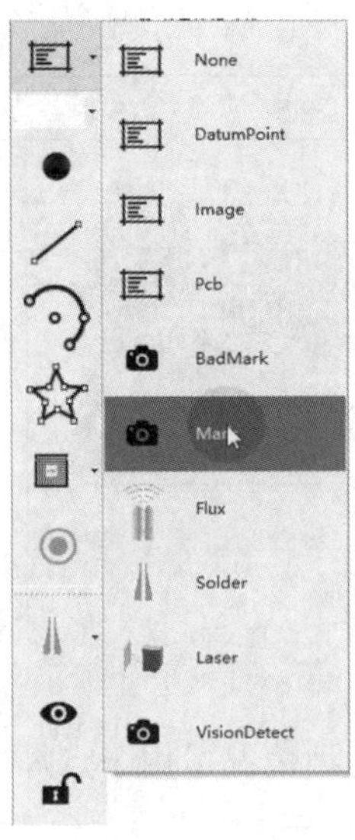

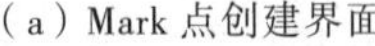

（a）Mark 点创建界面

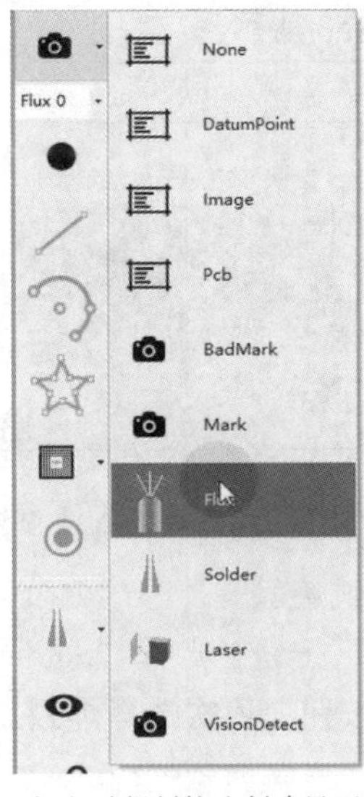

（b）助焊剂轨迹创建界面

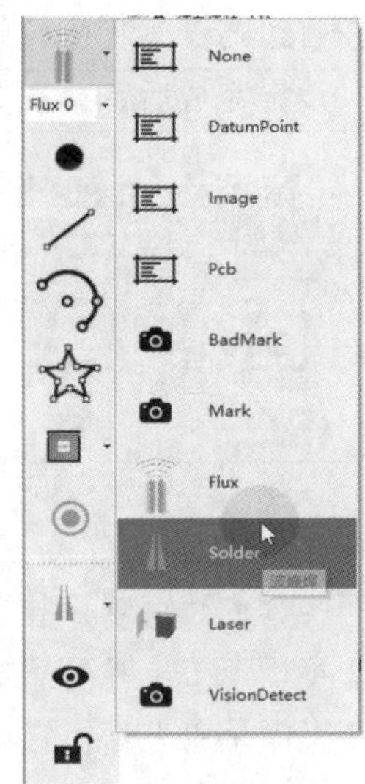

（c）焊接轨迹创建界面

图 3-51　创建界面

第一步，创建 Mark 点。

（1）单击左边工具栏“绘制图层”按钮，选择“Mark”。

（2）单击左边工具栏“独立点”按钮，选择基板上 Mark 点，尽量选择对角线 Mark 点，具体效果如图 3-52 所示，单击保存按钮。

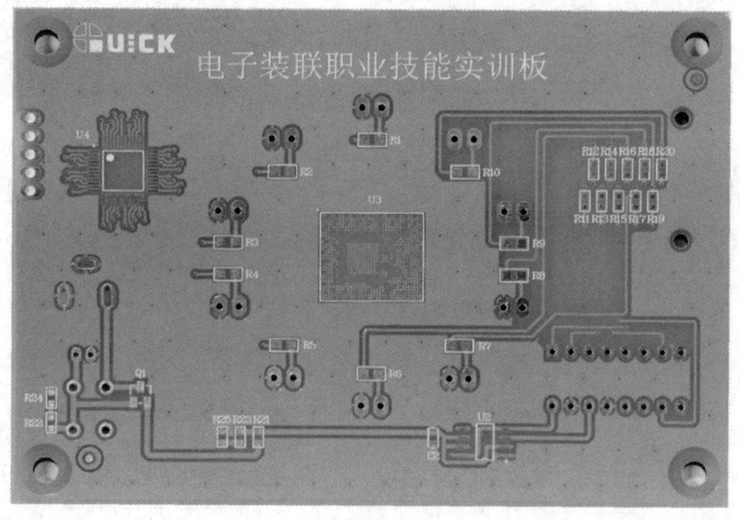

图 3-52　对角线设定 Mark 点效果图

第二步，创建助焊剂点喷与线喷轨迹。

（1）单击左边工具栏“绘制图层”按钮，选择“Flux”。

（2）单击左边工具栏“独立点”按钮，依次选择助焊剂点位，这种情况适用于点喷，具体效果如图 3-53 所示。

（3）单击左边工具栏“直线”按钮，拖动直线，设定助焊剂喷涂起始点与终止点，这种情况适用于直线喷涂，具体效果如图 3-53 所示。

（4）设定完成后，单击保存按钮。

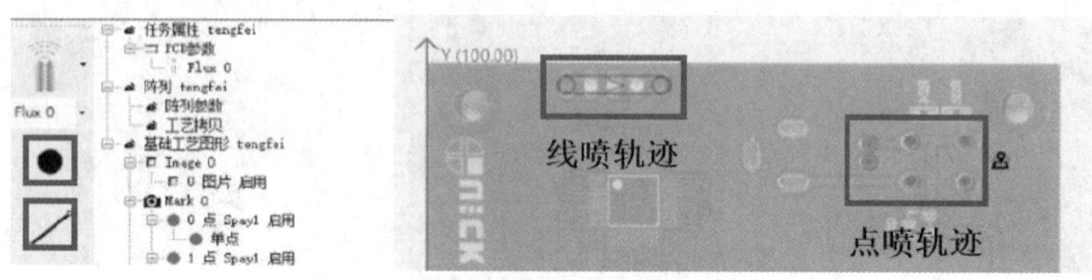

图 3-53　助焊剂点喷和线喷轨迹

第三步，创建点焊接和直线焊接轨迹。

（1）单击左边工具栏“绘制图层”按钮，选择“Solder”。

（2）单击左边工具栏“独立点”按钮，依次选择焊接点位，这种情况适用于点焊，具体效果如图 3-54 所示。

（3）单击左边工具栏“直线”按键，拖动直线，设定焊接线起始点与终止点，这种情况适用于拖焊，具体效果如图 3-54 所示。

（4）设定完成后，单击保存按钮。

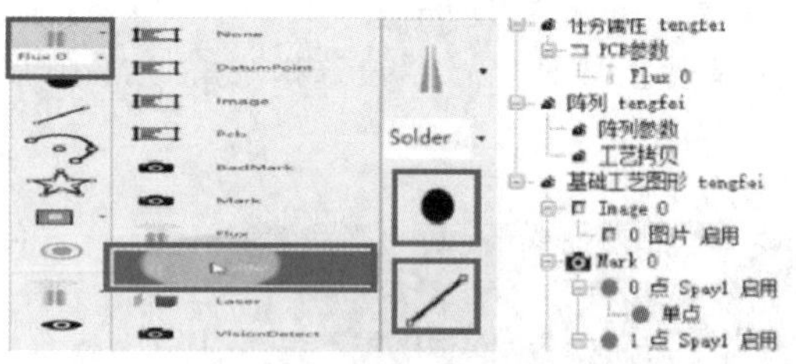
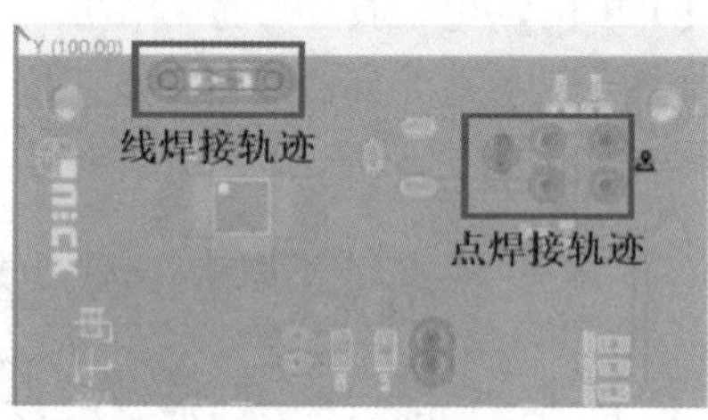

图 3-54　点焊接和线焊接轨迹

技能 3　坐标及轨迹参数编辑

第一步，Mark 点参数设定。

（1）单击“Mark 单点”，选择“获取识别位”命令，单击“Mark 单点”，选择“识别位定位”命令，具体操作如图 3-55 所示。完成操作后，相机将自动移动至 Mark 点。

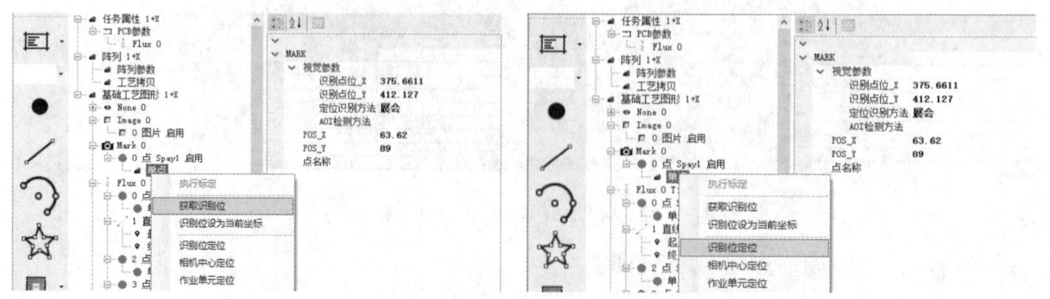

图 3-55　获取和定位识别位

（2）单击主工具栏“相机”按钮打开相机。拖动黄色搜索框至 Mark 识别点位置，调整面积参数，设定为 1000～4000（根据识别点大小而设定），此时识别状态将从 NG 变位 OK，具体如图 3-56 所示。

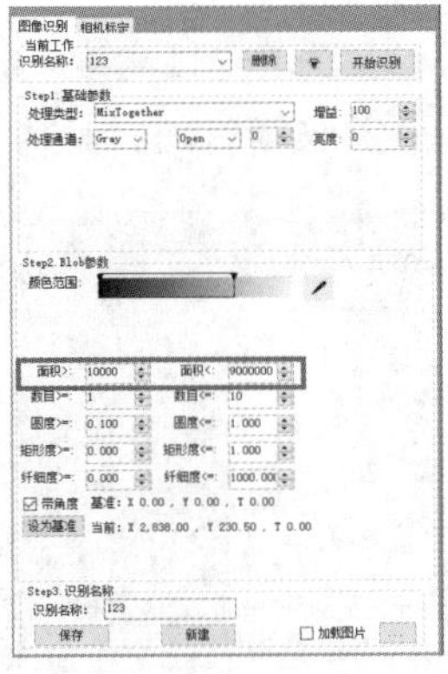

图 3-56　面积参数设定

（3）新建识别名称，选择该文件，并保存。

第二步，编辑助焊剂及轨迹参数。

（1）单击左边工具栏“多层选择”，选择“solder2”。单击“隐藏”按钮将焊点隐藏。

（2）单击助焊剂线起始点与终止点，按参数要求设定喷射强度与喷射平移速度，单击保存按钮，具体如图 3-57 所示。

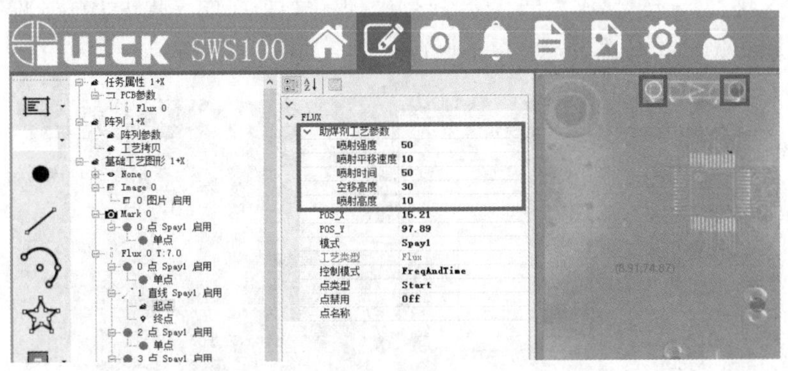

图 3-57　助焊剂线轨迹参数设定

（3）单击助焊剂点，按参数要求设定喷射强度与喷射平移速度，此处也可框选相同点位，同步筛选设定，具体如图 3-58 所示。

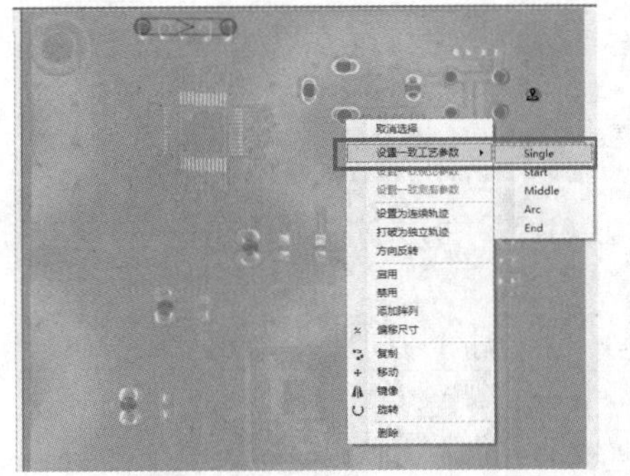

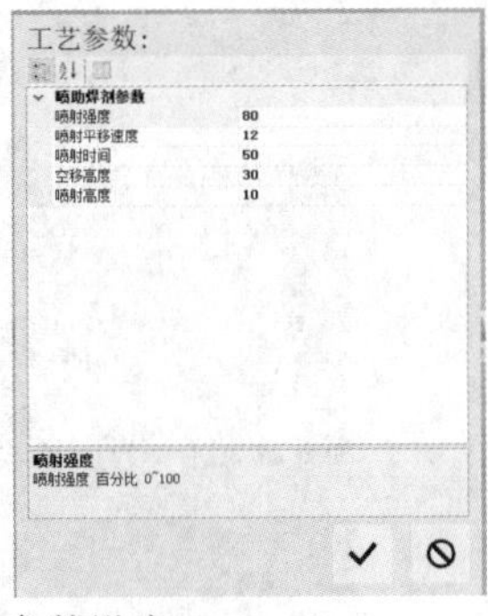

图 3-58　助焊剂点轨迹参数设定

第三步，编辑焊接点及轨迹参数。

（1）单击左边工具栏“多层选择”，选择“Flux0”，单击“隐藏”按钮将其隐藏。

（2）单击焊接线起始点，按参数要求设定焊接高度、波峰强度以及焊接平移速度。单击焊接线终止点，按参数要求设定收峰高度及收峰时间，具体如图 3-59 所示。

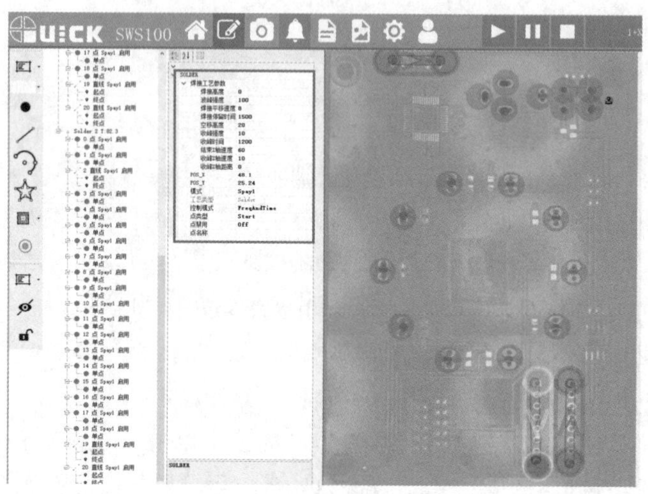

图 3-59　焊接线相关参数设定

（3）单击焊接点，设定焊接高度、波峰强度、焊接停留时间、收峰高度及收峰时间，此处也可框选相同点位，同步筛选设定，单击保存按钮，如图 3-60 所示。

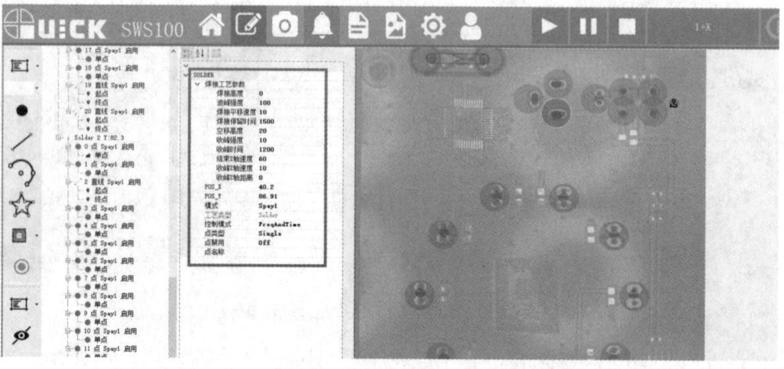

图 3-60　焊接点相关参数设定

任务要诀

喷嘴用大不用小，润湿正常再焊接；
炉温曲线调试好，预热温度看推荐；
点喷线喷除氧化，锡锅温度刚刚好；
基板 Mark 定准位，先点后线焊迹好。

工作评价

序号	评价维度		权重	评价情况		
				自我评价	小组评价	教师评价
1	技术性	（1）正确选用喷嘴、编辑基板参数 （2）正确设定程序坐标及轨迹参数	0.20			
2	质量性	（3）参数设定在目标值内 （4）品质意识内化于各作业环节	0.20			
3	规范性	（5）按照作业指导书操作 （6）按照行业技术标准执行	0.20			
4	经济性	（7）作业效率最高 （8）材料使用最少	0.15			
5	环保性	（9）材料符合环保标准 （10）电能消耗最低	0.05			
6	创新性	（11）工艺优化有效提升作业效率与品质 （12）有效降低材料损耗	0.10			
7	职业性	（13）敬业，遵守车间工作纪律 （14）协作，按质按量完成工作	0.10			

任务 3　机器人焊接

任务目标

通过机器人焊接任务学习，掌握选装机器人焊嘴与锡丝、设定机器人焊接温度等焊接工艺参数、编制机器人焊接程序、目视检测焊接品质缺陷，具备独立完成机器人焊接生产作业的能力。

扫一扫

焊接机器人
（工艺介绍）

任务描述

在前序工作基础上，完成基板 dzzl-01 相关焊点的机器人焊接任务，试样基板如图 2-1 所示，贴装物料见表 2-1。机器人焊接要求具体如下：

（1）采用无铅焊接工艺;

（2）焊接温度要求：（360 ± 20）℃;

（3）焊点要求牢靠、平滑，无连锡、拉尖、露铜、虚焊等不良现象。

任务分析

根据工作任务的描述，分析如下。

产品特征分析：观察基板 dzzl-01 和 BOM，需机器人焊接元件是五芯插座 J4，根据 J4 引脚形状及尺寸，考虑 J4 相邻器件布局等，选用合适的烙铁头和锡丝，避免对周边元器件造成损伤。

焊接工艺要求分析：依据焊接工艺要求，结合生产效率要求，重点关注焊嘴温度设定与校准、送锡量、送锡速度，焊接延时等焊接参数，保证焊锡量。

焊接质量控制分析：依据焊接质量标准，要精准定位焊接位置，重点关注焊接温度，焊接延时，避免出现少锡、连锡、拉尖、虚焊等缺陷产生。

任务导图

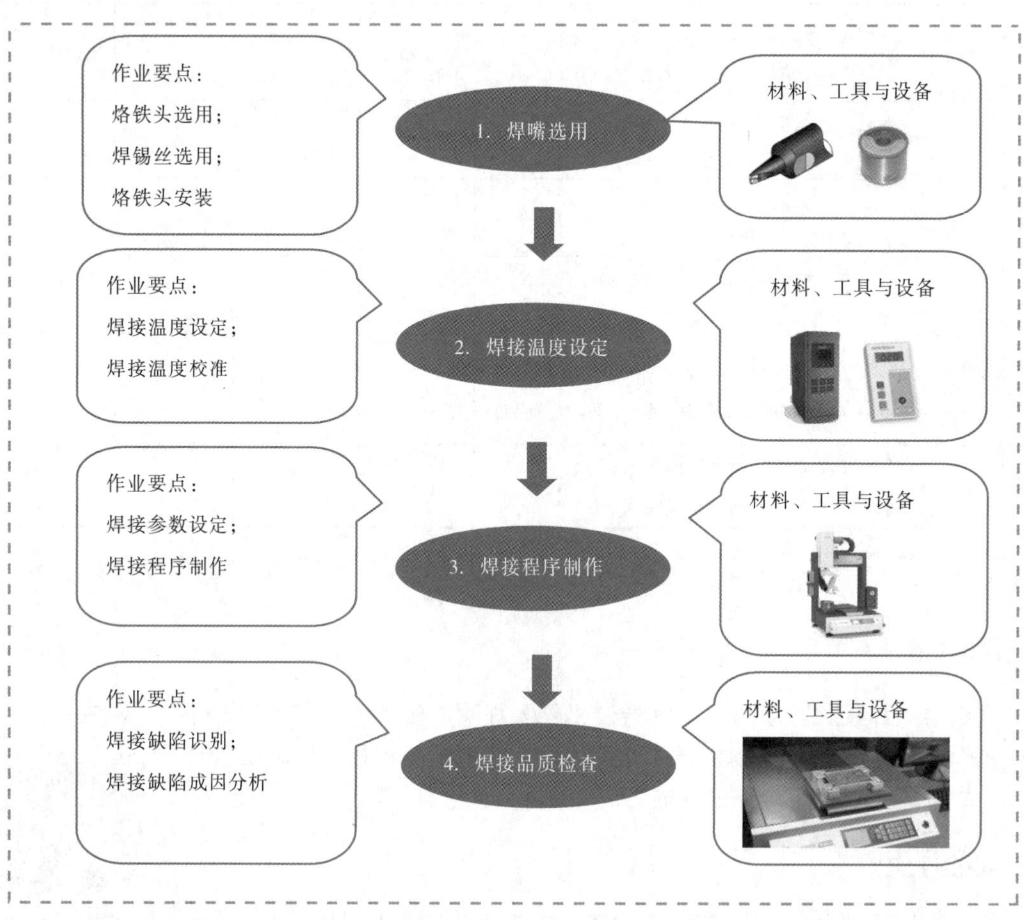

任务先通

匠心一点通

苦熬 30 个夜，只为多焊两个点。2016 年 9 月份，某装备股份有限公司冯某团队接到客户郑州某电子公司的请求，为生产一批海外订单，急需 30 天内，在原焊接机器人焊嘴基础上，定制一款能同时在一个线度上焊接 3 个相同连接器的三连焊嘴。好心人劝导冯某，时间紧，海外订单产品精度要求高，还是不要领这个活，免得坏自己名声。可冯某秉持“客户的需求就是公司最高利益”信条，依然接下订单，带领团队反复研究、试验，30 个日夜未出研究室大门，终于成功研制出三连焊嘴，极大地提升了焊接效率和焊接品质，得到了客户高度认同，公司被客户授予“最佳供应商”称号。

安全一点通

违规更换小焊嘴，炙伤手指酿事故。2016 年 11 月份，在广州某电子科技有限公司 PCBA 车间，由于作业人员张某在自动焊锡机更换焊嘴时，未按作业指导书要求，佩戴高温防护手套，在旧焊嘴降温不明情况下，就擅自用手直接去拧松焊嘴，手碰到高温的焊嘴，导致右手大拇指被烫伤，幸得工友及时送入附近医院进行烫伤处理，经鉴定为工伤 10 级。

质量一点通

首件质量不查，批量缺陷倍增。2018 年 10 月 10 日凌晨 2 点 10 分，在深圳某电子科技有限公司 PCBA 生产车间，操作员许某在修改焊接参数后，未按照生产要求对首件进行 AOI 检查。在凌晨 4 点 25 分，AOI 作业人员发现，焊点透锡不够，反馈给当线领班，此时已生产完工 1 500 块 PCBA，此次质量异常造成生产线停机 3 h，返修时间 80 h，直接经济损失 15 万元。

任务实施

在机器人焊接任务中，主要学习机器人焊接焊嘴选用、机器人焊接温度设定、机器人焊接程序制作三个作业技能。

作业 1　机器人焊接焊嘴选用

机器人焊接，也叫自动化焊接，主要针对人工焊锡难达到的工艺制程，如 SMT 后段锡焊工艺中对温度敏感，而无法通过再流焊炉焊接的元器件、细节距直插式（PTH）封装元器件、连接器、排线、细小的线缆、音箱和马达等。机器人具有生产柔性好、质量一致性好、生产效率高、生产品质可控、运行成本低等特点，因此将会是未来电子焊接的一个必然选择。

焊接机器人按其动作方式，分为三轴、四轴、五轴等，四轴焊接机器人能基本满足一般产品的平面焊接要求。本作业以被行业广泛接受使用的四轴焊接机器人 9384EX，如图 3-61 所示为例，学习焊接机器人结构、焊嘴选用等焊接相关的知识与技能。

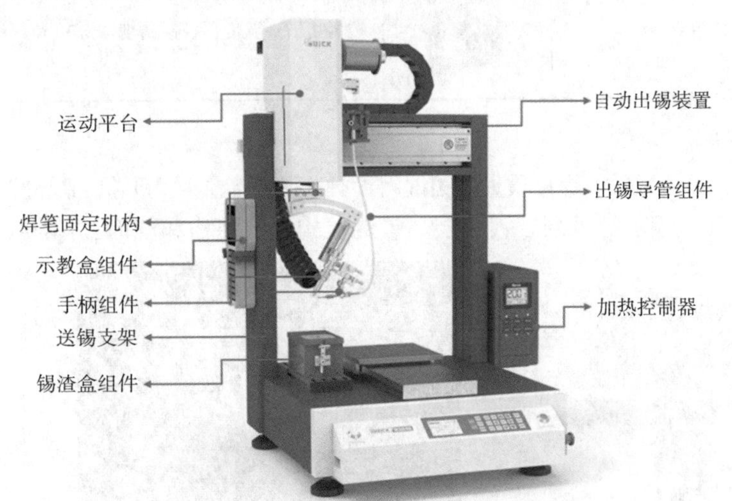

扫一扫

焊接机器人

（设备介绍）

图 3-61　四轴焊接机器人

四轴焊接机器人典型装置及功能，见表 3-11。

表 3-11　四轴焊接机器人典型装置及功能

序　号	名　称	图　例	说　明
1	运动平台		四个自由度能基本满足一般产品的平面焊接要求
2	手柄固定机构		可自由调整焊接方向
3	示教盒元件		编程示教器
4	手柄元件		高频加热使烙铁头升温
5	送锡支架		调整送锡方向
6	锡渣盒元件		清洗，收集烙铁头上残留锡渣
7	自动出锡装置		控制焊锡丝出锡，控制精度（ ±0.1 mm）
8	出锡导管元件		引导锡丝送出至烙铁头
9	加热控制器		控制烙铁头温度，控制精度（ ±3 ℃）

技能 1　焊嘴选择

机器人焊接，焊嘴是影响焊接质量的关键因素。选择焊嘴主要从形状和尺寸两个方面来考虑。焊嘴主要由无氧铜、镀铁层、镀铬层、镀锡层构成，结构和剖面如图 3-62 所示。

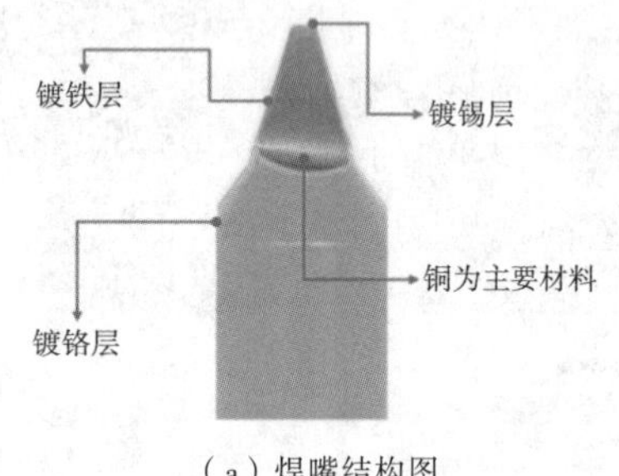

（a）焊嘴结构图

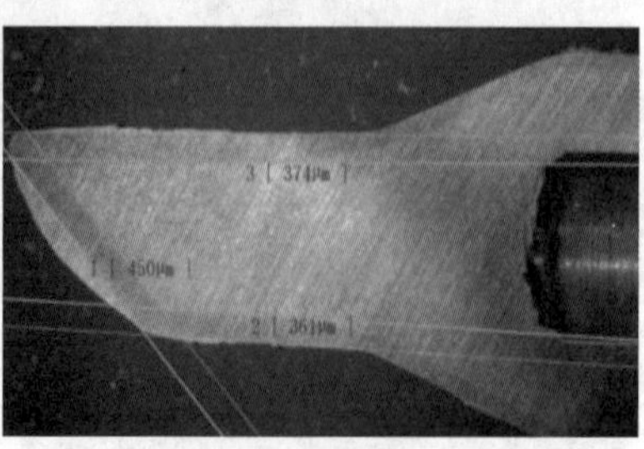

（b）焊嘴剖面图

图 3-62　焊嘴的构成与剖面图

扫一扫

焊接机器人(焊嘴选型与更换）

焊嘴材料主要成分是铜，铜的导热性较高，可更快的传导温度。为防止铜高温氧化或腐蚀，在铜焊嘴头部镀上一层镀铁层，隔离铜材，起耐磨作用；为防止不必要的爬锡，保证烙铁头上锡尺寸不变化，在焊嘴中部镀上铬层；为保证烙铁头可靠熔锡，在焊嘴镀铁层表面镀上一层锡，称上锡层，其中，镀锡层又可分为上锡面和工作面。上锡面为送锡处，工作面为焊嘴与焊盘接触的部位。对于普通焊嘴而言，其上锡部位既是工作面又是上锡面。以下举例说明三种焊嘴的镀锡层，如图 3-63 所示。

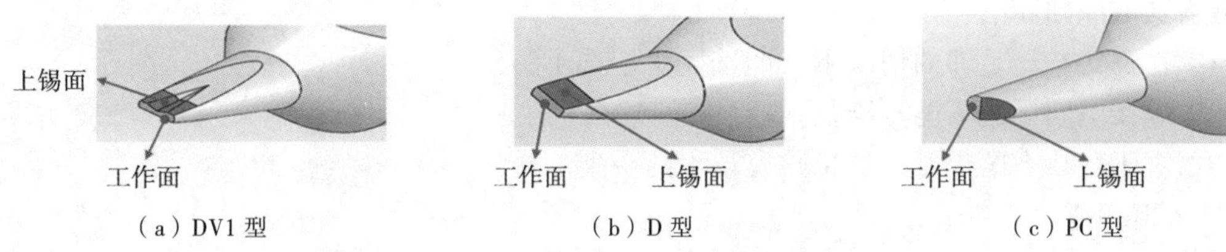

图 3-63　机器人焊接焊嘴镀锡层

焊嘴尺寸，是指焊嘴端的直径大小或宽度。焊嘴尺寸以去掉小数点，用数字直接表示其规格，默认单位 mm。如：08 表示 0.8 mm，24 表示 2.4 mm ，118 表示 11.8 mm

焊嘴命名行业没有统一方法，但一般企业有企标。以某工厂的 N 型焊嘴为例，其命名规则如图 3-64 所示。

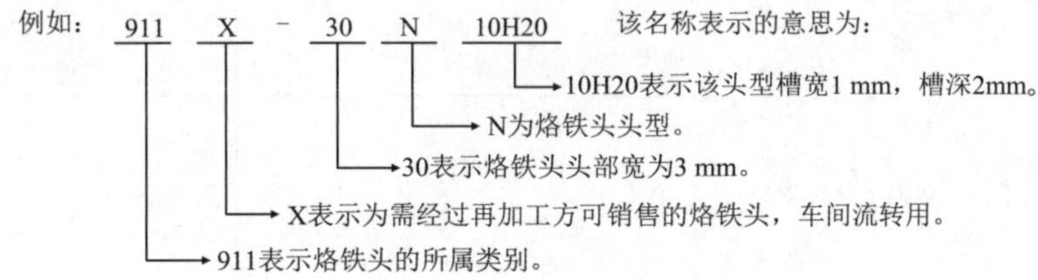

图 3-64　焊嘴命名规则

在实际生产过程中，焊嘴头型是多样化的，可分为 D、DV1、DV2、P、PC、PCV、PCQ、R、L、N、M 、I、B、等头型 ，如图 3-65 所示。在实际生产过程中，常用的焊嘴有四种类型，分别是 D 型头、DV1 型头、DV2 型头、PC 型头四种。以下做分别介绍。

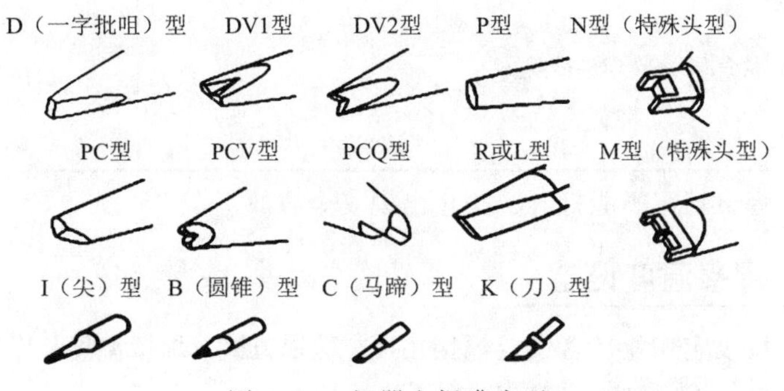

图 3-65　机器人焊嘴头型

D 型头。用于侧面拖焊、扁平针脚的点焊。D 型头用于侧面拖焊在于可以实时观测锡的流淌，扁平针脚点焊时可以利用 D 型头的平面（上锡面）紧贴针脚，增加受热面积。

DV1 型头。该焊嘴在 D 型焊嘴的基础上增加 V 型槽（不穿透）如图 3-65 所示。适用于过孔插针的焊接，编辑焊点位置时，焊嘴 V 槽可将针脚包裹在其中，加快热传导的速度完成焊接。V 槽对熔化锡的流淌起引导作用，使熔化锡快速地从焊嘴流入焊盘。

DV2 型头。该焊嘴在 D 型焊嘴的基础上增加 V 型槽（穿透）如图 3–65 所示。多用于焊接线材，优势在于焊接线材时，焊嘴可以同时对线头和焊盘加热，可使工件同时受热。

PC 型头。如图 3–65 所示，PC 型焊嘴底部工作面较大，外形粗壮，热容量充足。常用于平面焊盘的加锡，受热迅速，焊接更快更稳定。

焊嘴选取原则如下：

（1）在焊接空间足够的情况下，能选大头不选小头；

（2）焊接空间周边不能有干扰；

（3）对于散热大的焊点，选择热容量大的头型。

技能 2　焊嘴更换

选好合适的焊嘴后，更换焊嘴，具体步骤见表 3–12。

表 3-12　焊嘴更换步骤

步　　骤	图　　例
第一步，调节螺丝，使出锡针嘴远离手柄	
第二步，用开口扳手拧开手柄上的外罩螺母	
第三步，把选择好的焊嘴，卡口对准位置，插进手柄中，并检查手柄是否插到位	
第四步，用开口扳手拧紧手柄上的外罩螺母即可	

更换焊嘴时，焊台切记不能打开，防止出现安全事故。

作业 2　机器人焊接温度设定

扫一扫

焊接机器人（锡丝选型）

机器人焊接温度设定作业包含设定焊接角度、送锡方式、焊接温度，以及使用温度测试仪测试校准温度、更换焊锡丝等。

技能 1　机器人焊接锡丝的安装

锡丝是由焊料合金和助焊剂两部分组成，合金成分分为锡铅、无铅，助焊剂均匀灌注到锡合金中空部位。依据不同元器件选用锡丝熔点及成分，见表 3–13。

表 3-13　常见焊锡丝成分及熔点

锡丝类型	熔点	成分
有铅焊锡丝	183 ℃	Sn63/Pb37
无铅焊锡丝	217 ℃	Sn96.5Ag3.0Cu0.5
低温焊锡丝	138 ℃	Sn42/Bi58

根据焊盘面积选择合适直径的焊锡丝以及单点所需要的锡量。焊盘越小，使用的锡丝直径越小。市场上常用的焊接机器人适用锡丝直径范围为 0.2 ~ 1.2 mm。以点焊为例，锡丝直径一般选择所需焊点直径的 1/2 ~ 1/3 之间。常见焊锡丝包装，如图 3–66 所示。

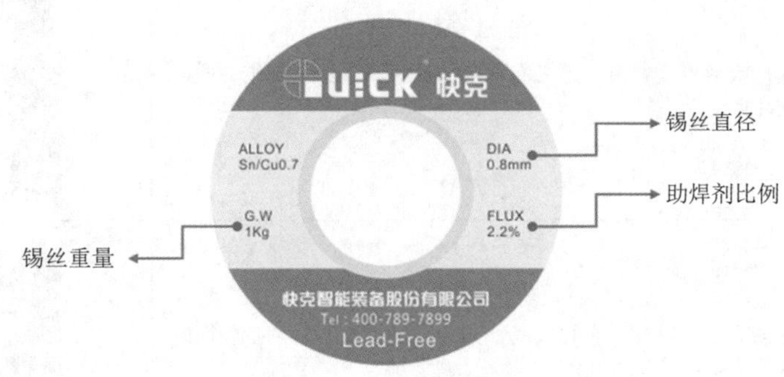

图 3–66　焊锡丝包装

选取合适的焊锡丝后，需要将锡丝圈套入固定杆，再将焊锡丝经缺料传感器穿入，穿到手动送锡旋钮处，具体步骤见表 3–14。

表 3-14　锡丝更换操作步骤

步　骤	图　例
第一步，锡丝圈套入锡丝圈固定杆，卡到位，并旋紧锡丝圈固定杆旋钮	
第二步，将焊锡丝经缺料传感器穿入并从吸嘴内穿入，穿到手动送锡旋钮处，顺时针旋动。旋钮可手动送锡，逆时针旋动则回锡	
第三步，打开加热控制器电源开关，长按送锡设定处送锡按键，开始送锡（工作指示灯亮）	

技能 2　焊接角度和送锡角度设定

机器人焊接工艺通过设定焊接角度、送锡方式，来调节烙铁头与焊盘接触面积，以及出锡的角度。

焊接角度设定原则，是在不影响送锡的前提下，烙铁头和焊盘的接触面越大越好，这样才能让焊盘更快的受热，缩短焊接时间，具体设定调试原理见表 3-15。

表 3-15　焊接角度设定调试原理

调 试 原 理	图　例
当前焊接角度，照片放大后可以看出，焊头底部已偏离焊盘，达不到工件同时受热效果，焊接时间会延长	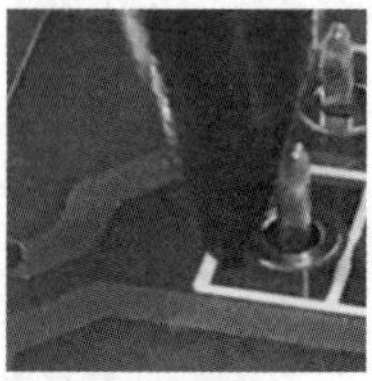
当前焊接角度，照片放大后可以看出，焊头底部充分接触焊盘，达到工件同时受热效果，焊接时间会大大缩短，良率提升	
根据烙铁头底部倾斜角度，例如底部倾斜 15°，弯架调整到 15° 的位置	

送锡角度设定原则，是在运行过程中不碰到被焊产品的情况下，送锡的角度和烙铁头的角度尽量保持在 80° 或略大于 80° ，这样是为了更好地下锡，减少不良品（特别是带针脚的产品），如图 3-67 所示。

图 3-67　送锡角度

出锡调节支架结构，如图 3-68 所示，出锡操作有四个步骤：

第一步，更换出锡针嘴。调节螺丝 2，向上扳起，出锡针嘴可以离开焊头一定距离，避免针嘴撞到焊嘴。

第二步，调出锡针嘴的前后位置。旋动调节螺丝 1，微调出锡针嘴相对焊头的前后位置。顺时针，出锡针嘴向前移；逆时针，出锡针嘴向后移。

第三步，调出锡针嘴的左右位置。旋动调节螺丝 2，微调出锡针嘴相对焊头的左右位置。顺时针，出锡针嘴向右移；逆时针，出锡针嘴向左移。

第四步，固定出锡针嘴。出锡针嘴调节到适当的位置，旋紧螺母 3，出锡针嘴固定。

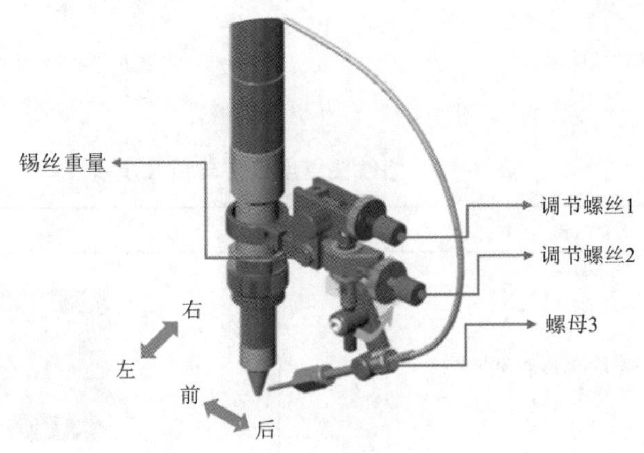

图 3-68　出锡调节支架

技能 3　焊接温度的设定

影响焊点温度的主要因素有：焊嘴温度、焊接时间、焊嘴尺寸及被焊物的散热情况。

扫一扫

焊接机器人（焊接温度的设定与校准）

焊嘴温度。在能满足焊接要求的前提下，焊嘴温度设定不宜过高。过高的温度会加速助焊剂的挥发，不利于焊接，也容易损坏被焊物，同时，会加速焊嘴氧化，缩短使用寿命。温度也不宜过低，否则会造成虚焊现象。

焊接时间。焊接时间越长，被焊接元器件的温度越高，焊点氧化越严重，同时 IMC（金属间化合物）会急剧增厚。

焊嘴尺寸。在不影响焊接的前提下，应尽量选择尺寸略小于焊盘直径的、头型大的焊嘴。头型大的焊嘴拥有更大的热容量，在焊接过程中温度跌落较少、回温速度快，有利于提高焊接效率。同时，可以选择更低的焊接温度，减少助焊剂挥发，不仅有利于焊接还能降低焊嘴的氧化，延长焊嘴的使用寿命。

被焊物的散热情况。焊盘通常会与更多导体相连接。如果所连接的导体散热量大（如接地层），则焊嘴的升温速度会降低。

自动焊接温控一般采用热电偶监测焊嘴芯的温度并加以控制，通过焊嘴传递焊接温度。烙铁头安装在烙铁芯内，是用热传导性好的铜合金材料制成，烙铁头的长短可以调整。烙铁头越短，烙铁头传递的温度就越高；烙铁头越长，烙铁头传递的温度就越低。

焊接机器人 ET9484EX 使用加热控制器实现温度的设定和调试，结构如图 3-69 所示。

加热控制器除了温度显示界面，还有 6 个功能按钮，用于烙铁头温度设定与校准，其操作示例，见表 3-16。

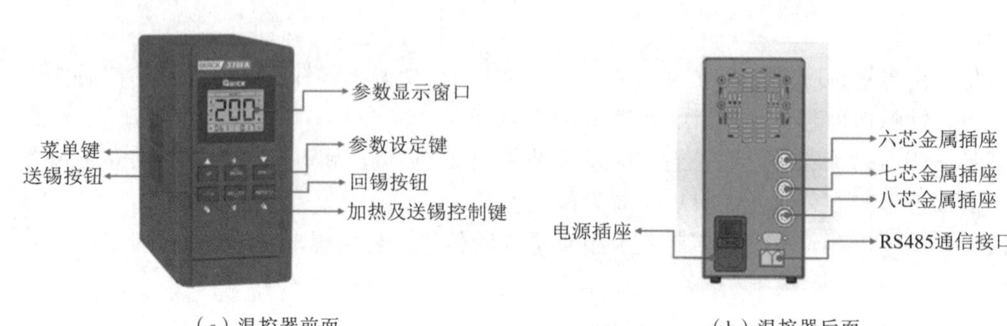

（a）温控器前面　　（b）温控器后面

图 3-69　自动焊接温控器

表 3-16　烙铁头温度设定与校准步骤

步　骤	图　例
第一步，设定焊台某一温度数值,例如 300 ℃	
第二步，待温度稳定后，用焊嘴温度测试仪测量焊嘴温度，并记下读数值	
第三步，焊台显示窗口在主界面时，同时按下“▲”“▼”键，显示界面则跳入温度校准界面	
第四步，移动“▲”或“▼”键，使设定温度值达到温度测试仪所测得的温度，按下“*”键保存，即校准成功	

焊锡丝焊接的温度要适当，不能过高也不能过低，应该根据电子元器件大小选用合适的温度，一般焊嘴的温度控制在使助焊剂熔化较快又不冒烟时为最佳温度。

扫一扫

焊接机器人（示教编程器操作）

作业 3　机器人焊接程序制作

机器人焊接是通过示教器实现人机界面交互编程操作。

技能 1　机器人焊接示教器主界面识读

示教编程器主界面，如图 3-70 所示，所有的操作指令都可通过其输入，并实时反映在屏幕或其控制器上。

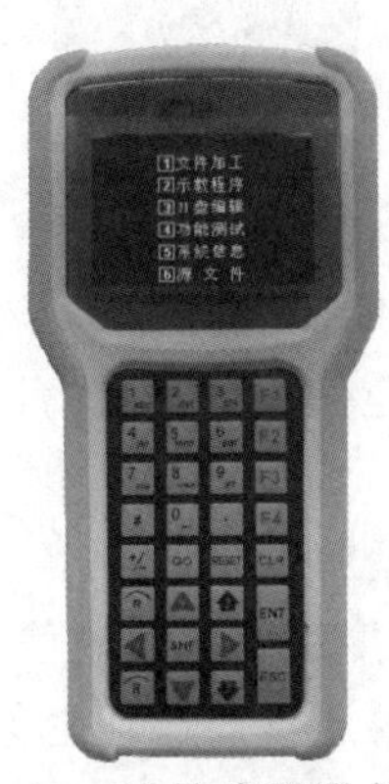

图 3-70　示教编程器主界面

主界面是一组功能菜单，功能菜单的每一个选项菜单都表示了示教器的一类功能，可通过菜单项前面的按键提示，按相应的按键选择进入该项功能。

文件加工：对已经下载的加工文件进行操作，包括配置文件。

示教程序：可进行示教编辑、参数设定，并对示教文件进行下载等操作。

U 盘编辑：可进行 U 盘下载示教文件、上传示教文件、程序更新等。

功能测试：可对设备各运动轴、输入输出信号等进行测试。

系统信息：可查看系统信息，编辑系统默认参数。

源文件：可将存储在机台中的“示教文件”，上传到示教器或删除。

技能 2　焊接机器人操作

焊接机器人操作步骤如下：

第一步，焊接机器人连接与启动；

第二步，根据产品，更换合适的焊嘴和焊锡丝；

第三步，调整合适的焊接角度和送锡方式；

第四步，设定并校正焊台温度；

第五步，设定焊接参数，单批次焊接产品；

第六步，细化焊接参数，批量焊接产品。

技能 3　机器人焊接程序编辑

对于焊接机器人的行动路线，一般是在人为设定好一个路径后，输入给机器人的程序存储器，以控制各轴电机精确地动作。机器人每执行一个动作都是从头到尾地执行相应的一段程序代码，图 3-71 所示是机器人焊接程序编辑的流程图。

编辑加工参数尤为重要，这里重点讲述出料参数。出料参数包括高度、送料、延时三个参数，以下对相应参数做详细介绍。

一次高度和一次送料，表示在离焊点一定高度的地方送一定量的锡丝，即为预上锡。预上锡的作用是通过锡作为一个导热媒介，避免烙铁头下去的时候与产品接触不充分，焊接元件没有完全加热，导致锡丝送至焊接元件时锡丝不熔化，从而卡锡。在一次高度、一次送料设定时，根据产品做调整，一般一次高度范围是 0 ~ 5mm。

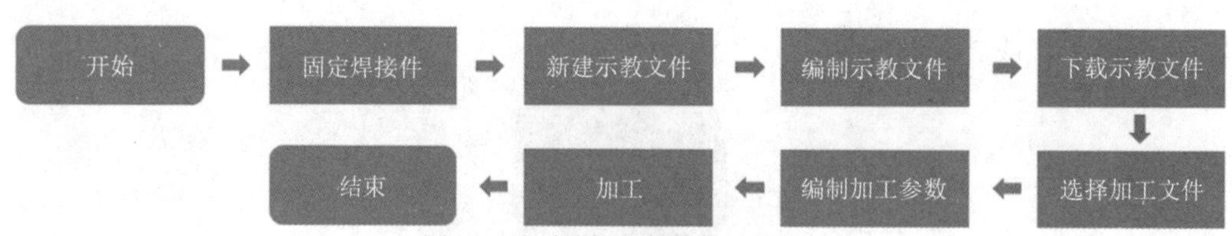

图 3-71　焊接程序制作流程图

“一次高度”和“一次送料”的设定值不宜过高，设定过高会导致锡丝里面的助焊剂在烙铁头损耗过多，助焊剂无法润湿焊盘。

“一次延时”表示焊嘴第一次对焊盘加热的时间，“一次延时”根据焊盘的散热量及选择的烙铁头大小来设定，保证被焊元件的温度达到熔锡的程度。

“二次送料”则在“一次延时”后再送点锡丝，避免在一次延时后焊点上的助焊剂挥发过多，再次送点锡丝补充点锡量和助焊剂，避免在焊嘴离开焊嘴时产生拉尖的现象。

“二次延时”“三次送料”“三次延时”则是针对焊点散热很大，需要多次送料、延时，多次润湿焊点的情况。

“四次高度”“四次送料”“四次延时”的设定有利于避免拉尖，分别表示上抬高度、补料的送料长度以及加热时间。

以“单点焊”的程序编辑为例，如图 3-72 所示，具体程序编辑操作，见表 3-17。

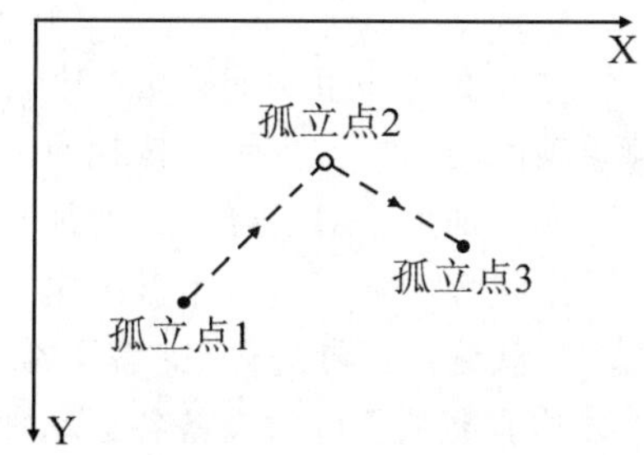

图 3-72　单点焊

表 3-17　单点焊程序编辑操作表

步　骤	操 作 要 领	图　例
第一步，新建程序	1. 在“主界面”中，按示教盒上按键“2 示教程序”进入“示教程序列表”界面	1 文件加工 2 示教程序 3 U 盘编辑 4 功能测试 5 系统信息 6 源　文　件 示教程序列表　文件数：004 CH001　1A CH002　1A1 CH003　1A2 CH004　TEACH000 F1 新建 F2 编辑 F3 复制 F4 改名 CLR 删除 ESC 返回
	2. 按“F1 新建”新建一个示教文件。窗口显示新建文件的文件名输入界面，输入文件名后，按“确认”键，就返回到“示教程序列表”界面	请输入文件名： ENT 确认 ESC 取消

续表

<table>
<tr><th>步　骤</th><th>操 作 要 领</th><th>图　例</th></tr>
<tr><td rowspan="4">第二步，创建焊接点坐标</td><td>1. 新建文件后，需要对该文件进行示教编辑，选中该文件</td><td>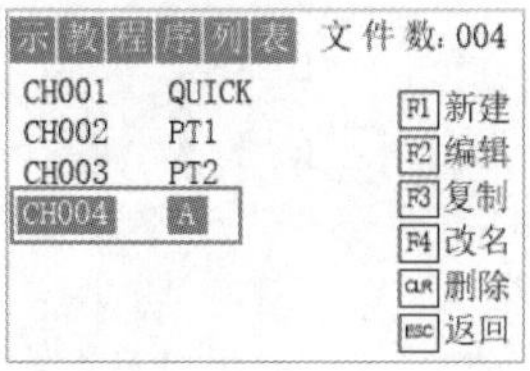
</td></tr>
<tr><td>2. 在示教文件管理界面按“F2 文件编辑”按键进入“示教编辑”界面</td><td>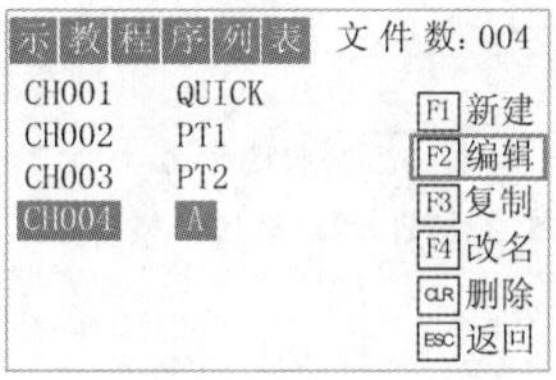
</td></tr>
<tr><td>3. 在示教编辑界面，按“ F1 插入”进入示教插入界面（即点类型选择界面）中，按 1 选择插入孤立点，进入孤立点的编辑界面</td><td>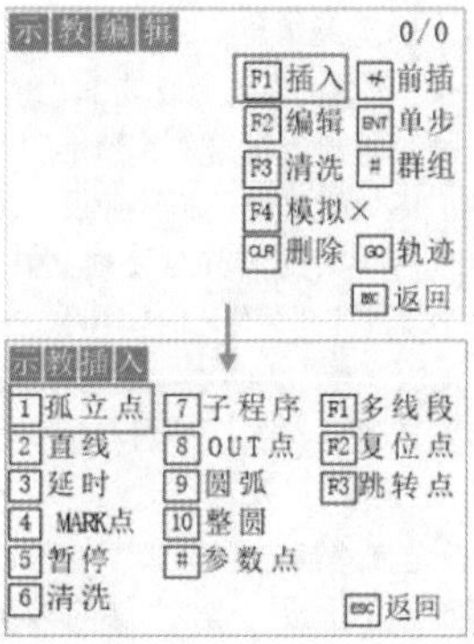
</td></tr>
<tr><td>4. 操作示教器方向按键，移动坐标至焊接点位，坐标设定完毕后，按“ENT”按键确定设定的孤立点</td><td>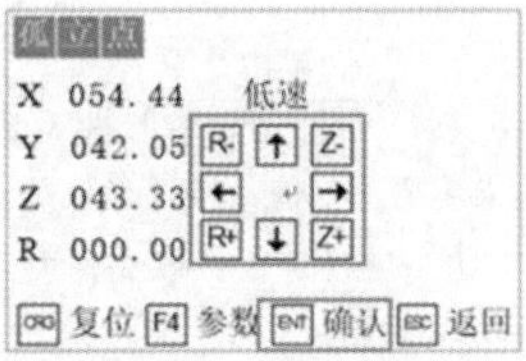
</td></tr>
<tr><td rowspan="2">第三步，参数编辑</td><td>1. 在“示教编辑界面”中选择希望编辑的点，然后按“F2 编辑”按键即可对相应的点进行编辑</td><td>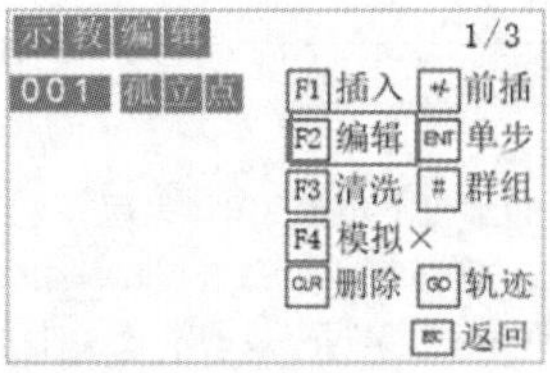
</td></tr>
<tr><td>2. 在编辑界面，按“F4 参数”键即进入“点参数设置”界面</td><td>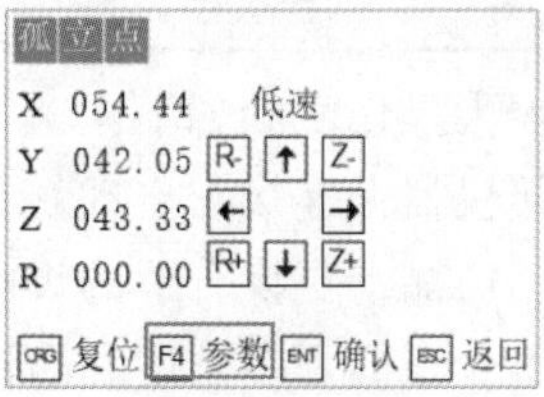
</td></tr>
</table>

续表

步　骤	操作要领	图　例
	3. 按“2出料参数”进入“出料参数”界面	点参数设置 1料头状态 2出料参数 3侧点参数 4上抬设置 5轴状态 ESC返回
	4. 按F2然后按1~5中数字键选择一组参数后，按#键，进入出料参数编辑界面	点参数--出料参数 F1无参数 F2默认参数：1 2 3 4 5 F3自定义参数 #编辑 ENT确认 ESC取消
第三步，参数编辑	5. 设定焊接参数 “1次高度”、“1次送料”和“1次延时”分别表示预上锡高度、预上锡送料长度以及预上锡加热时间；通常可设定“2次送料”“2次延时”时间；若焊盘较难上锡，则可以设定“3次送料”“3次延时”时间，否则默认为0。“4次高度”“4次送料”“4次延时”的设定有利于避免拉尖，分别表示上抬高度、补料的送料长度以及加热时间 设定完毕后按“确认”返回出料参数编辑界面，再次按“确认”返回参数编辑界面	出料参数--默认1　1/3 1次高度：005.0mm 1次送料：000.0mm 1次延时：00000ms 2次送料：000.0mm 2次延时：00000ms 翻页 SHF切换 ENT确认 ESC返回 出料参数--默认1　2/3 3次送料：000.0mm 3次延时：00000ms 4次高度：000.0mm 4次送料：000.0mm 4次延时：00000ms 翻页 SHF切换 ENT确认 ESC返回
	6. 按“4上抬设置”进入上抬设置界面，输入需要上抬值，按“确认”返回 上抬高度设定值：取决于两点之间最高障碍物高度值	点参数设置 1料头状态 2出料参数 3侧点参数 4上抬设置 5轴状态 ESC返回
第四步，文件下载	依照以上步骤，编辑完后，按ESC返回“示教文件管理界面”按“ENT文件下载”按键即可将已编写完成的示教文件进行下载加工	文件名：1 1起点校正　F1清洗点 2虚拟阵列　F2文件编辑 ENT文件下载　F3数据检查 #源文件下载　F4文件参数 ESC返回

焊接机器人操作步骤如下：

（1）焊接机器人连接与启动；

（2）根据产品，更换合适的焊嘴和焊锡丝；

（3）调整合适的焊接角度和送锡方式；

扫一扫

焊接机器人（焊接生产流程）

（4）设定并校正焊台温度；
（5）设定焊接参数，单批次焊接产品，调整焊接参数；
（6）批量焊接产品，细化焊接参数。

任务要诀

选焊嘴，很重要，提升效率保质量；
焊嘴头锡常氧化，擦拭助焊残留物；
采用湿润的海绵，避免氧化保状态；
锡丝用量要适中，根据焊点来定量；
焊接时间控制好，过长氧化致不良；
焊接质量想要好，参数设定很重要；
自动焊接机器人，程序编辑要熟练；
生产之前应点检，首件确认不能少；
对于不良要分析，焊接品质很重要。

工作评价

序号	评价维度		权重	评价情况		
				自我评价	小组评价	教师评价
1	技术性	（1）正确选用焊嘴，校准焊接温度 （2）正确更换锡丝，设定焊接温度调节焊锡角度和送锡方式 （3）正确编辑焊接程序	0.20			
2	质量性	（4）焊接品质缺陷在目标值内 （5）品质意识内化于各作业环节	0.20			
3	规范性	（6）按照作业指导书操作 （7）按照行业技术标准执行	0.20			
4	经济性	（8）作业效率最高 （9）材料使用最少	0.15			
5	环保性	（10）锡丝符合环保标准 （11）电能消耗最低	0.05			
6	创新性	（12）工艺优化有效提升作业效率与品质 （13）有效降低材料损耗	0.10			
7	职业性	（14）敬业，遵守车间工作纪律 （15）协作，按质按量完成工作	0.10			

制程四 基板检修

"基板检修"制程是"1+X"电子装联职业技能等级标准（中级）第四个学习领域，该制程包含基板检测、基板返修两项工作任务。基板检测任务重点讨论利用 AOI（自动光学检查）读取器件及焊脚的图像，通过逻辑算法或影像对比的方法对 PCBA 上的元器件及焊点进行检测，从而发现器件及焊点缺陷并进行返修的相关问题，包括 AOI 检测程序制作、缺陷焊点改善分析等；基板返修任务重点讨论敏感器件返修、BGA 返修方案制定等知识与技能。

任务 1　基板检测

任务目标

通过基板检修任务学习，会编制 AOI 设备检测程序，检测 PCBA 缺陷焊点，实施焊点缺陷改善分析，具备检测焊点品质和焊点缺陷改善分析等专业技能。

任务描述

在前序工作基础上，完成基板 dzzl-01 检测与返修任务，试样基板如图 2-1 所示，贴装物料见表 2-1。检测与返修要求具体如下：

（1）拟用 AOI 设备检测 PCBA 焊点；

（2）AOI 误判率≤3000 PPM，焊点直通率≥99.5%。

任务分析

客户产品特征分析：观察客户样板和 BOM，依据 PCBA 含有的元器件封装结构特征，分析特殊封装器件的 AOI 检测程序制作要求。

良率控制分析：依据客户良率要求，正确制作 AOI 检测程序，有效降低 AOI 检测误判率，提升缺陷焊点返修一次完好率。

任务导图

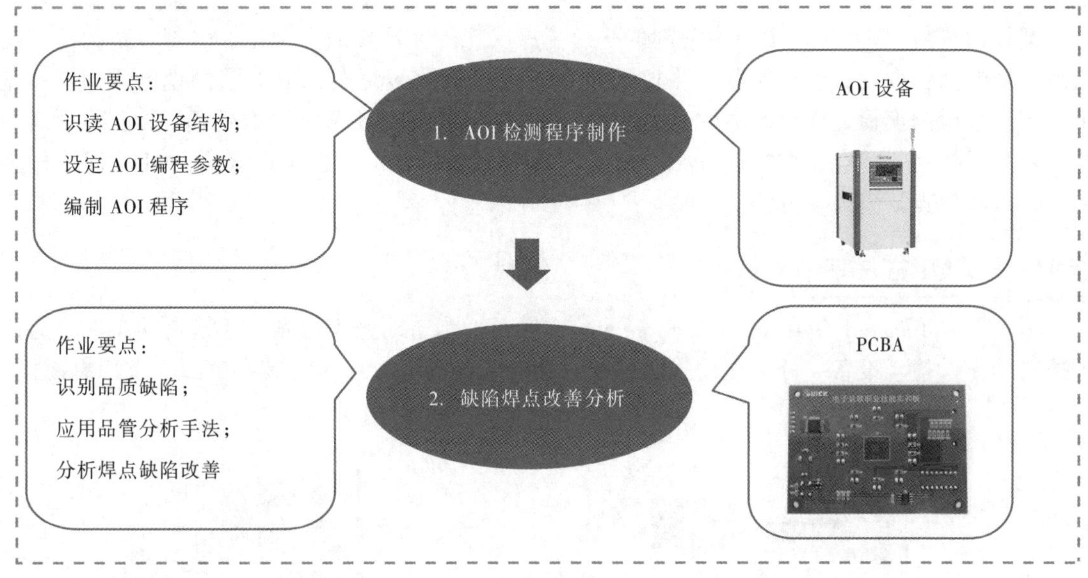

任务先通

匠心一点通

效益来自品质，品质出于认真。2013 年 6 月 5 日晚上 11 时 30 分，在上海某电子科技有限公司 SMT 生产车间 SMT-3 线，贴片机操作人员因疏忽，将托盘料 ICU1 反向 180° 上料。当反向的第 1 块 PCBA 流入炉后 AOI 检测，AOI 作业人员对检测结果进行复判，确认发现 U1 位置反向 180°，并立即将此异常反馈给贴片机操作人员。贴片机操作人员在收到反馈信息后立即将贴片机停机，并对上反的 IC 进行正确方向上料。此次异常由于 AOI 作业人员王某做事认真、负责、反馈异常及时，减少反向不良流出，避免了可能给公司带来的约 5 万元的返修物料成本损失。

安全一点通

一个不经意，差点酿火灾。2020 年 4 月 5 日，某电子公司赵某在返修基板时，不经意间发现工作台面窜出火苗，涌出一股浓烟，电源跳闸。经查，原来赵某将烙铁放回到烙铁架时，不经意间，烙铁头触碰到了电源线，导致电源线绝缘层烧坏，电源线桥连，造成整个作业区停电达 30 分钟，直接经济损失 2 万余元，幸运的是发现及时，没有引发更大火灾。

质量一点通

粗心止于规范，规范成就品质。2018 年 12 月 23 日凌晨 2 时 10 分，某电子科技有限公司 SMT 生产车间 SMT-2 线,贴片作业员李某因疏忽，在接料时将 10 KΩ（单片基板用量 10 只）电阻接成 1 KΩ，并且接完料后，未按作业指导书流程要求填写接料记录表，也未找 PQC（过程质量控制）确认。在凌晨 2 时 25 分，AOI 作业人员发现错料后反馈给当线领班，此时已生产完 35 块 PCBA 焊接作业，此次质量异常造成生产线停机 1 h，返修时间增加 120 个工时，造成直接经济损失 7.3 万余元。

任务实施

基板检测是 SMT 生产中最为关键的一道工序。伴随元器件的小型化、引脚节距的精细化以及组装的高密度化，造成印制电路板元件（PCBA）越来越复杂，AOI 检测现已成为有效克服人工目视检测误检、漏检率高的有效手段。AOI 检查设备基于数字图像处理，具有精度高、速度快、无接触等优点，在本任务中，将了解 AOI 设备检测原理，重点学习 AOI 程序制作、优化，以及焊点缺陷改善方法。

作业 1　AOI 程序制作

AOI 是 Automated Optical Inspection 的英文缩写，为自动光学检测，泛指自动光学检测技术或自动光学检查设备。分为在线式和离线式两种，如图 4-1 所示，其中离线式也称桌面式。

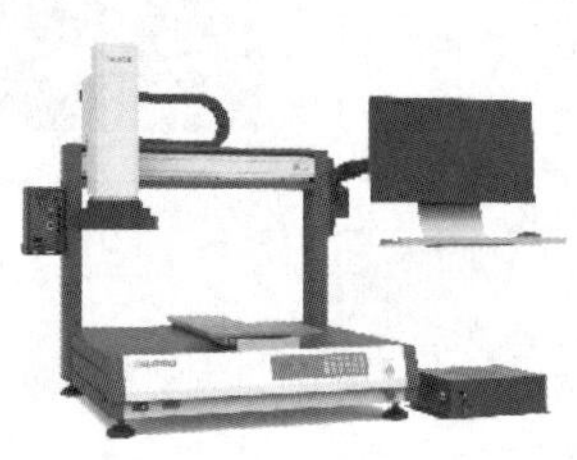

（a）离线 AOI

（b）在线 AOI

图 4-1　AOI 外形

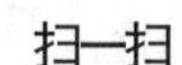

在线 2D AOI 外观检测设备

在线式和离线式在测量的原理和效果上是相同的，不同的是在线式可以由上位机自动传送基板到 AOI，实现自动检查；离线式是通过人工取板方式，送至 AOI 进行自动检测。AOI 是相当于将人工目检自动化，智能化，可用于检测元器件贴装品质和焊点品质等。在线式 AOI 放置的位置不同通常有三种情况：第一种作为贴片机的下位机检测元器件贴装品质；第二种作为再流焊炉的下位机检测焊点的品质；第三种作为波峰焊前后检测插件以及通孔焊接品质。工程生产中贴装环节的主要缺陷是元件移位、缺件、极性反向等。这几种缺陷目视检查时容易发现，为节省设备成本，一般很少在贴片机后配置 AOI 检测设备。在线式 AOI 主要配置在再流焊之后，作为再流焊的下位机使用，检测焊点的方式较多，能覆盖 SMT 生产中大部分的焊接不良现象。选用离线式 AOI 有利于检测手段更加多样灵活，离线式 AOI 可根据生产需要，位置不受限制，因此在产品型号比较多的情况下，配置离线式 AOI 更有优势。

AOI 设备的检测过程如图 4-2 所示，AOI 利用 CCD 相机获取影像，而影像是由图元组成，系统将实际影像进行灰度分析，与标准影像特征比对之后，即可判定是通过或错误，从而判断基板上元件放置和焊点焊接质量情况。

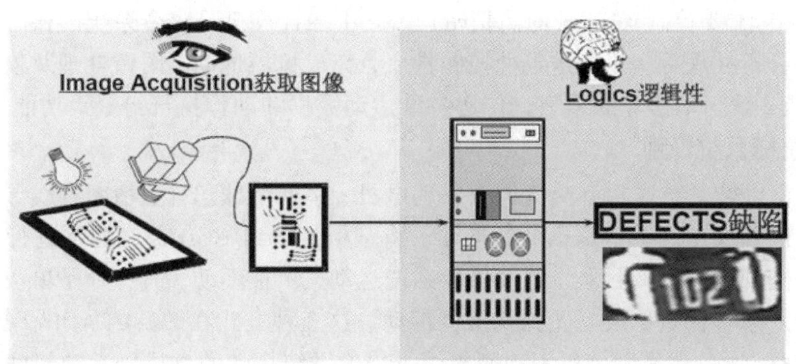

图 4-2　AOI 检测过程

技能 1　AOI 设备识别

下面以 AOI A200T 为例，学习 AOI 设备的结构与程序制作方法。它是一款在线式 AOI，外部主要由紧急停止按钮、指示灯、电源开关、测试开关、复位开关、服务开关等组成，内部结构包括光学图像系统、自动控制系统、精密机械系统和软件系统四大部分组成。其外观与内部结构组成如图 4-3 所示。

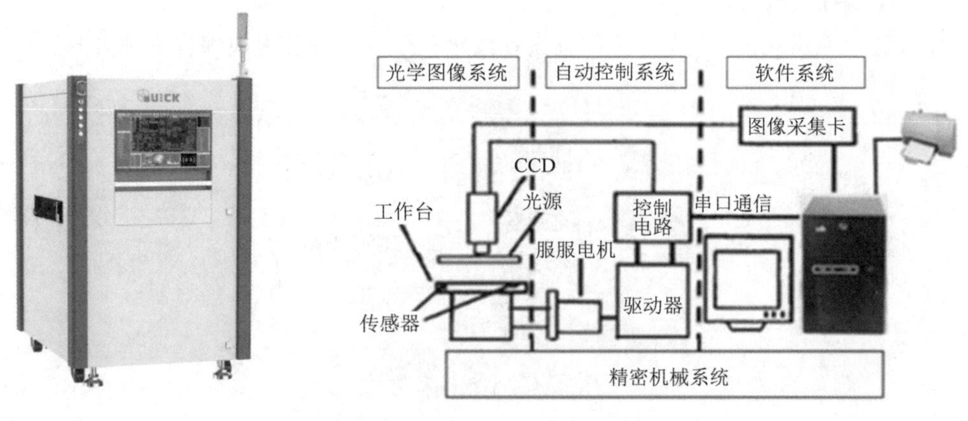

图 4-3　A200T 设备外观及内部结构

1. 光学图像系统识别

光学图像采集在整个 AOI 检测系统是非常关键的一步，这是因为通过这个过程所得到的基板数字图像是整个后续工作处理、识别和分析的对象。如果采集到的图像不能真实反映实际情况，并记录足够多的细节，处理和识别就不能得出正确的结果。为了缩短后续图像处理的流程与时间，以达到实时检测，图像采集是关键的步骤。一般采用高分辨率 CCD 提高像素分辨率，当 CCD 确定后，要寻求高的分辨率，可采取提高测量分辨率的方法，即设法提高图像的质量。基板图像的采集，是通过 CCD 摄像系统来完成的。CCD 摄像系统主要由 CCD 面阵相机、远心镜头、塔形光源组成。CCD 面阵相机所采集的图像信号传送到计算机上，通过主控计算机将图像处理后，将结果返回给主控程序，经过复判工作站对图像进行观察比较从而达到相应的控制。

2. 自动控制系统识别

AOI 的自动控制系统通常由限位开关，伺服驱动器、运动控制卡、计算机、主控计算机、

I/O 卡等组成。它主要控制 XYZ 轴的高精密运动。主控计算机是整个系统的核心，实现整机数据的采集传送分析处理等，并发送各种控制指令，完成机械传动、图像处理及检测功能。运动控制卡完成 XYZ 轴运动信号的采集，传送各种运动数据和动作执行指令等功能。

3. 精密机械系统识别

AOI 的精密机械系统通常有交流伺服驱动电机、精密滚珠丝杆、精密直线导轨等组成。系统驱动软件会准确控制这些精密机械的运动，将基板传送到 CCD 及光源下进行扫描。AOI 的机械运动分为三种类型：一种是光源及摄像系统运动，单板不动；另一种是单板运动，光源及摄像系统不动；第三种是单板、光源及摄像都动。这三种方式在炉后的 AOI 设备中都有运用，但是炉前的 AOI 设备多采用单板不动而光源及摄像系统运动的方式。运动部件多采用丝杠和线性导轨两种，线性导轨的精度较高，但是不论哪种形式，为了保证位置精度及重复性，AOI 设备都采用的是伺服控制系统结构形式。

4. 软件系统识别

AOI 的软件系统通常由运动控制、图像处理及算法三部分组成。用户可以通过窗口界面控制 XYZ 轴的运动、图像的识别及处理等。AOI 算法通常有模板匹配、DRC 设计规则检查、CMTS 形态检查。

技能 2　AOI 编程方式选择

AOI 编程主要有 CAD 数据导入编程、在线示教手动编程和离线编程三种方式，如图 4-4 所示。

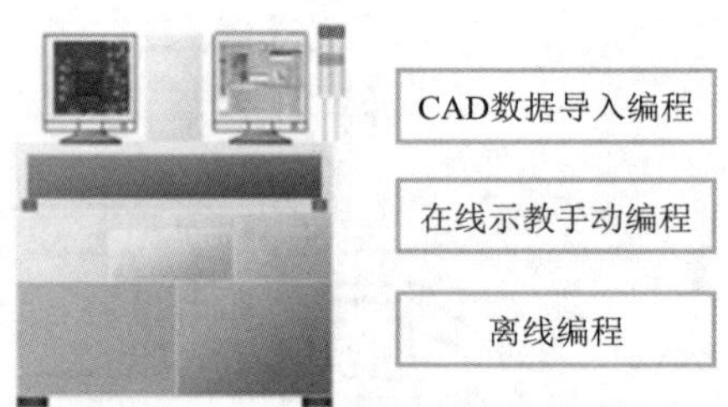

图 4-4　AOI 编程方式

1. CAD 数据导入编程

CAD 数据导入编程主要分新建程序、导入 CAD 数据、确定进板方向、制作 Mark 点、编辑检测框、整合程序、扫描基板全图、扫描分割细图、保存程序和调试十个步骤，如图 4-5 所示。其中导入 CAD 数据主要有 X、Y、角度和元件名称等信息，导入时首先分析准备好的 CAD 数据与待检测基板数据格式是否一致，即二者坐标原点是否一致，若格式一致可直接导入；若格式不一致，则导入时必须进行二者的坐标转换。转换的方法采用坐标平移法。此法特点是一键导入，直接生成坐标，节省了时间，提高了效率。

图 4-5　AOI CAD 数据导入编程流程

2. 在线示教手动编程

在线示教手动编程，首先对易出错元件特征定义进行手动示教，其次，程序可以自动查找元件的位置，如当窗口的位置与元件的位置发生偏移时，可以在黄色窗口范围内自动找到元件并将元件窗口移上去，这样可以缩短编程时间，并提高检测的可靠性，如图 4-6 所示。

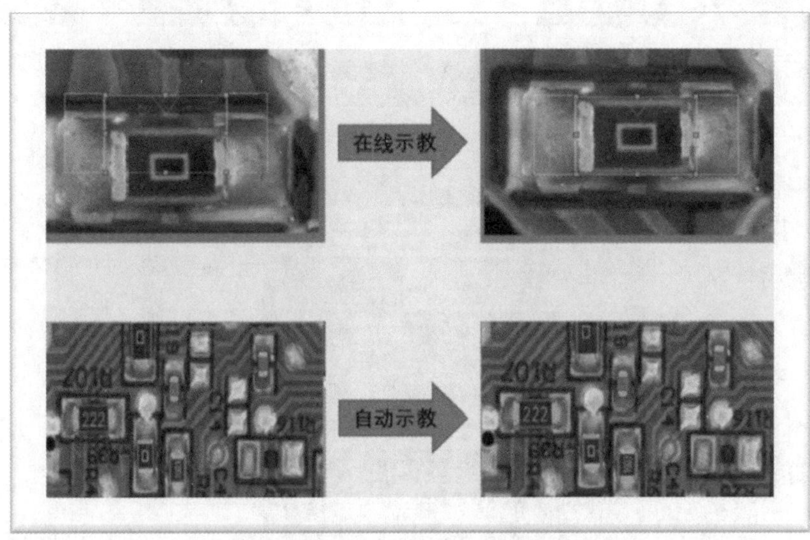

图 4-6　AOI 在线示教手动编程

3. 离线编程

所谓离线编程，它是指利用生产线外的 AOI 设备完成程序制作，完成后再导入在线设备的一种编程方法，具体操作可分两步进行：

第一步，从机器上导出程序。当程序建立完成，并制作好缩略图后，将新建的程序文件资料导出到离线计算机上，在离线编程计算机上使用导入程序步骤将机器上建立的程序导入数据库即可，余下的编程方法与在线编程操作类似。

第二步，将做好的程序导入到机器。当程序制作完毕后，将新建的程序文件资料复制到 AOI 上，使用导入程序步骤将用离线编程好的程序导入数据库即可。

技能 3　AOI 检测程序编制

这里重点介绍 AOI 在线示教编程，学习编程流程、标准库制作以及测试等知识与技能。

1. AOI 在线编程流程

AOI 在线编程流程如图 4-7 所示。在编程时，首先要设定轨道的宽度，确定程序制作的范围，并选定基板的基准点，然后采用 CAD 数据导入或手工制作标准方式来完成每种类型元器件焊点检测标准，最后再对程序进行调试与测试，以降低 AOI 检测的误判率。

首先双击计算机桌面图标，打开 AOI 软件，进入软件主界面，新建程序并设定基板尺寸如图 4-8 所示。A200TX 设备可手动输入基本尺寸，也可自动检测基板尺寸。在这里特别强调在手动输入后，一定要人工确认轨道的宽度，确保基板能自如滑行。

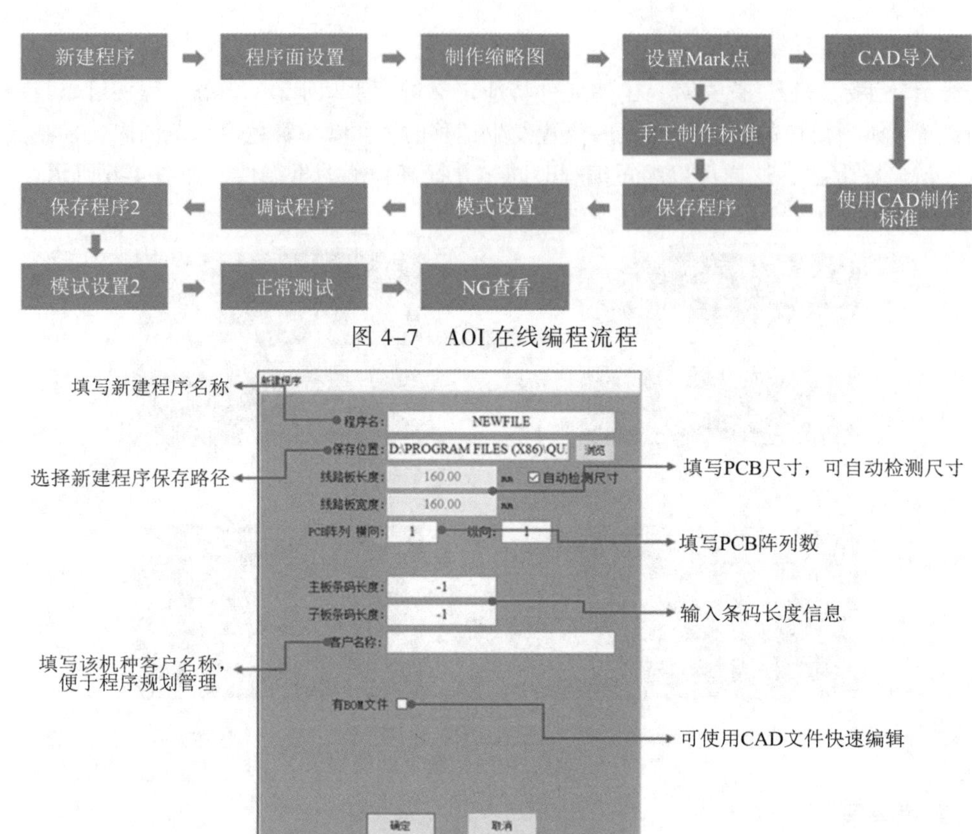

图 4-7　AOI 在线编程流程

图 4-8　新建程序界面

接着再设定基板的 Mark，为了提高 Mark 的通过率，允许注册三个 Mark，任意两个通过都认为校正通过。Mark 校正方式共有四种：图像、重心、椭圆、矩形，常用图像与重心。Mark 形状规则且与背景亮度差异大的采用重心校正方式，其他的采用图像校正方式。采用图像校正方式时，如果 Mark 点比背景亮则灰度范围大概为 128 ~ 255，如果 Mark 点比背景暗则灰度范围大概为 0 ~ 128。Mark 的修改，需要在 Mark 编辑模式下进行，单击“编辑”菜单中的“Mark 块设定”进入 Mark 编辑模式。

2. 元件标准库制作

所谓元件标准库制作就是制作每类元件标准参数或标准图片模型，在线编程时首先选择元件类型，然后建立这种类型的一个元件标准图片，并链接到同种类型的其他元件，做好一种类型后，再做第二种类型的元件，直至完成基板上所有元件的标准库制作，下面将以贴片电阻、极性二脚件、SOP 为例阐述标准库制作方法。

贴片电阻标准库制作。电阻是炉后 PCBA 中比较常见的元器件，不具备极性。电阻注册标准包括 1 个本体框、2 个少锡框、2 个空焊框、1 个错件（缺件）框。其元件注册框如 4-9 所示。其中红色框为本体框，黄色框为错件（缺件）框，蓝色框为少锡（空焊）框，少锡框与空焊框、缺件框的位置基本一致。

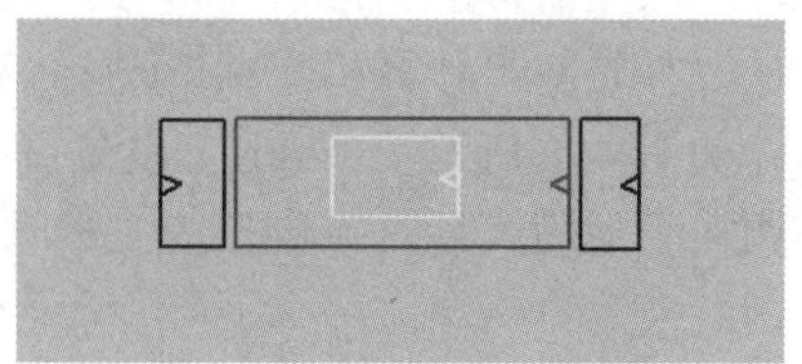

图 4-9　贴片电阻注册框

贴片电阻注册的方法见表 4-1。

表 4-1　贴片电阻注册方法

检 测 项	说　　明
本体框	本体框的作用是用于元件定位以及偏移检测。其注册与调试采用“Match”算法
少锡框	少锡框的作用是用于检测焊点的爬锡状况。其注册与调试采用“TOC”算法
空焊框	空焊框的作用是用于检测焊点是否发生空焊。其注册与调试采用“TOC”算法
错件（缺件）框	错件框的作用是用于检测焊点是否错件、侧立、立碑、反白。其注册与调试采用“OCV”算法

极性二脚件标准库制作。极性二脚件，指具备极性的二脚件、二极管等元件，该类元件也是炉后焊锡的常见的元件。该类元件具备极性（方向性），有的带有丝印，丝印多为模糊丝印；有的带有极性标志，极性标志多是元件的某个固定区域。其注册框如 4-10 所示，其中红色框为主体框，蓝色框为少锡（空焊、缺件）框，紫色框为错件框，黄色框为极性框。

极性二脚件注册的方法跟贴片电阻相似，不同的是在错件时其选择的区域为本体的极性标志端所在的位置。

SOP 标准库制作。SOP 件是 IC 类元件之一，是炉后常见的元件之一。该类元件具备方向性、有丝印、N 个 IC 脚、具备极性标志。其注册框如图 4-11 所示，其中红色框为主体框、白色框为错件框、蓝色框为虚焊框（包括少锡框、空焊框）、绿色框为极性框、黄色框为桥连框。所有检测框都具备极性。桥连框：是检测桥连框内的焊点框之间是否发生连锡，或者桥连。

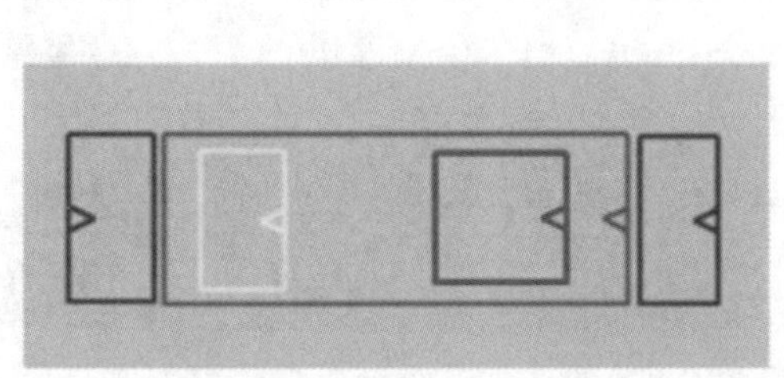

图 4-10　极性二脚件注册框

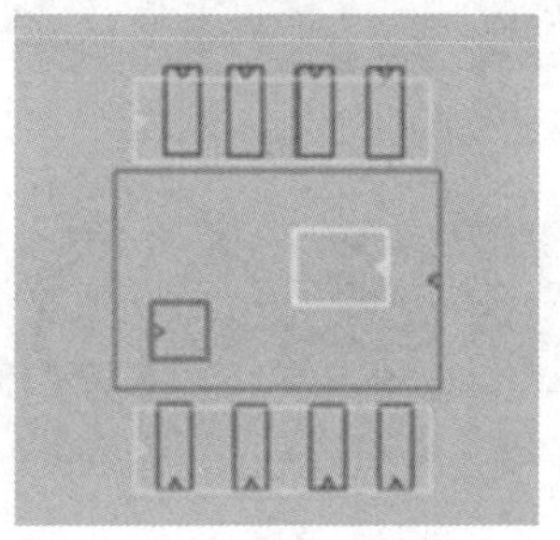

图 4-11　SOP 注册框

SOP 注册的方法见表 4-2。

表 4-2　SOP 注册的方法

检 测 项	说　　明
本体框	本体框的作用是用于定位、偏移检测。其注册与调试采用“Match”算法
虚焊框	虚焊框的作用是用于检测焊点的好坏状况。其注册与调试采用“PIN”或者“Other”算法
桥连框	桥连框的作用是用于检测 IC 引脚之间是否发生桥连。其注册与调试采用“Short”算法
错件（缺件）框	错件框的作用是用于检测焊点是否错件、侧立、立碑、反白。其注册与调试采用“OCV”或“TOC”算法

作业 2　缺陷焊点改善

要能对缺陷焊点进行改善，首先要熟悉理解 IPC-A-610 电子组装件外观质量可接受条件标准，或者企业的焊点检验作业指导书，并依此作为判定焊点缺陷的主要依据，通过品质分析

手段，分析焊点缺陷产生的原因，制定品质改善工艺方案。本作业将重点讨论缺陷焊点识别与改善两项知识与技能。

技能 1　缺陷焊点识别

焊点缺陷可分为焊点自身缺陷、贴装元件缺陷、基板缺陷三种类型。

1. 焊点自身缺陷识别

常见焊点自身缺陷，如图 4–12 所示，有侧立、立碑、桥连、锡珠、偏移、漏焊、少锡、多锡、锡裂、锡尖、虚焊和针孔 12 种可能产生的缺陷，其中侧立是指元件侧着方向焊接在焊盘上；立碑是指元件两端受力不同，被一端焊脚拉起，形成竖立的现象；桥连是指不同焊盘或线路，被多余的锡连在一起；锡珠是指因锡量过多，在元件焊盘周边形成得小球体，影响外观和安全距离，移动的锡球可能导致桥连等功能缺陷；偏移是指元件引脚偏移指定焊盘位置的现象；漏焊是指元件焊端与焊盘明显没焊接上的现象；少锡是指焊盘上锡量明显不足；多锡是指焊盘上的锡量过多，溢出焊盘，影响外观和实装现象；锡裂是指焊点上有裂缝；锡尖是指锡膏在熔融过程中，形成的针尖现象，有划伤员工隐患。虚焊是指外观缺陷不明显，稍用力触碰时元件掉片的现象；针孔是指因锡膏没有充分搅拌，受热熔融过程中，有气泡冒出，在上锡部分形成针状小孔。

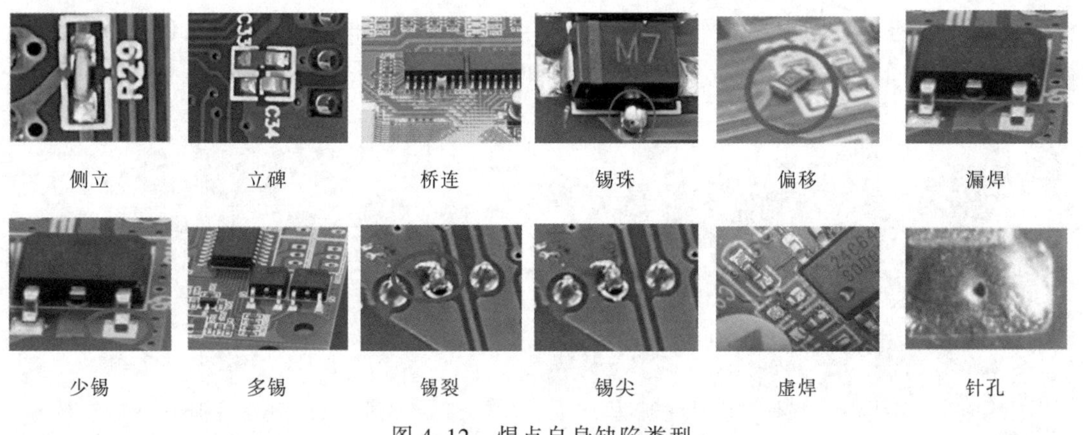

图 4–12　焊点自身缺陷类型

2. 贴装元件缺陷识别

贴装元件缺陷类型，如图 4–13 所示，有错件、多件、反向、反白、浮高、跷脚、破损、撞件、漏件、引脚变形、引脚氧化、焊端沾污、本体沾污、烧熔变形和元件划伤等 15 种可能产生的缺陷，其中错件是指外观相似，型号用错的贴装元件现象；多件是指因贴片机不稳定，元件飞离原来位置，落到板上其他位置的现象；反向是指二极管、电解电容、IC 等极性元件方向贴错的现象；反白是指电阻、矩形状二极管等元件的丝印面翻转 180°，贴装到焊盘现象；浮高是指元件没有插装到位，导致没有紧贴到基板现象；跷脚是指元件脚变形或元件被顶起，与焊盘没有接触，元件脚与焊盘之间有缝隙现象；破损是指元件受外力，导致本体损坏的现象；撞件是指元件贴装到焊盘上，但因受外力的撞击而从焊盘上掉落的现象，与少件不同的是焊盘上有贴过元件的痕迹，而少件焊盘光滑，无元件贴装的痕迹；漏件是指由于贴片过程中的不稳定而导致组件飞到其他地方的现象；引脚变形是指连接器上插针或元件引脚受外力挤压，或来料变形的现象；引脚氧化是指元件引脚因氧化而变黑的现象；焊端沾污是指金手指上沾有胶水、焊盘上沾有松香的现象；焊端烧熔变形是指连接器等元件因受高热影响，使得焊盘上的锡膏溢出到插针之间，导致无法装配现象；元件划伤是指元件因机械外力的作用划伤元件表面现象。

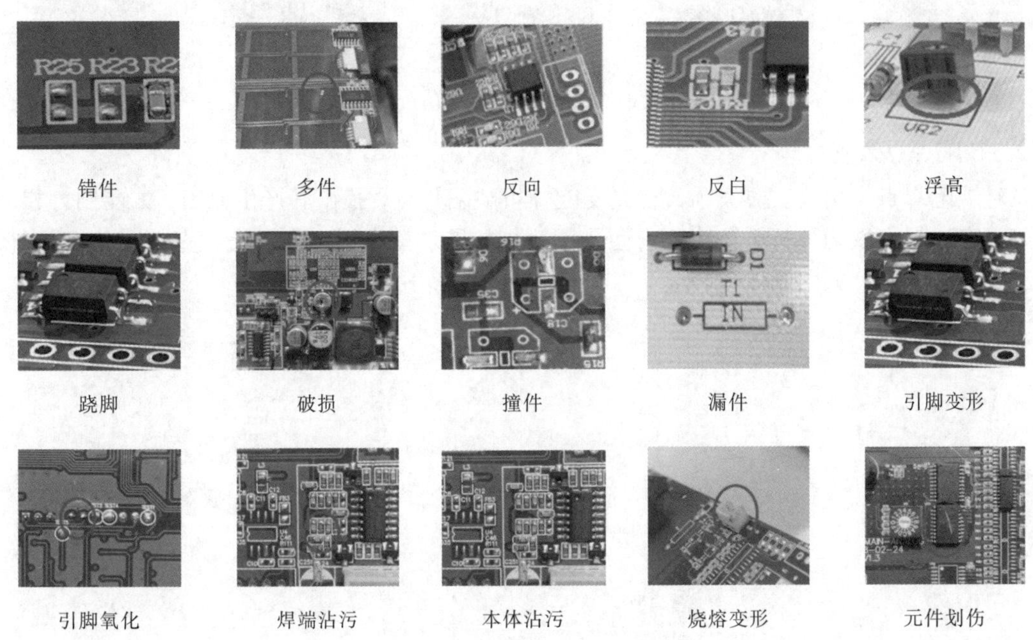

图 4-13　贴装元件缺陷类型

3. 基板缺陷识别

常见基板缺陷类型如图 4-14 所示，有基板变形、焊盘变色、焊盘损坏、焊盘氧化、焊盘脏污、基板划伤、金手指沾锡、露铜、基板起泡、助焊剂过多 10 种缺陷，其中基板变形是指基板因受高热，发生扭曲或弯曲的现象；焊盘变色是指焊盘因受污染，或焊接受热时间太长而变色现象；焊盘损坏是指基板焊盘受外力拉起，导致焊盘损坏；焊盘氧化是指因温湿度不合适，或放置时间过长，导致焊盘发生氧化变成黑色现象；焊盘脏污是指基板焊盘上被沾上影响焊接的污染物现象；基板划伤是指基板被其他硬的物件划破绿油现象；金手指沾锡是指因返修或贴片时，锡量飞溅到金手指上的现象；露铜是指焊盘或基板上，没有上锡或阻焊剂（绿油），外露铜箔底材现象；基板起泡是指基板放置时间过长基板可能吸湿，加热时水分挥发以发现开路的现象；助焊剂过多是指基板返修后，残留的助焊剂过多留在基板表面现象。

基板变形

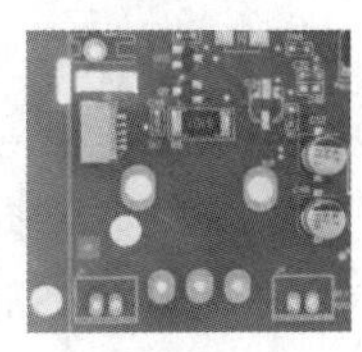
焊盘变色

焊盘损坏

焊盘氧化

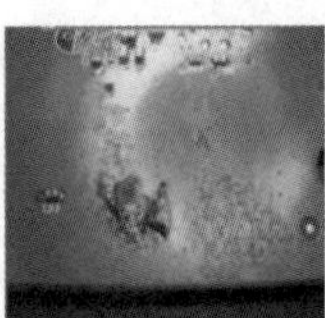
焊盘脏污

图 4-14　常见基板缺陷

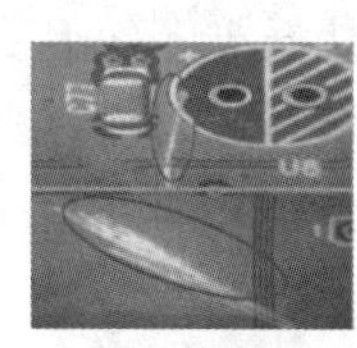
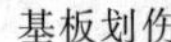

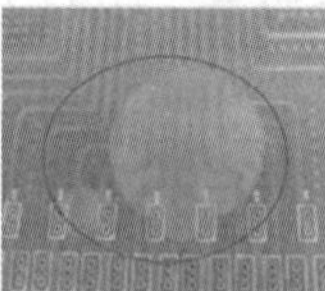

基板划伤　金手指沾锡　露铜　基板起泡　助焊剂过多

图 4–14　常见基板缺陷（续）

技能 2　缺陷焊点改善

在对缺陷焊点提出改善方案前，首先要能分析缺陷焊点，找出其产生原因，方能制订相应的改善方案。焊点缺陷分析手法主要有鱼骨图、柏拉图、散布图、查检表、直方图、推移图、层别法等 7 种手法，如图 4–15 所示。

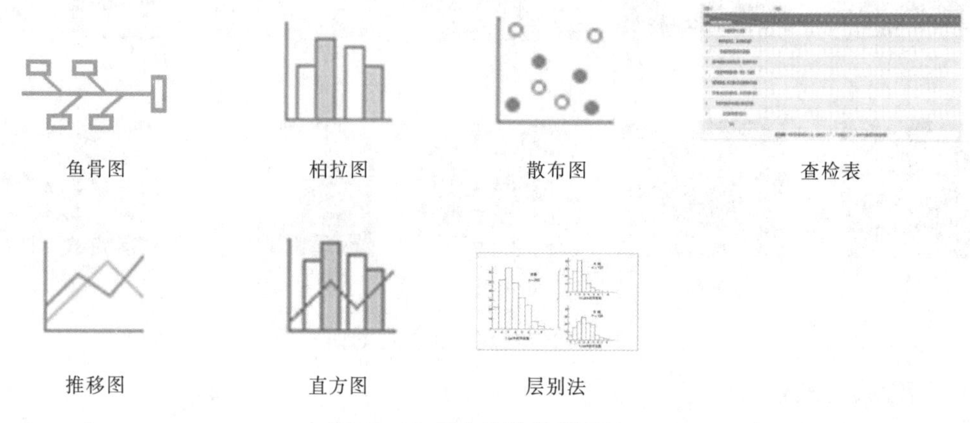

鱼骨图　柏拉图　散布图　查检表

推移图　直方图　层别法

图 4–15　焊点缺陷分析手法

鱼骨图也称特性要因图、石川图，是一种能一目了然的表示结果（特性）与（影响特性的要因）原因的影响情形或两者间关系之图形；柏拉图又称为排列图，它是根据所搜集的数据，按发生数量大小的类型为序，所编制的频次图形，一般柏拉图多加上累计比例的折线，因此如按“不良原因”、“不良状况”、“不良位置”、“安全事故”或“客户抱怨”等类型区分，具体说柏拉图等于重点问题；散布图是指一种通过采集两个变量相关一组原始数据后，在坐标系描出点，并从点的分布趋势中进行线性分析的图表；查检表是利用表格或图示的方式，将数据收集的方法加以规范和系统化以获取对问题的明确认识；推移图也称管制图，是一种以实际产品品质特性与过去的制程界限，而以时间顺序用图形表示的关系图；直方图是指用横坐标标注质量特性的测量值的分组值，纵坐标标注频数值，各组的频数用直方柱的高度表示的关系图；层别法是一种按性质、来源、影响等方面，按其分类列明，并将每类隶层关系逐项向下层展开的过程。这 7 种品质分析手段工程应用中随分析解决问题要求不同而各有侧重，可以用这样的口诀来表述“鱼骨追原因，柏拉抓重点，查检集数据，层别做解析，散布看相关，直方显分布，推移找异常。”下面主要学习鱼骨图、柏拉图和查检表。

1. 鱼骨图应用

用鱼骨图分析品质缺陷成因，首先要明白鱼骨图只能针对一个问题做一张因果图，它需要问题讨论者充分发表意见，找出可能存在的全部原因，将原因分析到可以直接采取对策的具体原因（末端原因），对所有末端，需到现场逐个确认是否要因，一般最多分析到 4 层。鱼骨图中的“鱼头”是需要解决的问题，“大鱼骨”是可能发生原因的主要类别，“中鱼骨”和“小鱼骨”是各类更深层次的原因。第二就是绘制鱼骨图，其流程可概括为五个步骤。如图 4-16 所示。

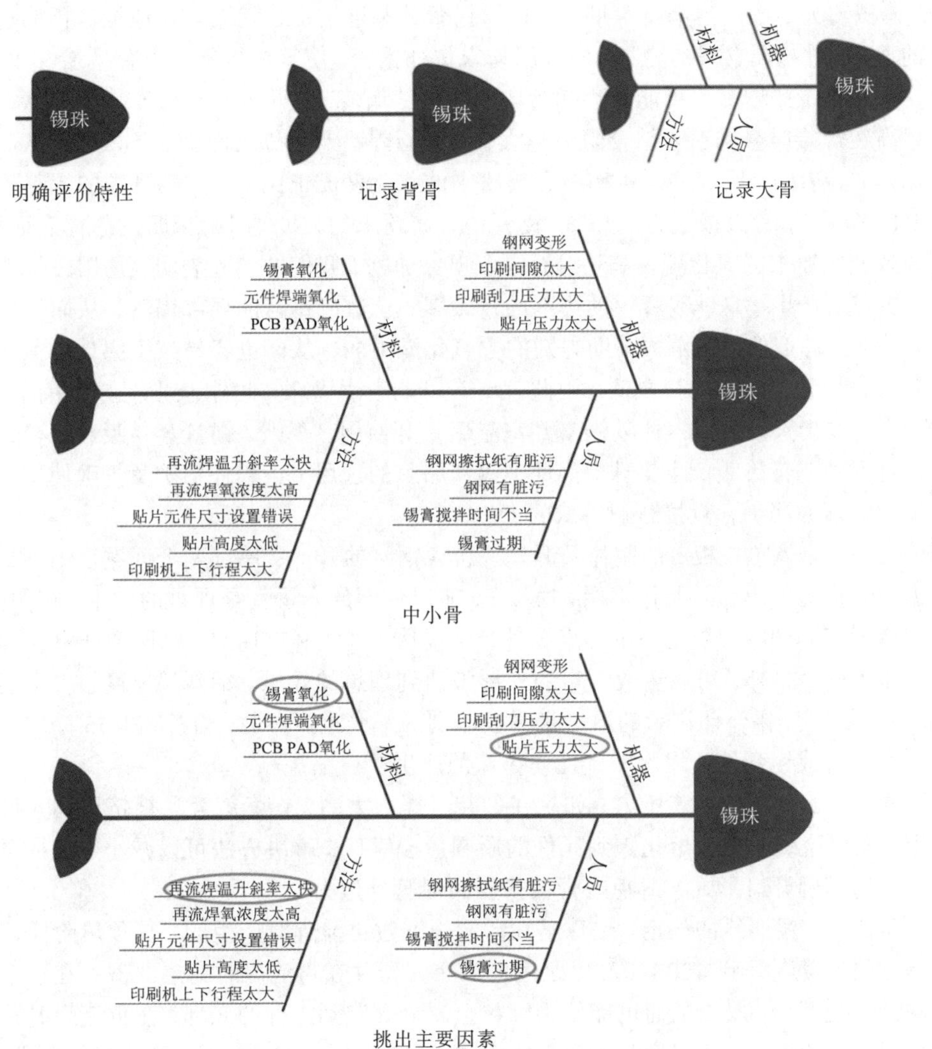

图 4-16　鱼骨图制作流程

第一步明确问题的评价特性，评价特性是指能具体衡量事项(含事、物)的指标、尺度。例如元件缺陷评价特性可以是立碑、偏移、锡珠等。第二步记录背骨，由左至右画一粗的箭号并在右侧写评价特性用方框圈出，第三步记录大骨（大要因），大骨个数以 4 ~ 8 个较为适当，通常以 4M1E（人员、机器、物料、方法、环境）来分类，亦可用工艺流程来分类大要因，用方框圈起来，并加上箭号到背骨，大骨与背骨相交一般取 60° 较恰当，为避免要因遗漏，可加其他项。第四步各大骨依序记入中骨、小骨，采用头脑风暴法反复追问“为何?为何?为何?”，要具体到每一个小要因。第五步挑出影响目前问题较大的要因为主要因，并用红笔圈选，一般以 4 ~ 6 项为宜，整理并记录必要事项。

下面以锡珠缺陷为例，利用鱼骨图分析法，查找其产生原因并提出改善方案。先分析产生锡珠缺陷的可能原因，概括起来有四大因素八个问题。

因素一，锡膏的选用直接影响到焊接质量。包含锡膏中金属的含量、锡膏的氧化度、锡膏中合金焊料粉的粒度三个问题都能影响锡珠的产生。锡膏的金属含量占其总质量的 88% ~ 92%，体积约为 50%。当金属含量增加时，锡膏的黏度增加，就能有效地抵抗预热过程中汽化产生的力。另外金属含量的增加，使金属粉末排列紧密，使其在熔化时更容易结合而不被吹散。此外，金属含量的增加也可能减小锡膏印刷后的"塌落"，不易产生锡珠。在锡膏中，金属氧化度越高在焊接时金属粉末结合阻力越大，锡膏与焊盘及元件之间就越不浸润，从而导致可焊性降低。实验表明，锡珠的发生率与金属粉末的氧化度成正比，一般锡膏中的焊料氧化度应控制在 0.05%以下，最大极限为 0.15%。锡膏中金属粉末的粒度越小，锡膏的总体表面积就越大，从而导致较细粉末的氧化度较高，因而锡珠现象加剧。我们的实验表明：选用较细颗粒度的锡膏时，更容易产生锡珠。锡膏中助焊剂的量太多，会造成锡膏的局部塌落，从而使锡珠容易产生，另外，助焊剂的活性消失，助焊剂的去氧化能力弱，从而也容易产生锡珠，免清洗锡膏的活性较松香型和水溶型锡膏要低，因此就更有可能产生锡珠。此外，锡膏在使用前，一般冷藏在冰箱中，取出来以后应该使其恢复到室温后打开使用，否则，锡膏容易吸收水分，导致在再流焊接过程中锡膏飞溅产生锡珠。因此，锡膏品牌的选用（工程评估）及正确使用（完全依照锡膏使用管理办法），直接影响锡珠的产生。

因素二，钢网（模板）的制作及开口。包含钢网的开口、厚度两个问题。钢网的开口，一般根据印制板上的焊盘来制作钢网（模板），所以钢网的开口就是焊盘的大小，在印刷锡膏时，容易把锡膏印刷到阻焊层上，在再流焊时产生锡珠。因此制作钢网，钢网的开口比焊盘的实际尺寸减小 10%，另外，可以更改开口的外形来达到理想的效果。钢网的厚度，决定锡膏在印制板上的印刷厚度，锡膏印刷后的厚度是漏板印刷的一个重要参数，通常在 0.13 ~ 0.17 mm 之间，锡膏过厚会造成锡膏的"塌落"，促使锡珠的产生。

因素三，贴片机的贴装压力。如果在贴装时压力太高，锡膏就容易被挤压到元件下面的阻焊层上，在再流焊时锡膏熔化跑到元件的周围形成锡珠，解决方法可以减小贴装时的压力，并采用合适的钢网开口形式，避免锡膏被挤压到焊盘外边去。

因素四，炉温曲线的设定。锡珠是在印制板通过再流焊时产生的，在预热阶段使锡膏和元件及焊盘的温度上升到 120 ~ 150 ℃之间，减小元器件在再流焊时的热冲击。在这个阶段，锡膏中的助焊剂开始汽化，从而可能使小颗粒金属分开跑到元件的底部，在再流焊时跑到元件周围形成锡珠，这一阶段，温度上升也不能太快，一般应小于 2.0 ℃/s，过快容易造成焊锡飞溅，形成锡珠，所以应该调整再流焊的温度曲线，采取较适中的预热温度和预热速度来控制锡珠的产生。还有温度、湿度等因素对锡珠的影响，一般锡膏印刷的最佳温度为（25 ± 3）℃，湿度为相对湿度 40% ~ 60%。温度过高，使锡膏的黏度降低，容易产生"塌落"；湿度过高，锡膏容易吸收水分，容易发生飞溅，这都是引起锡珠的原因。另外，印制板暴露在空气中较长的时间会吸收水分，并发生焊盘氧化，可焊性变差。

根据前面的原因分析，开始画鱼骨图，第一步确定问题特性"锡珠"；第二步记录背骨；第三步选择人员、机器、材料、方法等四个要因记录大骨；第四步添加锡膏使用、钢网使用、印刷机、贴片机、印刷压力、贴片压力、锡膏、元件、印刷机参数、贴片机参数、再流焊接参数等中骨要因，还添加小骨要因；第五步分析原因，将印刷机底部太脏、印刷机印刷压力太大、贴片机压力太大、锡膏氧化等小骨要因用⬭圈出来标注，最后绘制成图 4-17 锡珠鱼骨图。

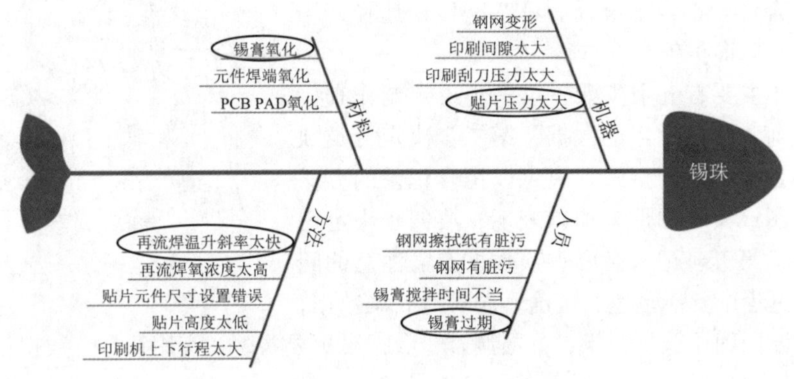

图 4-17　锡珠鱼骨图

2. 柏拉图应用

柏拉图是以意大利经济学家柏拉图命名的一种品质分析寻找主要问题或影响品质主要原因的方法。柏拉图的结构如图 4-18 所示，由项目轴、频数轴、频数柱状图形、累积不良率轴、累积不良率折线图、题目六个要素构成，其绘制步骤概括起来有六个。第一步，确立调查目的。确立柏拉图究竟想表明什么，在我们这里重点是调查分析元件焊点各类缺陷产生概率的比例。第二步，决定分类项目，收集数据资料，从项目任务中收集的数据表，确定了偏移、虚焊、桥连、少件、破损、其他六个不良缺陷项目，如果只有 2～3 个项目的话，一眼便可看出何者重要，那就不需要制作柏拉图了。第三步，整理数据资料。依收集的数据项目的大小顺序排列，计算数据资料的累积和。第四步利用 Excel 表制作直方图。

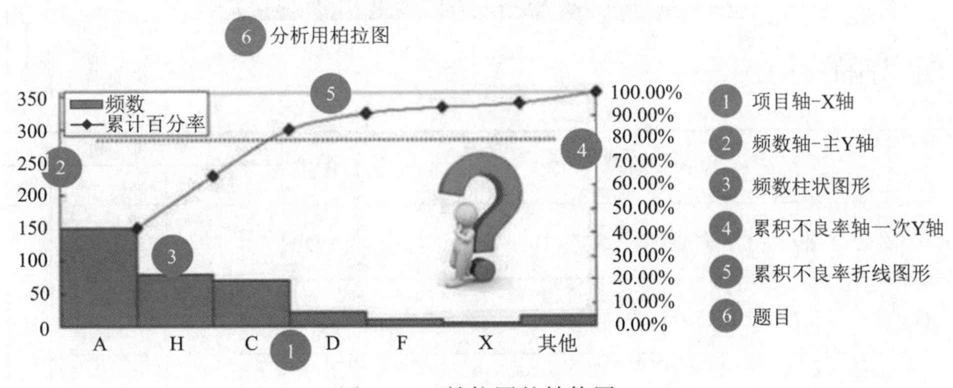

图 4-18　柏拉图的结构图

3. 查检表应用

查检表是用一种简单的方式将问题查检出来的表格和图，结构如图 4-19 所示。

表单主要有记录和点检两种形式。记录用查检表是把数据分类为几个项目类别，以符号和数字表示，此表主要是调查作业的结果，通过记录每天的数据，并能从其中找出哪一项目的数据特别集中。点检用查检表是为要确认作业实施，设备运转情况或为预防发生不良及事故，确保安全时使用，这种点检表主要是调查作业过程，可防止作业的遗落或疏忽。两种表单记录的项目都包含这样的八个主要参数，第一是目的或标题，第二是对象、项目，即要明确为什么？第三是方法，明确采用何种方法？第四是时间、时段，明确在什么时候？多长时间？第五是人，明确谁来做？第六是制程场所，明确在什么地方？第七是结果整理，合计、平均、统计。第八是传递途径，明确谁需要了解？向谁报告？

图 4-19　查检表结构

查检表制作主要有五个步骤，第一步决定制作查检表的目的及如何收集最适当的数据；第二步决定分类项目；第三步决定查检表的格式，决定以记号记录的方式可借用任何表图或实物图形来加以表现；第四步决定记录数据的记号；第五步记入必要事项数据。需注意的问题，表单制作过程中要能迅速、正确、简易地收集数据，便于应用特性要因图层分析结果，分层调查，数据履历要清楚，宜用符号、数据记入，避免用文字说明，查检项目以 4～6 项为原则，不宜太多，一次记录下来，就能表示出图表状况来，使用写实图形，一目了然，配合目的，必要时检讨修正，预留空位。

任务要诀

自动光学检测 AOI，程序编写要知晓；
首先拍张标准像，再拍一张焊接照；
依次排队顺着过，都与标准去比对；
孪生兄弟一次过，差异太大细斟酌；
人工复检不可少，优化参数质量好。

工作评价

序号	评价维度		权重	评价情况		
				自我评价	小组评价	教师评价
1	技术性	能用 AOI 检测基板焊接缺陷	0.20			
2	质量性	生产工艺质量符合作业标准要求，缺陷率在允差之列	0.20			
3	规范性	操作步骤依循生产作业标准及相关安全操作规程	0.20			
4	经济性	作业效率达到作业工艺要求，原辅材料应用符合生产作业要求	0.15			
5	环保性	检测方法符合使用标准	0.05			
6	创新性	对作业方法、材料使用、设备操作有思考、见解	0.10			
7	职业性	敬业、守纪，合作、执行力强	0.10			

任务2　基板返修

任务目标

通过基板返修任务学习，会按照返修作业指导书，选用专用工具设备，返修 BGA、热湿敏类等不良焊点器件，具备返修缺陷焊点及更换失效元器件等专业能力。

任务描述

在上述任务中，通过 AOI 检测，发现基板上一些贴片电容、IC 及 BGA 等出现焊点不良现象，请返修作业员更换相关检出缺陷焊点元器件。

任务分析

缺陷焊点分析：缺陷焊点为陶瓷贴片电容、BGA 器件，针对元器件封装结构特征，选用合适的返修工具和返修材料。

返修工艺分析：依据客户无铅锡膏工艺选择要求，优选 SAC305 锡膏、锡丝等返修焊接材料。更换贴片电容优选控温热风枪，更换湿敏元件，注意其防潮处理，优选加热平台，更换 BGA 优选专用 BGA 红外热风返修台。

料损率分析：依据客户料耗要求，应合理选用拆卸工具，保证元器件性能不受二次损坏，拆卸下的元器件，经检测性能合格的可继续使用。

返修良率分析：依据客户印刷良率要求，返修时，正确拆卸缺陷焊点元器件，清理焊盘，选用性能合格的返修元器件，确保返修品质，满足焊接作业质量标准。

任务导图

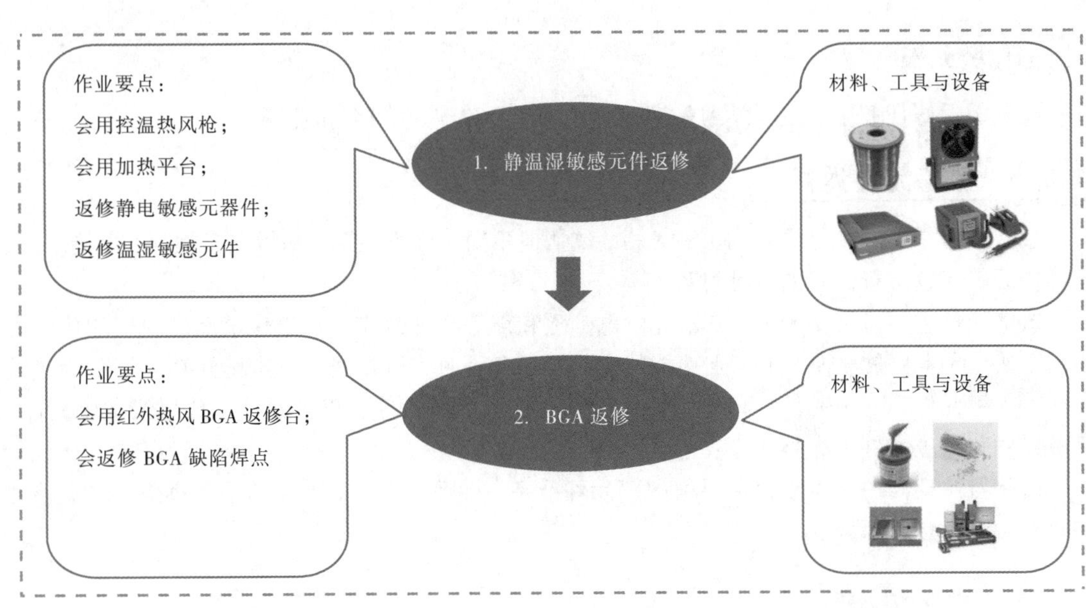

任务先通

匠心一点通

365 次试验，只为一个“准”字。南京某电子公司 SMT 生产线的 BGA 返修工王某，在返修客户陶瓷 BGA 芯片时，发现定位始终不准，大大降低了公司 BGA 返修品质完好率，给公司信誉带来了很大压力。王某以“干一行爱一行，爱一行谋一行，谋一行钻一行”的精神，带领班组，大胆改进返修设备，研发专业定位治具，经过 90 天 365 次的试验，终于攻克这一难关，发明出“新型定位治具”解决了这一困扰公司生产难题，赢得了客户的信任。公司为表彰王某的杰出贡献，特命名这款治具为“王某治具”，予以褒奖。

安全一点通

漏填交接记录，酿成安全事故。2020 年 2 月 11 日，当班操作员小胡在操作 BGA 返修台，当返修至第 3 块板时，因事离开了一会，同事小王因急于返修一块焊板，看准空位使用了小胡的 BGA 焊台，重新设定了温度，返修好后，未做设备使用记录。当小胡返回台位时，不加检查，继续进行返修作业，导致出现 3 块 BGA 芯片损坏，5 块 BGA 芯片返工的质量事故，查找原因，小王使用设备一是不做交接记录，二是忽视复岗使用设备规范，是造成事故的主要原因。为严肃生产作业规范，公司给予二人经济处罚。

质量一点通

痴心品质提升，创新李某防呆法。常州某电子公司的 SMT 生产线操作工李某，一次上班时，一不小心将贴片机托盘料 IC U1 反向 180°。当反向的第 1PCS 的 PCBA 流入炉后 AOI 检测，确认发现 U1 位置反向 180°，为此李某非常自责，自查问题原因，结果发现类似问题已是公司生产中频次最高的问题，也成为制约公司贴装品质提升 1 号难题，李某决定要攻克这一难题，经过 10 个多月的努力，看遍了公司所有专业资料，画出了上百张图纸，做了上百次的试验，终于研发出一套贴片机“托盘料更换极性出错防呆装置”，解决了困扰工厂生产 10 年的难题。

任务实施

在基板返修任务中，主要学习敏感元件返修、BGA 返修两个作业内容。

作业 1 敏感元件返修

基板返修是对不满足要求的 PCBA 板，包括但不限于元件故障、基板线条损坏、焊接缺陷、焊接错误等问题进行修复的一种过程。

敏感元件主要包括基于力、热、光、电、磁和声等物理效应，基于化学反应原理的化学类和基于酶、抗体和激素等分子识别功能的生物类敏感元件。通常据其基本感知功能可分为热敏元件、光敏元件、气敏元件、力敏元件、磁敏元件、湿敏元件、声敏元件、放射线敏感元件、色敏元件和味敏元件十大类。

敏感器件返修的基本流程主要由敏感元件准备、拆焊准备、敏感元件手工拆焊、焊盘整理和敏感元件焊接五部分。

技能 1　敏感元件准备

1. **潮湿敏感表面元件**（Moisture-Sensitive Device，MSD）

由于在储存、运输和安装等过程中，非密封塑封潮湿敏感元件因吸收空气中潮气，在焊接时，由于温度升高导致 MSD 元件内部的水汽蒸发，产生内部压力，使封装塑料从芯片或引脚框上分层、线捆接和芯片损伤及内部裂纹，在极端情况下，裂纹延伸到 MSD 表面，甚至造成 MSD 鼓胀和爆裂，俗称“爆米花”现象。因此，在返修更换时需：

（1）确认是否受潮。在打开防潮袋（Moisture Barrier Bag，MBB）后，MBB 中所有元件均应在标注的车间寿命前使用；没有用完的 MSD 应再次封入 MBB 中或存入干燥橱中。

（2）若要再次使用从基板上取下的 MSD 元件，则拆焊温度不要超出 200 ℃，以确保 MSD 器件的损伤降到最低；如果焊接温度超过 200 ℃，应在焊接前作烘烤干燥。

（3）替换的元件应在规定的车间寿命内。

2. **静电敏感表面元件**（Static Sensitive Device，SSD）

由于 SSD 元件与电能接触或接近时会造成损伤，因此要返修 SSD 元件时应：

（1）预处理过程的静电防护。

① SSD 的预处理，必须在具有“静电泄漏”的工艺设施环境中进行，加工设备、仪器、工作台面应接地良好，操作人员应正确佩戴防静电腕带（腕带应直接套在手腕皮肤上）；

② SSD 引脚成形操作时，成形设备的外壳应可靠地接入地线；

③ SSD 搪锡操作时，必须在锡锅可靠接地下进行，应尽量避免使用超声波搪锡机搪锡；

④ 对 EPROM 进行擦、写及信息保护操作时，应将擦/写器可靠接地，正确拾取。

（2）在基板上插装、焊接过程中的静电防护。

① SSD 在基板上插装、焊接均应在 EPA 区内进行。

② 所用工艺装备均应直接接入地线，并采用有效的离子风机，以净化环境。

③ 插装过程中，SSD 应存放在导电或静电盒内，尽量避免放在防静电桌面上；往基板上插装 SSD 时，应尽可能使用基板边缘连接器（即桥连插头），将基板的接线端桥连在一起。

④ 手握基板元件时，应持其边端；在插装 SSD 时，应持其外壳，避免直接触及引脚；在工作台上作业时，应注意防止 SSD 与台面发生相对运动。

3. **温度敏感元件**

由于温度敏感元件在再流焊接、波峰焊接和手工焊接过程中，易因过热而导致损坏或性能劣化。因此，在返修时应：

（1）温度。在烙铁焊接过程中温敏元件本体的温度不得超过标注在“温度敏感标签”上的要求值。

（2）焊接时间。由于温敏元件一般对焊接时间有特定要求，焊接时必须严格按作业指导书（工艺文件）和“温度敏感标签”上注明的时间要求操作。

（3）焊接方法。大多数温度敏感元件对焊接方式均有不同的要求，对专用温度敏感元件手工焊接时，最好采用热分流夹进行限热。要尽量避免烙铁触碰到器件本体。如不慎操作超出作业指导书的要求，如温度过高、焊接时间过长、烙铁触碰到元件本体等等，应及时检查是否损坏。

（4）返修。若要将元件从基板上取下，推荐使用局部恒温加热方法，且最大温度不要超出温度敏感元件所能承受的耐温温度，以确保对温敏器件的损伤降到最低。

技能 2　拆焊准备

扫一扫

手工焊接准备

1. 返修材料准备

敏感元件返修需要准备常用返修材料、辅助用具见表 4-3。返修中使用的材料一般采用原焊接时所使用的材料，如果原材料缺失，也应使用性能相近或相同的材料，以确保焊接质量与原焊接相同或相近。

表 4-3　常用返修材料、辅助用具

材　　料	图　　例
清洁剂	
烙铁头、风嘴、吸嘴	
刷子	
防静电镊子	
护目装置	
含助焊剂的焊锡丝	
耐热并防静电的手套	
吸锡编织带	

2. 操作工具准备

（1）热风枪准备

根据需要返修的敏感元件，需要：

① 选择合适风嘴。依照元件尺寸，选用尺寸相配的风嘴。

② 设定某一温度数值。按返修的元件以及基板材质，需根据焊点类型设定合适温度和风量，特别是常见敏感器件，如果选用无铅热风枪 TR1300，建议参数设定见表 4-4。

表 4-4　常见敏感元件热风枪参数设定

敏 感 类 型	无铅热风拆焊台 TR1300
热敏元件	温度：320~360 ℃ 风量：30~50 级 风嘴高度：2~5 mm 时间 30~60 s
湿敏元件	温度：350~400 ℃ 风量：30~50 级 风嘴高度：2~5 mm 时间：30~60 s

③ 重新校准热风枪温度。先给热风枪设定某一温度数值，如图 4-20 所示，工作状态下，待温度稳定时，用温度测试仪测量风嘴温度，并记下读数值。同时长按“1”键和“3”键，进入温度校准状态，屏幕显示温度数值闪烁，按“+”或“-”键改变数值大小，按 3 键（STORE）确认。

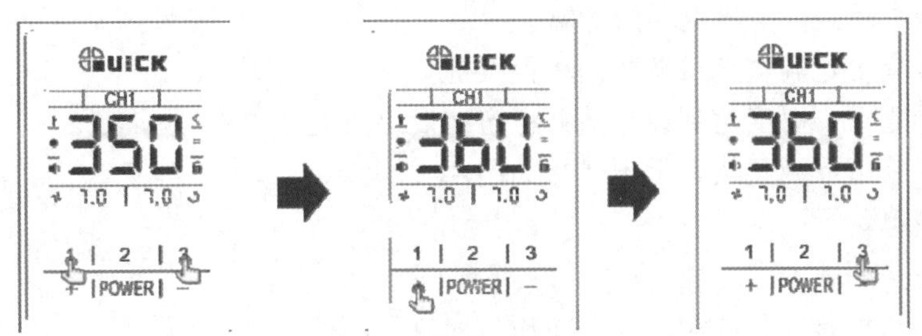

图 4-20 热风枪温度校准步骤

（2）吸锡器准备

一般多引脚的插装件都需要使用吸锡器进行返修，因此，吸锡器是返修操作中最离不开的一种基本返修工具。

① 依照焊盘直径，选用尺寸相配的吸嘴。

② 设定某一温度数值。

③ 工作时时常清理吸嘴。

（3）预热平台温度校准

对于一些散热较大的元器件或者多层板、金属基板的拆焊，需要配备预热平台，由底部加热后可以更合理地设定加热方式和温度，保证返修过程的有效、可靠、快速。

3. 防静电设备准备

（1）仪器、设备、工具接地良好。要求防静电工作台、工椅、仪器与电动工具都有良好的接地，接地电阻 < 1 Ω 设备接地点与公共接地点间的电阻 < 1 Ω，烙铁头接地电阻 < 2 Ω。

（2）接地连接规范。防静电地线应采用铜条或黄绿色多股铜线。防静电地线与防静电地极之间阻值小于 4 Ω。防静电地线间的连接应采用螺钉拧紧方式或焊接或对接地点绕紧后采用电工胶带绑紧的固定连接方式。现场仅防静电腕带、移动设备工具与接地线间连接可采用鳄鱼夹接地。各工具、设备防静电接地点接入防静电地线采用并联方式，禁止采用串联方式，以保证各个工具采用独立防静电接地线接地，确保接地可靠。

（3）工作人员进入防静电区域，必须整齐穿着防静电衣、防静电鞋（穿棉质袜子）或鞋套，戴防静电帽。防静电区域入口应配置人体综合测试仪，进入防静电区域的员工必须进行测量、记录，通过后方可进入。

（4）返修人员坐着操作静电敏感器件，必须佩戴防静电腕带，佩戴时必须贴紧皮肤，不得松脱；双脚必须着地，不得出现双脚放在架子上的现象。

（5）接触静电敏感元件时应佩戴防静电手套或指套，各工序具体操作应按工艺作业指导书规定实施。

图 4-21 涂助焊剂

技能 3 敏感器件手工拆焊

1. 涂助焊剂

在元件焊接端上涂敷助焊剂如图 4-21 所示。

2. 预热平台加热待返修元件

（1）把电源插头插入与标称值一致的电源座中。

（2）打开电源开关，预热板开始升温。

（3）如要改变设定温度，可调整面板上按键。

（4）数分钟之后，温度达到设定值并稳定在设定值上。

（5）将待返修板放到预热台上预热，如图 4–22 所示。

扫一扫

基板返修

3. 热风枪拆焊

（1）选择合适的温度与风速。

（2）将热风喷嘴对准元件在器件上面均匀加热，熔化焊料。

（3）待所有焊点熔化后，用防静电镊子，取下元件，如图 4–23 所示。

图 4–22　预热台预热

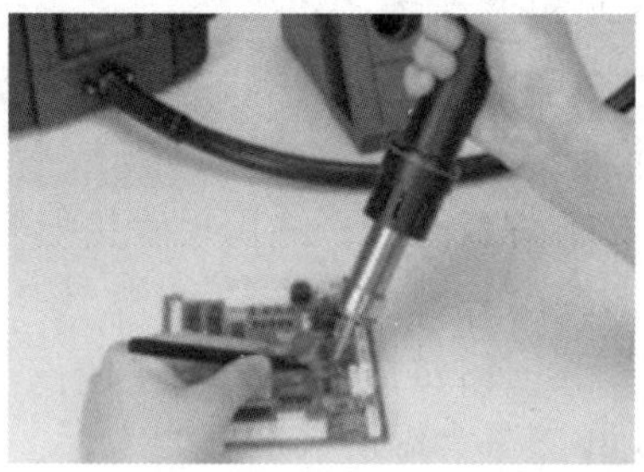

图 4–23　热风枪拆焊

技能 4　焊盘整理

1. 吸锡器熔化焊料

如图 4–24 所示，将吸锡器套在焊点上，熔化焊点焊料。

2. 吸除焊锡

待焊盘焊锡已全部被熔化后，按下吸锡器红色开关（扳机），即可吸入焊锡。

3. 清理干净通孔残锡

4. 清理残锡

清理残锡后，可以冷却焊接点，以防止焊锡再度被熔化。

图 4–24　吸锡器操作示例

技能 5　敏感元件焊接

（1）穿戴好防静电装备。

（2）焊接前利用湿润的清洁海绵或者金属幼丝清洁烙铁头。

（3）选择合适烙铁头、选择合适温度。

（4）焊接时，送锡应先接触烙铁头与工件的夹角，让锡丝先熔化，形成热桥，使工件与烙铁头充分接触，传输焊接所需要的热量。

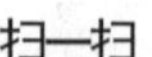

手工焊锡

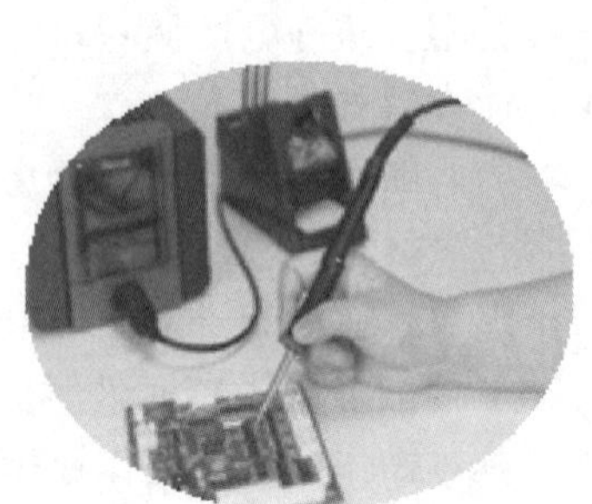

图 4–25　元件焊接

（5）移动锡丝，借助熔融的焊料流淌性，让焊料充分润湿焊接部位，并保证有足够的锡量。

（6）先撤离锡丝，再移开烙铁头，如图 4–25 所示。

作业 2　BGA 返修

随着技术的发展，电子器件的体积越来越小，BGA 封装（Ball Grid Array Package，球栅阵列封装）器件应运而生，对 BGA 封装的焊接技术也提出了更高的要求。尽管在生产过程中采取了更先进的焊接设备，但仍然不可避免地存在焊接缺陷，因此，BGA 返修就成了一种必不可少的技能。

根据生产实际，BGA 返修工艺可分为以下几个主要步骤：

第一步，产品检测，确定返修芯片。主要是目测，外观检测，即通过焊点外观，判定焊接状态；电气测试，通过上电测试，配合检测工装和测试程序，判定故障类型和区域，发现有焊接不良芯片，必要时，可通过量测或辅以 X-RAY 检测，判定焊接故障部位。

第二步，选定 BGA 返修焊台，装夹检修板。

第三步，拆除焊接不良芯片。

第四步，清洗拆除芯片的部位。

第五步，涂抹焊接膏。

第六步，对位贴装。

第七步，焊接芯片。

其返修工艺流程如图 4-26 所示。

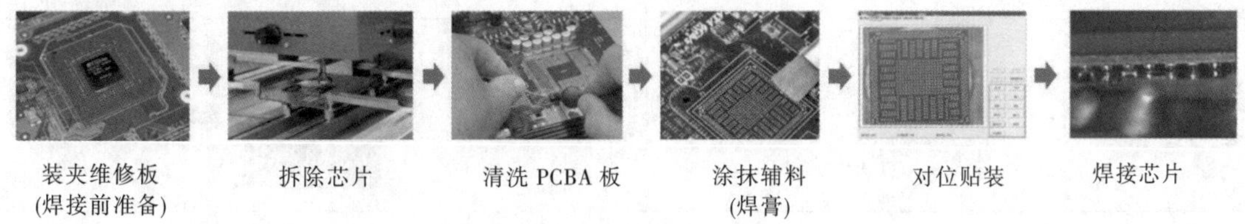

图 4-26　BGA 返修工艺流程

常用的 BGA 返修设备 EA-H15X 如图 4-27 所示，其主要构成包括上加热器、底部加热器、线路板装夹支架、RPC（ Remote Procedure Call Protocol，远程过程调用协议）监控系统、光学棱镜对位系统、红外温控系统、上加热器等部分组成。

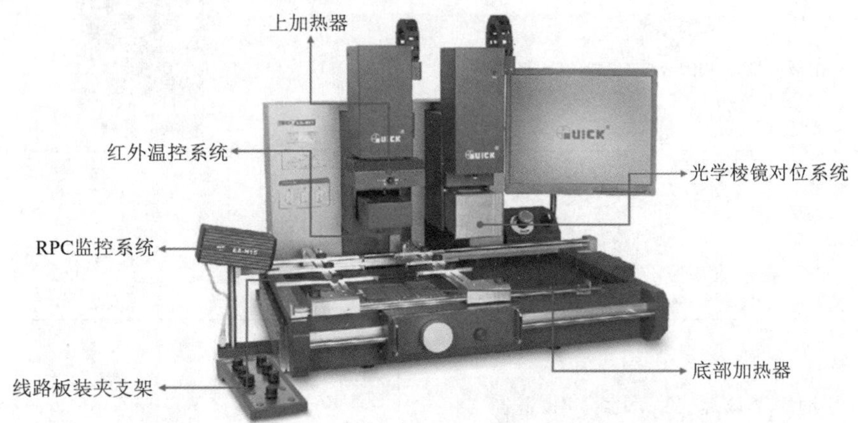

图 4-27　EA-H15XBGA 返修台

根据返修的基板外形选择合适的固定方式，当返修的基板为规则的方形，周边无多余接口且基板宽度≤10cm 时，可采用导轨支架直接固定，如图 4-28 所示。如果基板塌陷，则用支架进行固定，如图 4-29 所示。

图 4-28　使用导轨支架固定基板

图 4-29　使用异形支撑杆固定基板

扫一扫

BGA 返修

（PCB 固定支撑）

扫一扫

BGA 返修

（温度测试）

技能 1　BGA 返修参数设定

BGA 返修参数设定分为三个步骤。

第一步，设备的启动。设备启动之前，请务必确认设备各运动模组无阻挡，EA-H15X 设备启动过程见表 4-5。

表 4-5　BGA 返修台启动过程

启动步骤	图　例
（1）打开电控箱总电源，并解除急停状态	
（2）打开电脑开启按钮	
（3）在桌面双击像标打开“BGASOFT”返修软件	
（4）进入操作页面	
（5）登录权限账户，默认无密码，如需要可以设定	

第二步，程序的调用及模式选择。根据 BGA 返修工艺文件，以无铅器件试样为例，如图 4-30 所示，在打开“BGASOFT”的界面上，首先选择菜单“操作界面”，然后单击“选择流程”

按钮，在弹出的程序目录窗口中选择“电子装联 BGA 焊接程序”，如图 4-31 所示，单击“打开”按钮，即可完成此焊接程序调用。随后，在如图 4-32 所示中，根据实际情况选择“拆”或者“焊”模式。

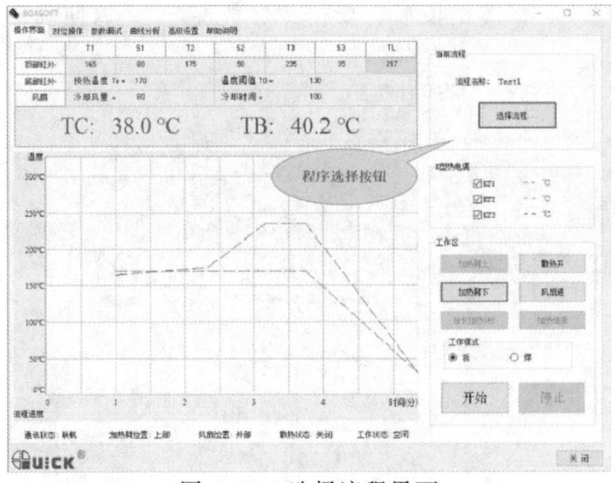

图 4-30 选择流程界面

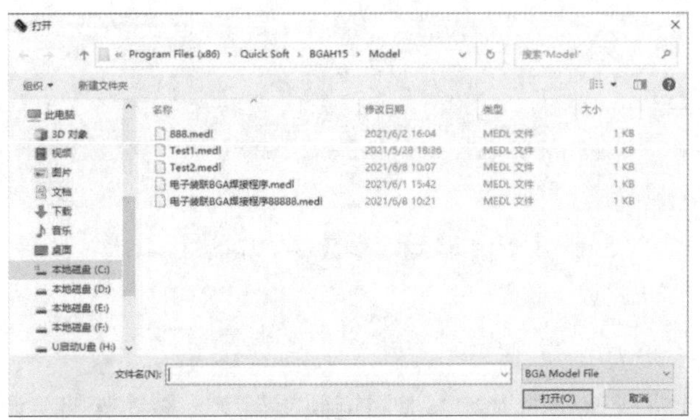

图 4-31 选择电子装联 BGA 焊接程序文件

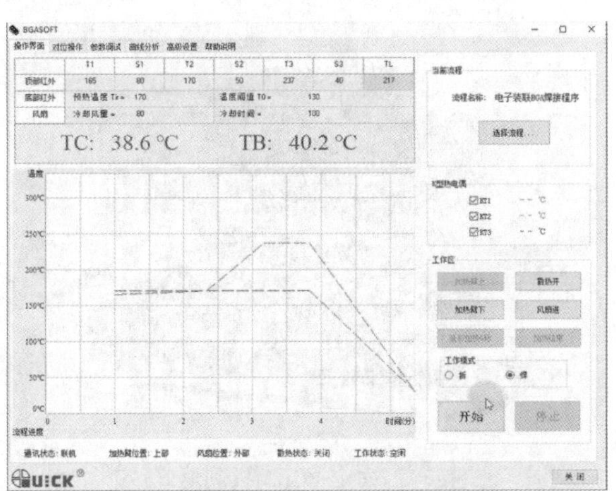

图 4-32 “拆”或“焊”模式选择界面

第三步，参数设定。在打开的“BGASOFT”界面选择菜单上，切换到“参数调试”界面，界面显示如图 4-33 所示。根据 BGA 返修工艺文件进行设定，将鼠标直接移动到所需设定的参数上，双击选定或直接输入设定的数值即可，可设定的参数包括：底部预热温度 Tir、预热阈值温度 T0、熔化报警温度 TL 等相关参数。如果要修改某全流程的具体参数，则要先选择流程，再进行参数修改。修改结束后，单击“参数保存”。返回到“操作界面”重新选择流程后即可。

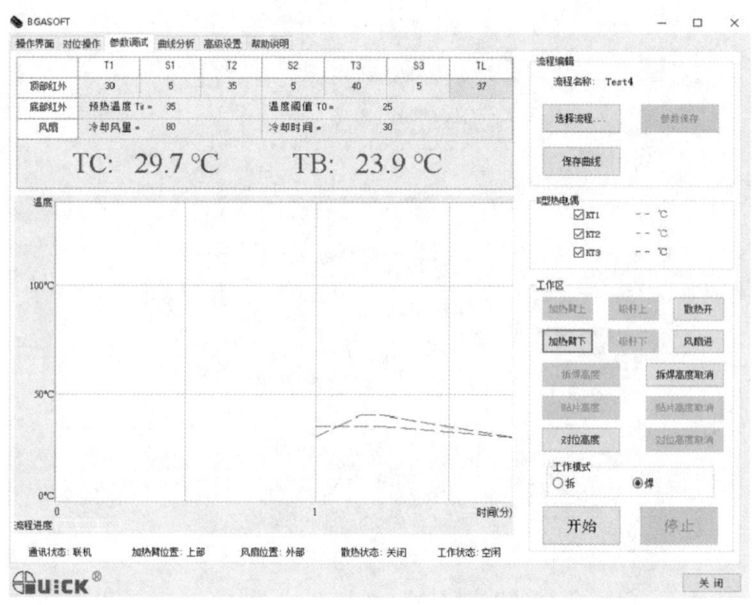

图 4-33　参数设定界面

技能 2　BGA 拆焊

BGA 拆焊分为三个步骤。

第一步，把所需要进行返修的 PCBA 板固定到支架上，移动支架，调节微调旋钮，使器件到达设备的返修中心区域（红色指示激光点对准 BGA 器件中心），如图 4-34 所示。

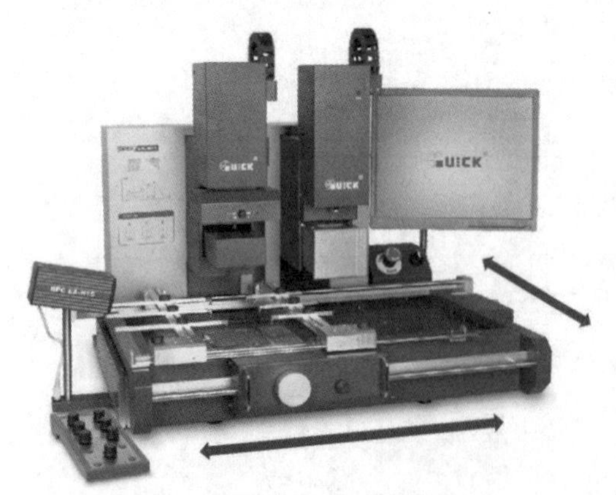

图 4-34　固定 PCBA 板到返修区

扫一扫

BGA 返修
（芯片拆焊）

第二步，设定拆焊程序如图 4-35 所示。可以根据工艺文件的实际情况，修改各参数。

第三步，单击“开始”按钮，拆焊台自动工作，拆除指定 BGA 芯片。

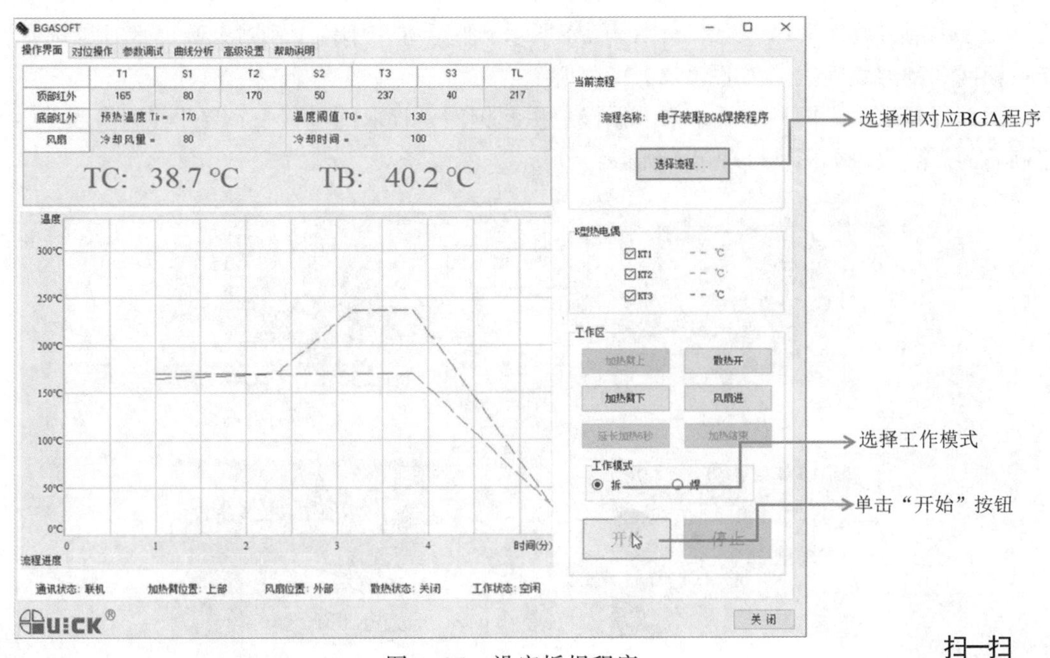

图 4-35 设定拆焊程序

扫一扫

BGA 返修

（PCB 清理）

技能 3 PCBA 板清洁

PCBA 板清洁分为四个步骤。

第一步，涂抹助焊膏，如图 4-36 所示。

第二步，用高热容量铲型烙铁头配合吸锡带除锡，如图 4-37 所示。

第三步，用清洗剂清洗残留助焊剂，如图 4-38 所示。

第四步，重新涂抹助焊膏，建议沿 XY 方向刷两次，确保焊盘上均匀涂抹薄薄一层即可。

图 4-36 涂抹助焊膏

图 4-37 除锡

图 4-38 清洗

技能 4 锡膏涂敷

BGA 焊接前，根据 BGA 返修工艺文件需要对基板上焊盘进行焊膏印刷或助焊膏涂敷。通常焊点返修较少的 BGA 器件，一般采用涂敷助焊膏的方法，不需要制作钢网，涂敷简单快捷，维修速度快，但稳定性差；对于焊点较多的 BGA 器件返修，尤其是大尺寸 BGA 器件，一般采用焊膏印刷，可以有效地防止基板产生翘曲、焊点开路，并能减少焊接时焊料中气孔的产生，焊点品质比用助焊膏焊接更好。

焊膏印刷操作过程如图 4-39 所示。

（1）选择对应的印刷钢网，将钢网开口和焊盘完全重合，没有任何错位，如图 4-39（b）所示，然后用胶带将钢网固定在基板上，防止钢网开口和焊盘错位，也防止焊膏外溢。

（2）用刮刀取适量焊膏,如图 4-39（a）所示，然后在小钢网上刮过。刮焊膏时尽量使焊膏能在钢网和刮刀之间滚动,如图 4-39（c）所示。

（3）焊膏填满钢网开口后，向上慢慢地提起钢网，提取的过程中，要尽量避免发生抖动。印刷后的焊点效果如图 4-39（d）所示。

（a）焊膏准备

（b）固定钢网净在基板上

（c）焊膏印刷

（d）印刷焊膏后的效果

图 4-39　焊膏印刷过程

技能 5　BGA 器件植球

1. BGA 植球治具

BGA 芯片是一种精密元器件，价格昂贵，报废损失大，经过成熟工艺加工后可重新利用，但需要用 BGA 植球治具，就是 BGA 植球台。BGA 植球治具又称 BGA 植球台、BGA 植珠台、BGA 植锡台、BGA 种球治具等。BGA 植球治具能方便地给 BGA 芯片刮锡、植球，解决了 BGA 芯片植珠工序中的一大难题，提高了植球效率，芯片植球质量也提高了。

BGA 植球治具主要用于小批量 BGA 芯片植锡，配合植锡网可用做多种芯片植锡。但是也有缺点：间距小的芯片难植，一次只能植一个芯片，植球前要调治具等。

一般专用 BGA 植球台主要包括：放芯片底座、刮锡钢网和下球钢网三部分，如图 4-40 所示。BGA 专用治具是根据 BGA 芯片定制的专用植球台，可以一次做一个或多个 BGA 芯片植锡。

特别是钢网，因为芯片是多样的，锡珠有大有小，那么植球的时候就要用到不同的钢网。一般钢网植球间距的大小从 0.25 ~ 0.70 mm，形状多种多样，对于特殊的 BGA 芯片的钢网通常需要定制，如图 4-41 所示为部分 BGA 芯片植球钢网。

图 4-40　BGA 治具

图 4-41　BGA 芯片植球钢网样例

2. BGA 芯片植球

BGA 芯片植球是对拆解后的芯片进行再利用的一种工艺。由于拆卸后 BGA 底部的焊球被不同程度的破坏，如图 4-42（a）所示，因此必须将锡球如图 4-42（b）所示，通过钢网粘贴到 BGA 引脚上，如图 4-42（c）所示才能再次使用。在选择 BGA 钢网时，由于 BGA 元器件的引脚间距较小，故而钢网的厚度较薄。一般钢网的厚度为 0.12 ~ 0.15 mm。BGA 的引脚间距越小，钢网厚度越薄。钢网的开口视元器件的情况而定，通常情况下钢网的开口略小于焊盘。例如外形尺寸为 35 mm、引脚间距为 1.0 mm 的 BGA，焊盘直径为 0.58 mm，一般将钢网的开口控制在 0.53 mm。另外，要注意控制操作的环境。工作的场地温度控制在 25 ℃左右，湿度控制在 55%RH 左右。

（a）需植球的器件

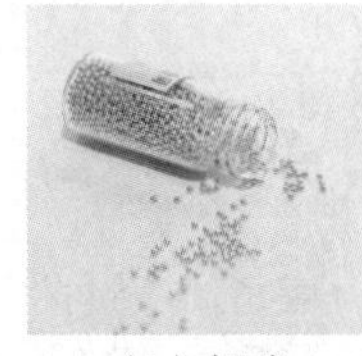
（b）锡球

（c）已植球的器件

图 4-42　植球前后的器件比对

BGA 芯片植球过程如图 4-43 所示。

第一步，将 BGA 芯片装载到 BGA 植球底座中，如图 4-43（a）所示。

第二步，在 BGA 芯片的管脚均匀地涂抹助焊剂，如图 4-43（b）所示。

第三步，用吸锡条将 BGA 芯片的管脚抹平，如图 4-43（c）所示。

第四步，用酒精将 BGA 芯片的管脚擦拭干净，如图 4-43（d）所示。

第五步，在 BGA 芯片的管脚均匀地涂抹助焊剂，如图 4-43（e）所示。

第六步，调整好专用钢网的方向，将专用钢网完整地覆盖在 BGA 芯片的管脚上，不能有偏差，如图 4-43（f）所示。

第七步，将相应大小的锡球均匀地洒在钢网上，让每一个网内都有一个锡球，并将多余的锡球清理干净，如图 4-43（f）所示。

（a）载入底座

（b）涂助焊剂

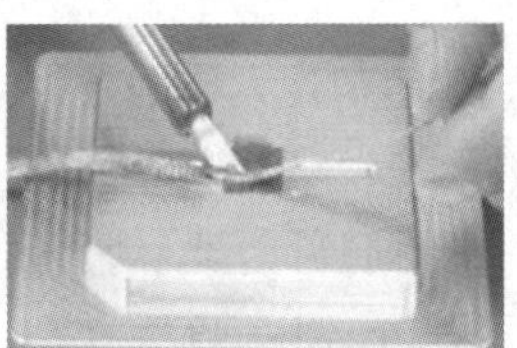
（c）抹平管脚

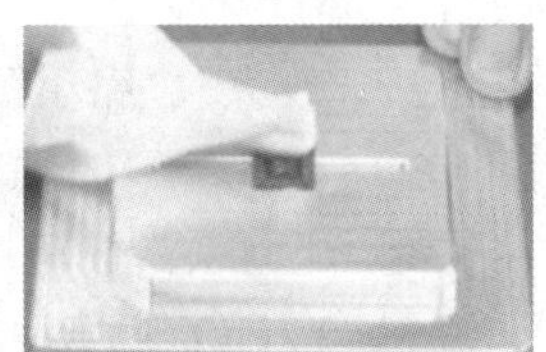
（d）擦拭干净

（e）涂助焊剂

（f）装钢网

（g）加热

（h）检查植球

图 4-43　BGA 芯片植球过程

第八步，用热风枪给钢网均匀加热，防止钢网变形，然后，再依次加热，让每个锡球都充分熔化，如图 4-43（g）所示。

第九步，经过几分钟冷却后，将钢网取下，检查植球的质量,如图 4-43（h）所示。

扫一扫

BGA 返修（对位）

技能 6　光学对位贴放

光学对位贴放分为四个步骤：

第一步，打开“BGASOFT”返修软件进入“对位操作”界面，如图 4-44 所示，打开界面右下按钮真空吸取按钮“真空关”，吸嘴产生真空，把器件吸附在吸嘴上；调正 BGA 芯片放置位置，使 BGA 芯片图像处于视频中心位置。

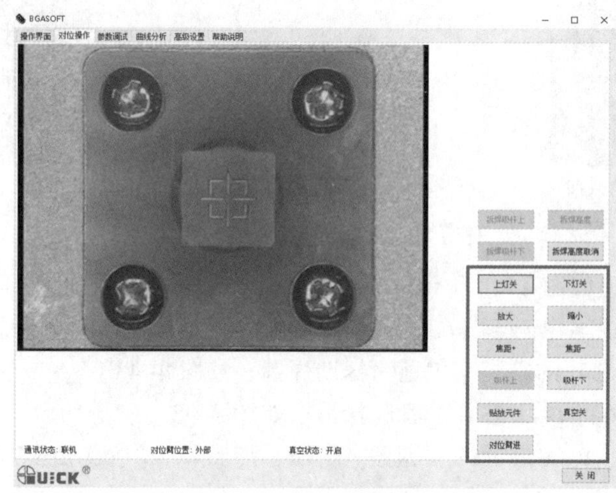

图 4-44　BGA 芯片光学对位贴放的操作界面

第二步，在“BGASOFT”返修软件进入“对位操作”界面，通过键盘手动调节各按钮，如图 4-44 所示，观看影像的清晰度及焊盘和锡球的重合度，直到得到满意的结果。

（1）“上灯关”按钮：关闭镜头上部灯光，即图像中不显示 BGA 器件，只显示橙色的基板焊盘；

（2）“放大”“缩小”按钮：放大或缩小基板焊盘图像；

（3）“聚焦+”“聚焦-”按钮：让基板焊盘橙色图像清晰；

（4）“下灯关”按钮：关闭底部灯光，打开上部灯光，只能看到顶部 BGA 锡球的蓝色图像；

（5）“吸杆上”“吸杆下”按钮：调整 BGA 芯片高度，可以调节 BGA 锡球的蓝色图像的清晰度；

（6）“贴放元件”按钮：当焊盘和锡球完全重合后，放置 BGA 芯片，便于后续焊接；

（7）“对位臂进”按钮：调节 BGA 芯片放置角度。

第三步，调节“上灯关”“下灯关”按钮，可以改变上下灯光的亮度比例，可以更清晰地看清焊盘和锡球的图像。

第四步，通过支架的机械旋钮调节 BGA 芯片放置的前后左右位置，再通过“对位臂进”按钮调整 BGA 芯片的放置角度，让其上下重合，单击“贴放元件”按钮贴放 BGA 芯片。

扫一扫

BGA 返修
（芯片焊接）

技能 7　BGA 芯片焊接

BGA 芯片焊接分为四个步骤。

第一步，打开“BGASOFT”返修软件进入“参数调试”界面，选择“焊”单选按钮，设定 BGA 芯片焊接参数，设定步骤和拆焊设定步骤完全相同；参数设定完成后返回到“操作界面”，如图 4-45 所示为“BGASOFT”返修软件焊接操作界面。

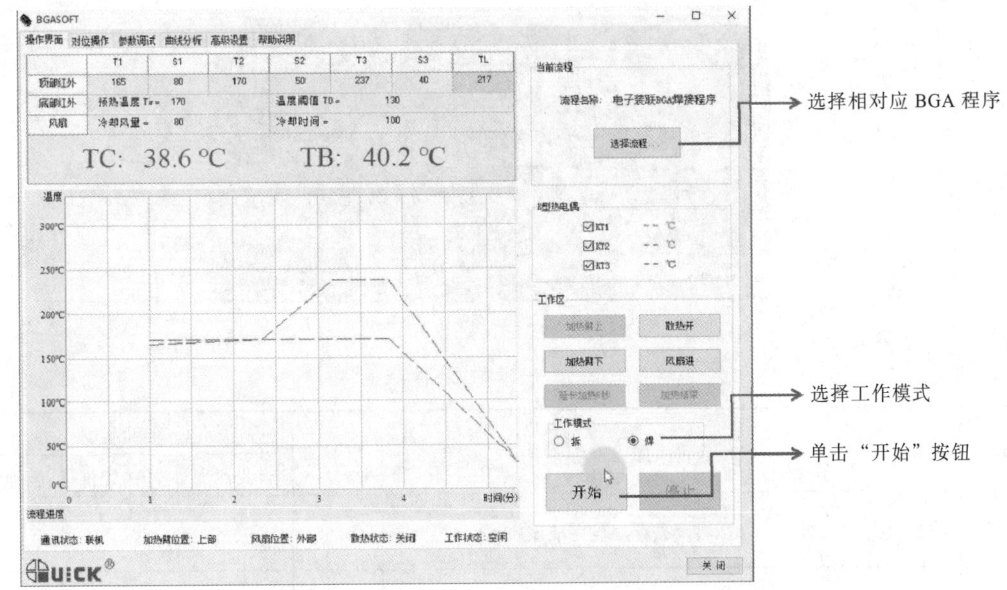

图 4-45　“BGASOFT”返修软件焊接操作界面

第二步，单击“开始”按钮，开始焊接。

第三步，在焊接过程中可通过侧边的RPC工艺监测摄像仪对BGA芯片再流焊接过程进行监控。

影像观测，图 4-46 所示为 BGA 芯片焊接状态图像。锡球熔化，器件整体塌陷，说明焊接已完成，焊接合格。

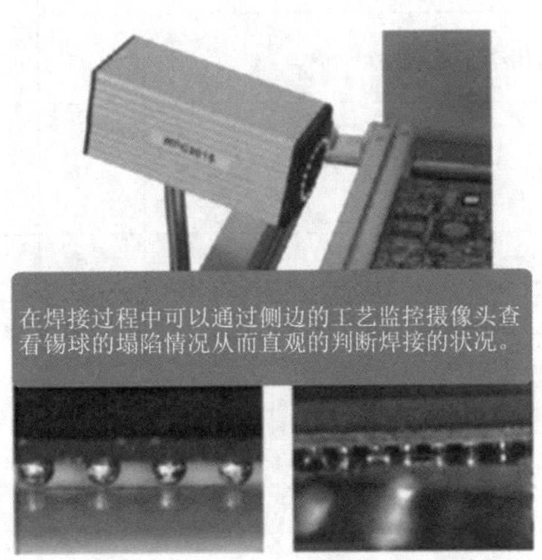

图 4-46　BGA 芯片焊接状态图像

第四步，焊接结束，按正常计算机操作顺序关闭计算机，冷却后取出 PCBA 板并清理，同时要清理设备，关闭设备电源开关，整理好操作环境方可离开。

BGA 返修是电子产品生产的一种重要的工序，需要拆焊、清洁、印膏、植球、对位和焊接多道程序，在使用 BGA 返修台时，还需要设定参数、手动对位、监督焊接。

返修先得选治具，红外对准拆焊件；
设定参数要准确，温高温低白忙活；
清洁抹平再印膏，植球上锡更仔细；
对位球盘要重合，角度偏差要不得；
焊接温度要合适，锡化球塌正当时。

序号	评价维度		权重	评价情况		
				自我评价	小组评价	教师评价
1	技术性	能用一项或多项技能集成完成该项工作	0.20			
2	质量性	生产工艺质量符合作业标准要求，缺陷率在允差之列	0.20			
3	规范性	操作步骤依循生产作业标准及相关安全操作规程	0.20			
4	经济性	作业效率达到作业工艺要求，原辅材料应用符合生产作业要求	0.15			
5	环保性	返修材料选用符合使用标准	0.05			
6	创新性	对作业方法、材料使用、设备操作有思考、见解	0.10			
7	职业性	敬业、守纪，合作、执行力强	0.10			

基板装联

“基板装联”制程是“1+X”电子装联职业技能等级标准（中级）第五个学习领域，该制程包含基板胶联、基板锁付两项工作任务，重点学习利用点胶机器人、螺丝锁付机器人实现基板装联的相关知识与技能。

任务 1　基板胶联

任务目标

通过基板胶联任务学习，会选用胶水、胶嘴、点胶配件等治具，会操作点胶机器人，设定点胶工艺参数、编制点胶程序，目视检测点胶品质缺陷，具备独立完成点胶工艺生产的专业能力。

任务描述

在前序工作基础上，完成基板 dzzl-01 相关焊点补强任务，试样基板如图 2-1 所示，贴装物料见表 2-1。要求具体如下：

（1）对电容 C1 进行点胶补强，以增强基板抗跌落性能。

（2）建议使用自动点胶工艺。

任务分析

根据工作任务的描述，分析如下。

产品特征分析：依据所需点胶元件形状、大小，选择合适的点胶位置、点胶路径。

点胶工艺分析：结合点胶元件特征，选择合适的胶水和针头。

良率控制分析：依据点胶工艺要求，选定点胶控制器、合适的夹具，编好点胶程序，目检重点关注出胶量，消除胶点偏移、拉丝、胶少、胶多等缺陷。

任务导图

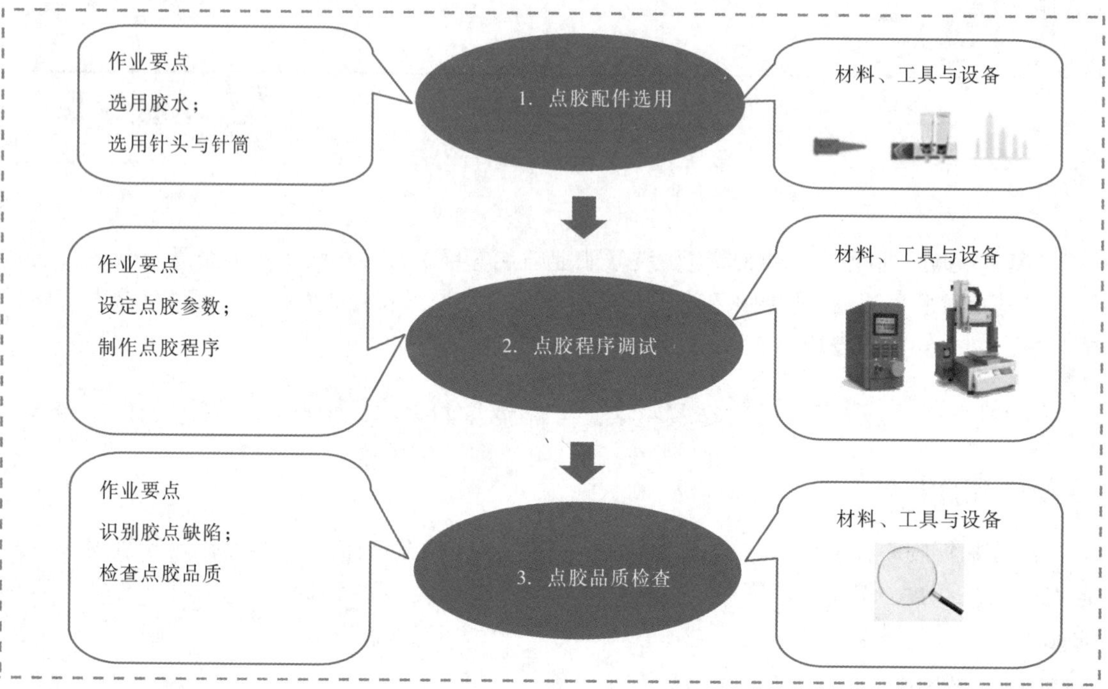

任务先通

匠心一点通

善于学习，超越自我。赵某 2015 年毕业后进入某公司，从一名点胶操作员做起，虚心好学，在两年内，就掌握了公司摄像头模组精密点胶所有工艺，包含摄像头逃气孔的密封胶工艺、脖子胶的补强工艺、花瓣缝隙点胶等 10 种工艺，并在此基础上，专研创新。近 5 年来，为公司点胶工艺提出合理化改善建议 36 条，点胶产能提升 5 倍之多，在同事中享有“赵点子”的美称，现已成长为公司名副其实的“点胶专家”。

安全一点通

不遵守操作规范，伤害如影随形。2017 年 9 月 12 日白班 13 时 10 分，在某电子科技有限公司点胶车间 3 线， 点胶作业员杨某在未确认基板置放是否水平时，就开机作业。当其发现故障时，不遵守停机调整操作规程，直接将手伸进设备调整产品，因躲闪不及，点胶针头一下扎进杨某手掌，手指也被夹伤骨折，流血不止。幸好及时送至医院医治处理，经鉴定为伤残 9 级，给杨某和公司带来较大损失。

质量一点通

细节决定品质，品质决定效益。2018 年 2 月 16 日夜班，深圳某电子科技有限公司点胶车间作业员贾某未作首件质量检查，就匆忙过板点胶，当 PQC 巡线抽检时，发现板上胶水点偏较多，PQC 立即通知贾某停机。经查，因贾某作业马虎，基板放置不平整，导致针头被撞弯，并在此情况下仍继续生产。追溯统计，有 317 块板子胶点位置严重偏移，15 片板子绿油层被针头严重划伤，事故直接导致经济损失 3 万余元，严重影响公司经济效益。

任务实施

伴随电子产品小型化、轻量化，高可靠性的要求，在电子装联过程中，贴片或插件作业后，用补强胶填充到元器件侧面，加热固化，从而到达加固元器件与基板黏结，增强基板抗跌落、防振动等性能。在基板胶联任务中，主要学习点胶配件选装、点胶程序调试、点胶品质检测三个作业技能。

作业 1　点胶配件选装

扫一扫

胶水、针头的选型与安装

技能 1　胶水选型

电子胶水主要用于电子产品元器件的粘接、密封、灌封、涂敷、结构粘接及 SMT 贴片等。电子胶水产品类型较多，场景使用最多的胶水有用于 SMT/SMD/SMC 的贴片红胶、COB/COG/COF 围堰填充胶、BGA/CSP/WLP 底部填充胶等。

1. 红胶

红胶是贴片胶的俗称，如图 5-1 所示。一般是环氧树脂胶，也有丙烯酸树脂红胶、聚氨酯红胶等。红胶基本组成主要包含环氧树脂、固化剂和固化促进剂、增韧剂以及无机填料。红胶主要特性有黏度、黏结强度、屈服强度、涂布性、触变性、铺展/塌落性、固化性、绝缘性能、化学稳定性、安全性等参数表示。红胶通常需在 0~10 ℃冷藏保存，使用时，需回温后再使用。要求红胶具有良好的化学与机械稳定性、良好的触变性、光固/热固化性能、良好的绝缘性、适当的黏度范围、足够的黏结强度。

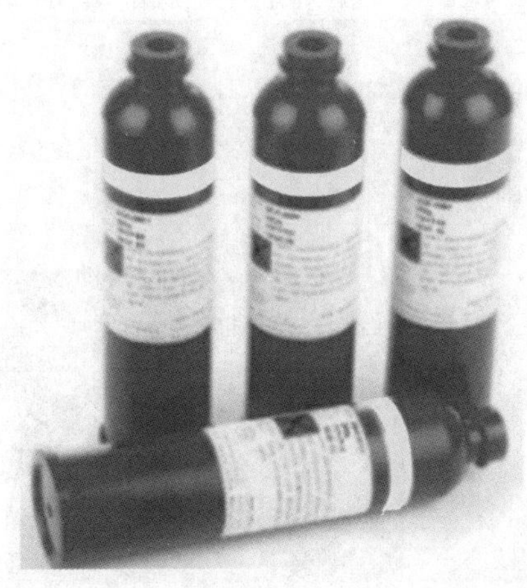

图 5-1　红胶

2. 黑胶

黑胶，俗名 COB（Chip-On-Board）邦定胶，如图 5-2 所示，是将裸露的集成电路芯片（IC Chip）直接在基板上实现邦定的配套产品。其特点是流动性较小，易于点胶且胶点强度较大，固化后具有阻燃、抗弯曲、低收缩、低吸潮性等特性，能为 IC 提供有效保护。该产品具有优

异的耐焊性和耐湿性、较低的热膨胀系数、优异的温度循环性能和较佳的流动性。

黑胶按固化方式又分为热胶和冷胶。热胶是封胶时需要对基板预热到一定的温度，冷胶在封胶时不需要预热，室温下即可，但热胶在性能、固化后的外观方面要好于冷胶。按照亮度分为光亮胶和亚光胶，区别在于固化后的外观是亮光还是亚光。按堆积高度分为低胶和高胶。区别在于包封时胶的堆积高度，在固化后对胶的高度如果有要求要在选购时予以考虑。

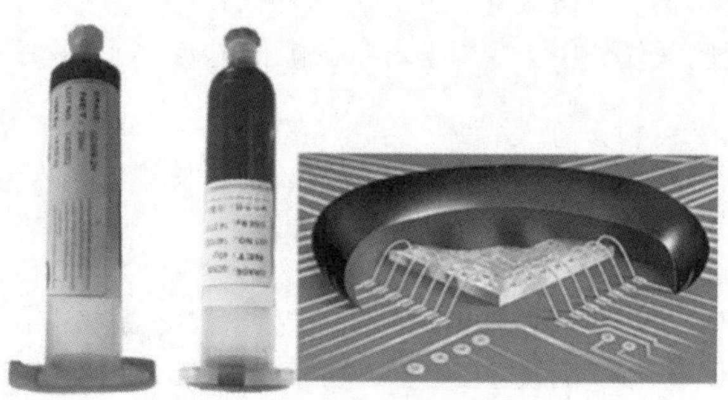

图 5-2　COB 邦定黑胶

3. 底部填充胶

底部填充胶主要成分是环氧树脂，是利用毛细作用使得胶水迅速流入 BGA 芯片底部，其毛细流动的最小空间是 10 μm。加热之后可以固化，一般固化温度在 80 ~ 150 ℃。底部填充胶主要用于 CSP/BGA 底部填充制程。将 BGA 底部空隙大面积（一般覆盖 80%以上）填满，形成一致和无缺陷的底部填充层，有效地降低芯片与基板之间的热膨胀与外力冲击，从而达到加固的目的，增强 BGA 封装和基板之间的抗跌落性能，如图 5-3 所示。还有一些非常规用材料，是利用一些瞬干胶或常温固化形式胶水在 BGA 封装模式芯片的四周或者部分角落部分填满，从而达到加固目的。较低的黏度特性使其更好地进行底部填充；较高的流动性加强了其返修的可操作性。

图 5-3 底部填充胶

技能 2　针头选型

影响胶点质量的重要参数包括针头的结构、针头的内外径大小、针头离板高度等因素。

针头的内部结构要保证胶水能在针头内部顺利流动，同时为了减小表面张力，保证良好的胶点形状，针头的外形往往进行削边处理。

常见的针头有塑料座不锈钢针头、全塑料 TT 针头、挠性 PP 针头、特氟龙针头等。针头外观如图 5-4 所示。

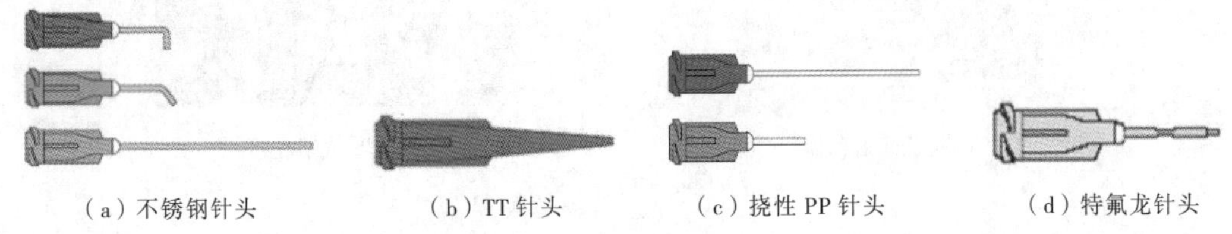

（a）不锈钢针头　（b）TT 针头　（c）挠性 PP 针头　（d）特氟龙针头

图 5-4　常见点胶针头

不同的针头，有不同的应用场景。

塑料座不锈钢针头出胶精确，杜绝拉丝。全塑料 TT 针头有利于胶水流动，尤其适用于黏度高的或颗粒填充物质，如环氧树脂、RTV 硅树脂以及焊膏。挠性 PP 针头适用于复杂工作面，便于在边角处点胶，防止刮擦，使点胶作业更容易，针管长度可按需要剪切。特氟龙针头特别适合低黏度流体和 CA（氰基丙烯酸酯）。使用这种针头，可以防止氰基丙烯酸酯阻塞及损坏基底。

在实际工作中，针头内径大小应为点胶胶点直径的 1/2 左右。点胶过程中，应根据产品大小、胶水的不同、点胶工艺的要求来选取点胶针头。这样既可以保证胶点质量，又可以提高生产效率。此任务中，由于胶水黏度比较大，胶量需求大，针头选用适合黏度大，出胶量大的 14G TT 针头。

技能 3　胶筒选型

常见针筒有透明针筒、黑色针筒以及琥珀色针筒等，如图 5-5 所示。透明针筒一般用于常规普通胶水；黑色针筒和琥珀色针筒常用于 UV 胶，可以具备一定的遮光作用。此任务中，使用的胶水为硅胶，故采用透明针筒。

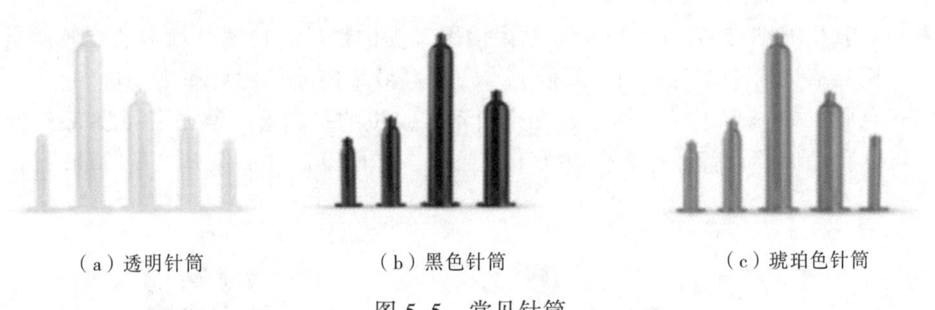

（a）透明针筒　（b）黑色针筒　（c）琥珀色针筒

图 5-5　常见针筒

技能 4　适配器选型

适配器是连接控制器和针筒之间的气路连接元件。点胶适配器的选择与胶水类型无关，主要根据胶水针筒的类型与尺寸选择，常见适配器有美式和日式之分，如图 5-6 所示。

美式尺寸为内径 12.6 mm；外径 14.8 mm；长度 70.3 mm 。

日式尺寸为内径 13 mm；　外径 15.3 mm；长度 76.5 mm 。

（a）美式适配器

（b）日式适配器

图 5-6　常用针筒适配器

技能 5　胶筒安装

胶水与针头选择后，需安装针头与胶筒，可分为以下三个步骤：

第一步，将针头顺时针旋转安装到胶筒头部，保证安装到位、无松动。

第二步，将针筒和适配器安装到一起。

第三步，将组装好的胶筒安装到机器 Z 轴的胶筒固定元件上，并锁紧螺丝，保证胶筒无松动。

作业 2　点胶程序调试

点胶机从 2000 年开始进入中国市场，国内大概有 3000 家点胶机厂商。

点胶机可分为，人工手动点胶机、半自动点胶机、全自动点胶机、在线式点胶机等，如图 5-7 所示。

人工手动点胶机如图 5-7（a）所示，主要应用于小批量多品种的产品生产，便于人工作业，能精准地控制出胶时间，配合适当的外力作用，即可立即点胶。

半自动点胶机如图 5-7（b）所示，部分动作如需加工部件的放置与取出是手动进行的，部件的定位是靠治具保证的，而不是靠光学定位系统来保证的。一般只适用于时间-压力点胶法且位置精度要求不高的加工场合。

全自动点胶机如图 5-7（c）所示，是为使用者提供精准、快速及稳定的点胶质量，让点胶制程能以机器取代人工，能为用户降低成本、提高效率与质量的自动化设备。

在线式点胶机如图 5-7（d）所示，在全自动点胶机的基础上，增加了 MES 系统数据读取的功能，可以自动储存设备运行数据以及工艺数据，方便设备维护保养以及质量追溯。

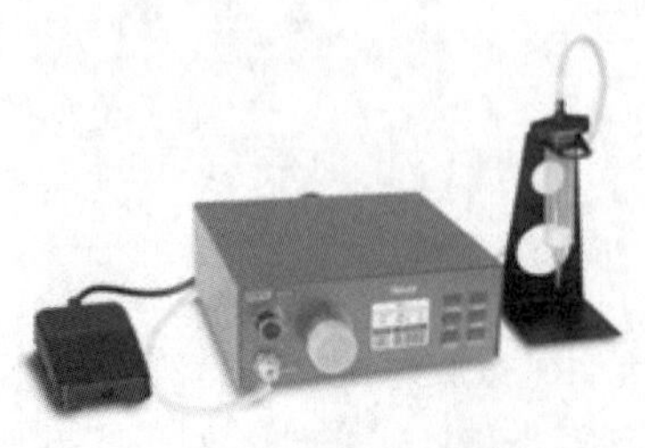

（a）人工手动点胶机

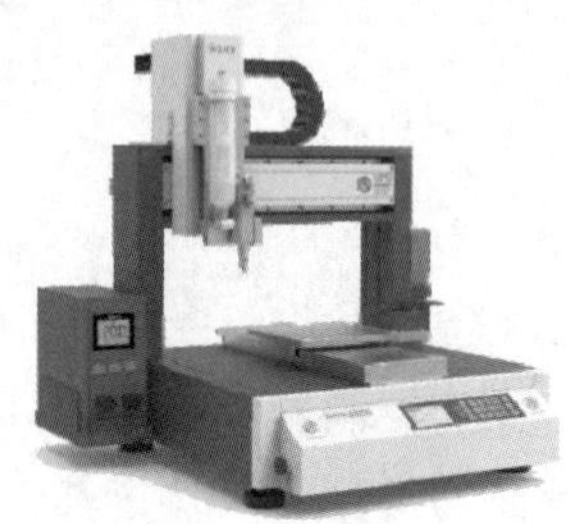

（b）半自动点胶机

图 5-7　点胶机类型

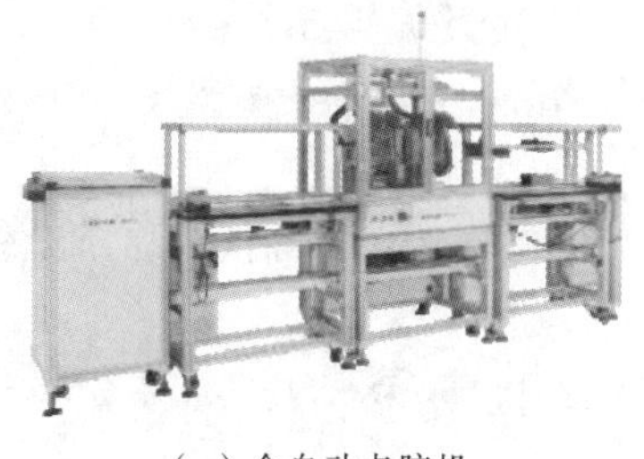

（c）全自动点胶机　　（d）在线式点胶机

图 5-7　点胶机类型（续）

点胶生产前，必须设定点胶机器人中各部件的参数，本作业以行业中常用的 ET8383X 点胶机器人为例，阐述各部件的参数设定。ET8383X 主要由点胶元件、三轴运动控制平台、点胶控制器、示教盒等部分组成，其外观如图 5-8 所示。

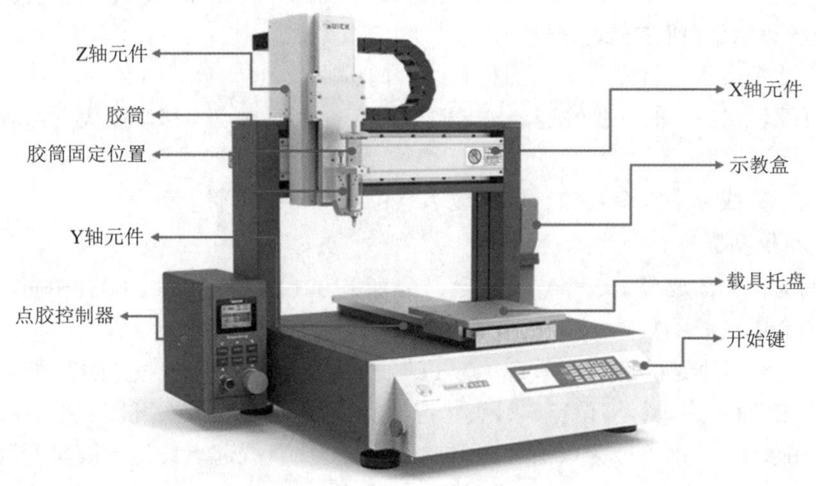

图 5-8　ET8383X 点胶机器人

技能 1　点胶机器人编程

本作业通过使用示教盒对程序进行编程，其中包括新建示教程序、编辑点位和图形、预设点胶参数以及下载示教文件四个步骤，流程如图 5-9 所示。

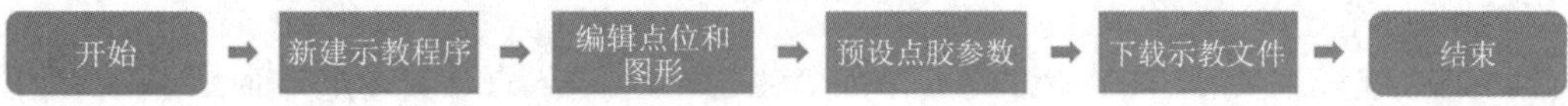

图 5-9　点胶程序流程

扫一扫

点胶机器人程序的编制

接下来，以演示板为例，重点描述编程方法。

1. **新建示教程序**

在示教盒主界面，按“2”进入示教程序列表，按“F1”新建一个程序并命名。

2. **编辑点位和图形**

在实际工作中，可根据需要，编辑点、直线、圆弧、圆等图形。本案例中，首先编辑一个“L 形”点胶轨迹，具体操作如下：

第一步，按“F2”进入文件界面，再按“F2”进入示教编辑界面；

第二步，按“F1”进入指令界面，选择“直线”指令，操作示教盒 X、Y、Z 坐标编辑按键，移动胶头设定直线起点坐标；

第三步，按“ENT”键确认，移动胶头，设定直线终点坐标并确认，显示跳转回示教编辑界面；

第四步，移动光标到直线起点，按“F1”插入直线中点，移动胶头，设定直线中点坐标并确认。

完成以上 4 个步骤，就完成了“L 形”点胶轨迹的编辑。

接下来，再编辑“回拉直线”，用来解决胶水拉丝现象。具体步骤如下：

第一步，光标移动到直线终点，按“F2”进入点位编辑界面，按“GO”胶头移动到当前点位坐标，按“确认”按钮退回示教编辑界面；

第二步，按“F1”插入直线，并在当前坐标设定胶头起点并确认，向点胶轨迹反方向移动胶头并设定直线终点，回拉直线编辑完成。

完成以上 2 个步骤，就完成了“回拉直线”的编辑。

最后，再编辑“点”的点胶轨迹。按“F1”插入一个孤立点，移动胶头到点胶位置，设定坐标并确认。

总的来说，完成以上 3 个动作，就完成了点位和图形的编辑。

3. 预设点胶参数

以本案例为例，需要设定 5 个点胶参数，分别是 001、003、004、005、006。

（1）设定 001 点胶参数。

第一步，光标移动到 001 直线起点，按“F2”进入点位设定界面，按“F4”进入点参数设定；

第二步，按“1”进入料头设定，料头状态通道“1”点亮为胶头开胶，按“1”切换状态，“实框”为关闭胶头，“虚框”为胶头状态保持不变，001 直线起点设定为胶头开胶；

第三步，按“2”进入出料参数设定，按“F2”默认参数 1，按“#键编辑”，将开料延时设定为 100 ms，按两次确认，退回到点参数设定界面；

第四步，按“5”进入图形参数设定，将图形速度设定为 20 mm/s，按三次确认，退回到示教编辑界面。

完成以上动作，就完成了 001 点胶参数的设定。

（2）以同样方式，完成剩余点的参数设定。

第一步，光标移动到 003 直线终点，按“F2”“F4”进入点参数设定界面，上抬高度设定为 1 mm；

第二步，光标移动到 004 直线起点，将料头状态关闭，回拉直线不出胶，图形速度设定为 20 mm/s；

第三步，光标移动到 005 直线终点，将上抬高度设定为 20 mm，避让基板上的元器件；

第四步，光标移动到 006 孤立点，设定出料参数默认 2，开料延时为 500 ms，拉丝速度 10 mm/s，拉丝高度 30 mm，并退回到示教编辑界面。

完成以上动作，就完成了点胶参数的预设。

4. 文件示教下载

示教编辑完成后，按“ESC”退回到文件界面，按“ENT”键，下载文件，将程序下载至加工文件列表，并进入加工界面。

技能 2　点胶控制器设置

点胶控制器主要控制气压、时间、点胶起点延时、点胶末点延时。通过控制气压及时间，调整胶量及轨迹路径。点胶控制器外形如 5-10 所示。

扫一扫

点胶控制器参数设置与胶量检测

图 5-10　点胶控制器

点胶控制器使用流程如图 5-11 所示。

图 5-11 点胶控制器使用流程

第一步，开机。长按控制器面板上的“POWER”键完成开机。

第二步，模式选择。长按“MODE”键进入设定界面，按“PURGE”键将红色框移动到模式设定窗口，按“UP/DOWN”键将控制器模式调整为“手动模式”，长按“MODE”键保存并返回到工作界面。

第三步，气压调节。调节控制器面板上的气压旋钮，将供料气压调节到 0.3 MPa，调节负压旋钮，将负压调为 0 kPa。如果胶水黏度低，可以适当调整负压，避免针头胶水滴漏。

第四步，排胶。完成以上点胶控制器的参数设定，按住“SHOT”键就可以排胶了。

作业 3　点胶品质检测

扫一扫

点胶生产流程与点胶质量检查

为保证点胶品质，有些胶水的应用场景需要通过胶量称重配合目视检查来确定产品品质；而有些胶水则仅需要通过目视检查来确定产品品质。

技能 1　胶量称重检测

在实际生产过程中，有些电子产品对胶量要求控制特别严格，如智能穿戴设备、声学器件及微型摄像元件等。对以上产品进行点胶作业时，SOP 会明确规定对胶量进行称重检测。

（1）检测设备/工具：点胶设备、载玻片、天平电子秤、无尘布。

（2）胶量称重检测方法：

① 取出载玻片，放在天平电子秤上，称重并清零。

② 将载玻片放到点胶设备上，运行点胶程序，将胶水点在载玻片上，称重得出点胶胶量。

③ 通过调整“气压、开料延时、图行速度”等参数，调整胶量，直到满足要求。

技能 2　胶点目视检测

目视检测点胶状态，重点判定胶点是否均匀，是否存在断胶等缺陷。

1. 目视检测标准

胶水必须围绕元件呈现对称分布，部分元器件点胶如图 5–12 所示：绿色表示基板；白色表示点涂的胶水；其他颜色则表示元件本体。

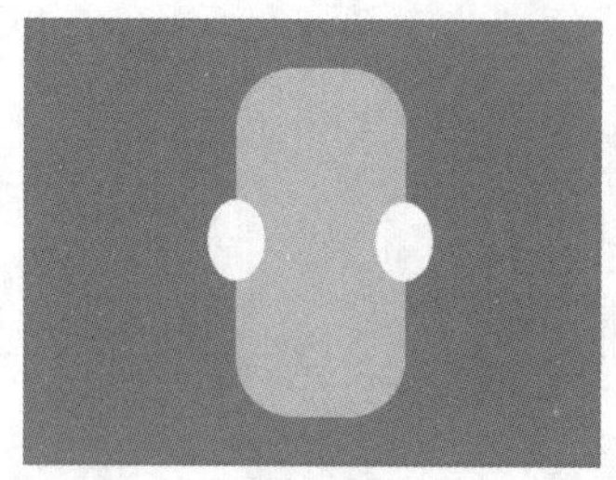

（a）单变压器点胶位置

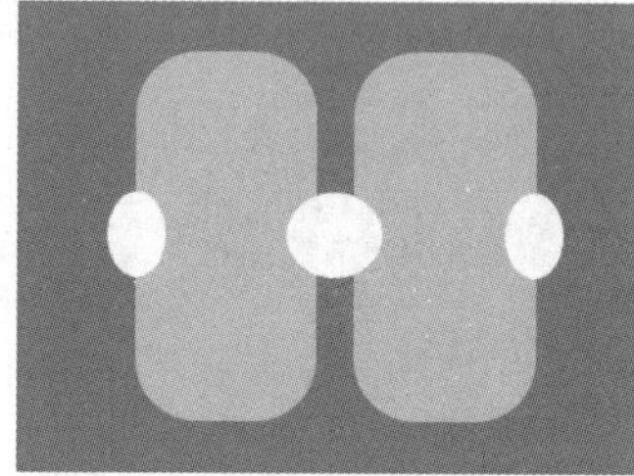

（b）多变压器点胶位置

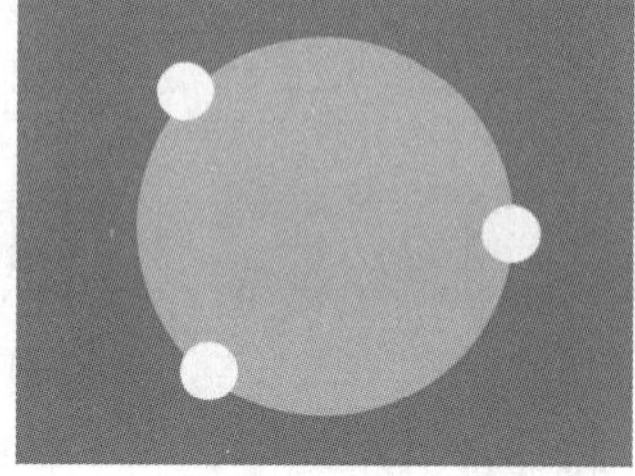

（c）电解电容点胶位置

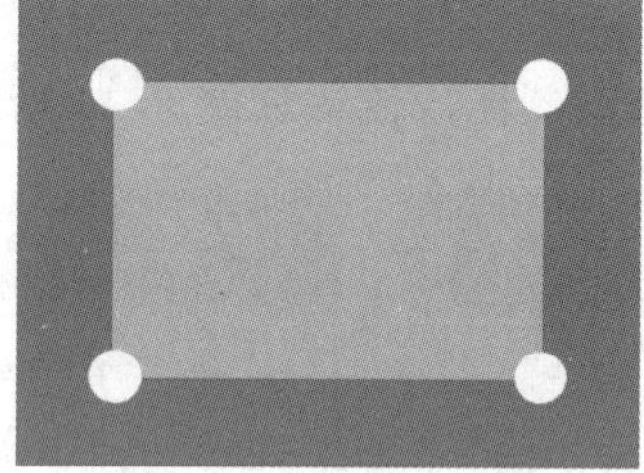

（d）钽电容点胶位置

图 5–12　部分元器件点胶位置示意图

2. 常见点胶缺陷识别

点胶常见缺陷如图 5–13 所示。

（a）过多

（b）过少

（c）不成形

（d）堵住过孔

（e）堵塞其他元件

（f）沾污其他元件

图 5–13　常见点胶缺陷

点胶作业很重要，粘住器件跑不掉；
胶量控制要做好，位置对称要记牢；
点胶缺陷要不得，做好检测少不了。

工作评价

序号	评价维度		权重	评价情况		
				自我评价	小组评价	教师评价
1	技术性	（1）正确安装胶水、针头、针筒、适配器 （2）正确设定点胶工艺参数	0.20			
2	质量性	（3）点胶重量及直径在目标值内 （4）品质意识内化于各作业环节	0.20			
3	规范性	（5）按照作业指导书操作 （6）按照行业技术标准执行	0.20			
4	经济性	（7）作业效率高 （8）材料使用少	0.15			
5	环保性	（9）胶水符合环保标准 （10）电能消耗最低	0.05			
6	创新性	（11）工艺优化有效提升作业效率与品质	0.10			
7	职业性	（12）敬业，遵守车间工作纪律 （13）协作，按质按量完成工作	0.10			

任务 2　基板锁付

任务目标

通过基板锁付任务学习，了解螺丝锁付工艺原理，会选用与安装供料机、吸嘴、批头等配件，会操作与编程螺丝锁付机器人，会设定与校准电批控制器的扭矩，检查和判断锁付品质，具备独立完成锁付工艺生产的专业能力。

任务描述

在前序工作基础上，针对检测合格后的 dzzl-01 基板，将其锁付到金属背板上，锁付要求具体如下：

（1）锁付位置为基板四个角部，试样基板如图 5-14 所示；

（2）生产组装工艺采用自动化锁付设备；

（3）锁付良率≥99.5%。

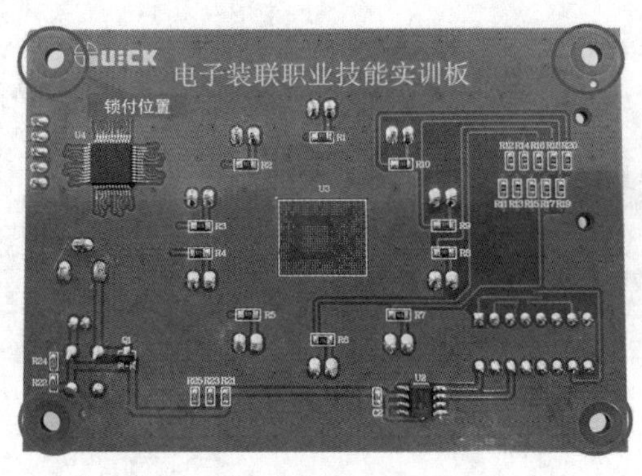

图 5-14　锁付位置示意图

任务分析

根据工作任务的描述，分析如下：

产品特征分析：观察试样，结合螺丝尺寸以及螺丝孔的位置特点，选择合适的供料机、批头、吸嘴、吸嘴元件。

锁付工艺分析：依据样品工艺要求，结合锁付产品特性，设定智能电批参数。

良率控制分析：依据样品 SOP 要求，能正确设定智能电批控制器，能编辑扭矩、角度、时间、曲线等锁付参数，避免出现浮锁、滑牙等缺陷产生。

任务导图

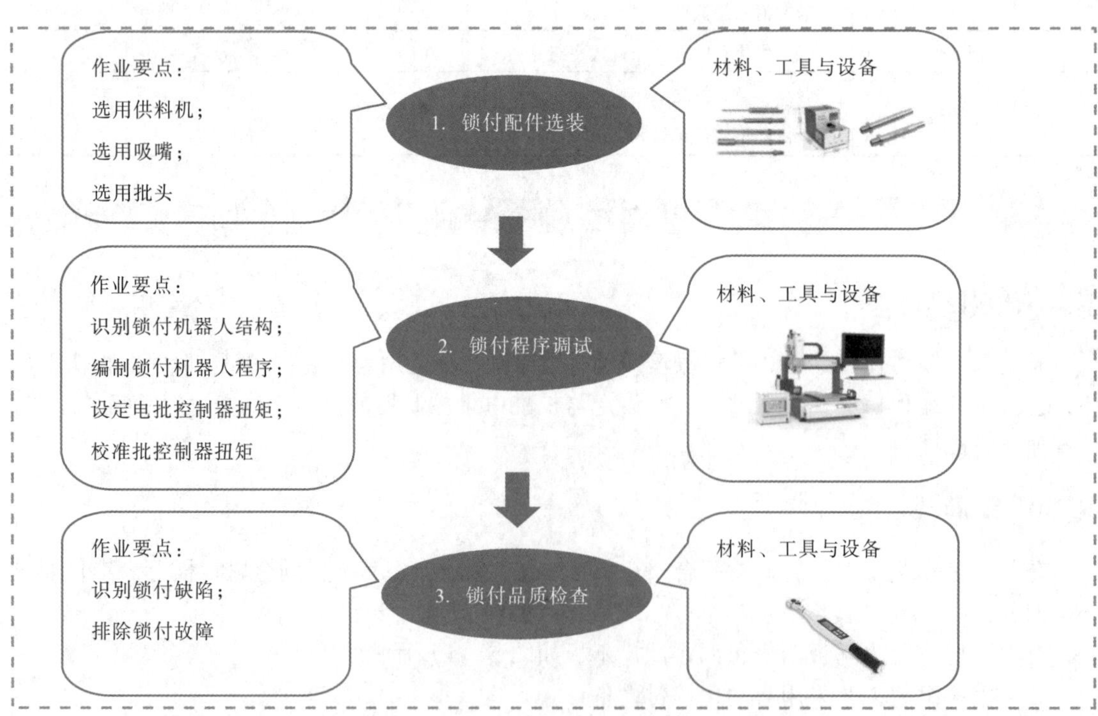

任务先通

匠心一点通

辛劳 90 个日夜，只为 0.1。2020 年，某装备股份有限公司张某团队接受杭州某电子公司委托，定制开发一台螺丝锁付机器人，要求锁付良率 99.5%以上。张某团队用时 3 个月就开发出该设备，但现场测试，锁付良率只能达到 99.4%，卡在这 0.1，无法向客户交货，这时有人提议与客户商讨可否降低要求，但张某把客户的要求当作唯一，继续带领团队，从客户的批头材料、形状、治具等细微处入手，查找原因，经过数十次的治具方案调试，最后，在奋战第 90 个日子中，研发出批头和台阶一体成型的批头，上机检测，锁付良率高于 99.6%，解决了客户生产痛点，得到了客户高度的称赞，当即决定追加 15 台新订单。

安全一点通

作业操作失当，伤筋又伤骨。2017 年 11 月 13 日凌晨 2 时，惠州某电子公司，一条生产电池的自动化 U 型流水线上的自动螺丝锁付机器人出现了故障，工程部立即派遣两名维修员抢修，故障原因很快排查到：螺丝卡入夹嘴。站在机器前面维修员想办法用手撑开夹嘴，而此时，站在机器后面的维修员正在按动机器人气缸下降按钮，让批头自动伸出，撑开夹嘴，推出螺丝。不幸发生了，批头突然插入机器前侧维护员的手掌里面，血洒满地，急送医院医治，经查，事故导致该维护员右手掌一血管破裂，掌骨骨折。追溯事故原因，是两名维护员在不知会对方情况下，同时操作机器，配合不当而酿成伤害。

质量一点通

抽检过程很重要，漏检返工损失大。2016 年 2 月 16 日凌晨 1 时 30 分，在深圳某电子科技有限公司的生产线，螺丝锁付设备操作员王某在夜班时，未及时抽检确认产品首件质量，在锁付时由于产品未放置平整，导致批头被撞弯。王某未及时发现，仍在连续生产，当 PQC 巡线抽检流水线上的产品时，发现螺丝歪斜，PQC 立即通知王某停机，这时王某才发现批头撞弯。经追溯统计，批头撞弯后已经连续生产了 40 块产品，由于批头撞弯，不仅螺丝歪斜，12 片产品的基板被歪斜螺丝划伤，只能报废处理，其他产品需要返工处理。此次异常事故导致 12 片产品报废，其他产品返工工时损耗 4 小时。

任务实施

基板锁付是利用螺丝锁付机器人实现螺丝的自动送料、锁付、检测等装配的工序。在锁付任务中，主要学习锁付配件选装、锁付程序调试、锁付品质检查等专业技能。

作业 1　锁付配件选装

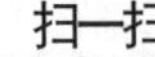

扫一扫

螺丝锁付（批头吸嘴组件供料机的选型）

锁付配件是基板锁付工艺中的关键材料，主要包括供料机、批头、吸嘴、吸嘴元件。配件选择直接影响锁付品质。因此，在锁付生产中，首先应掌握锁付配件的选用，并能调试供料机，提升锁付品质。

技能 1　锁付配件选型

在锁付作业前，配件的选型必须根据作业指导书和实际测量的螺丝规格来确定，主要包括供料机、批头、吸嘴及吸嘴元件的选型。

1. 供料机选型

本作业主要 ET7483KX 螺丝锁付机器人为例，了解气吸式供料机结构，如图 5-15 所示。气吸式供料机一般是由电源开关、参数设定界面、调节压板、缺料传感器、供料转盘毛刷、上料滚筒组成。

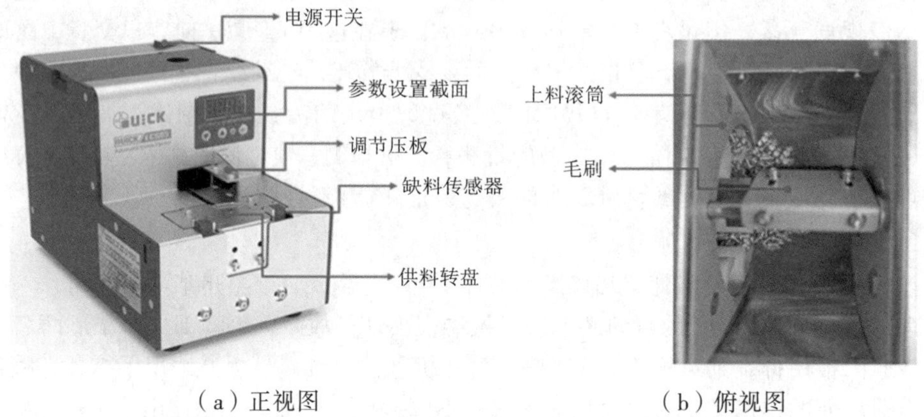

（a）正视图　　（b）俯视图

图 5-15　气吸式供料机

该供料机适用于 M0.8 ~ M5 且长度小于 20 mm 的螺丝。不同规格的供料机，平振的宽度和供料转盘的开口是不一样的。如图 5-16 所示，2.0 转盘适用于 M2 的螺丝。

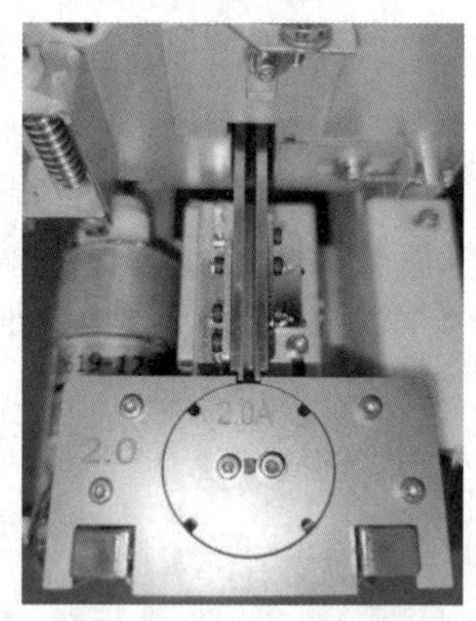

图 5-16　供料机转盘

在供料机选型前，首先需要测量螺丝尺寸。一般选择 8 ~ 10 颗螺丝，用卡尺分别测量螺丝尺寸。最终，根据测量数值，选择对应规格的供料机。一般来说，根据所测螺丝尺寸中的最大数值来选择供料机尺寸。

本任务中，测量的螺丝尺寸接近 3 mm，则选用 M3 供料机。在实际作业过程中，如遇螺丝长度过长，则需定制相应长度的供料机。

2. 批头选型

批头如图 5-17 所示，它是由装机直径、批头总长度、拆装螺丝直径、有效工作深度和头型五个因素共同决定的。

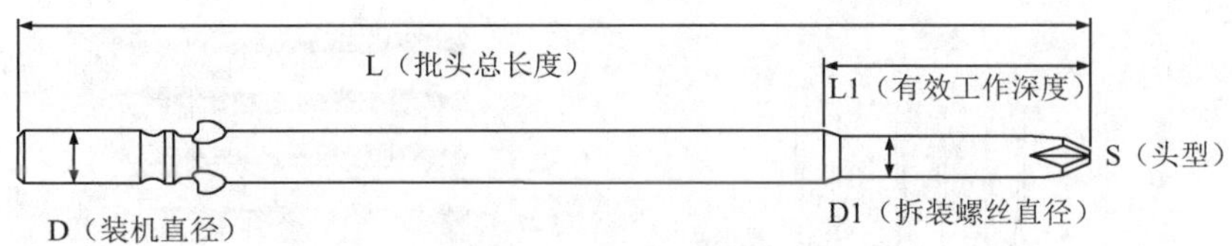

图 5-17　批头示意图

（1）批头装机直径。根据锁付电批的品牌型号不同，电批安装夹头也不同，市面上常见的有四种电批安装夹头，继而衍生出四种批头尾部形状,如图 5-18 所示。

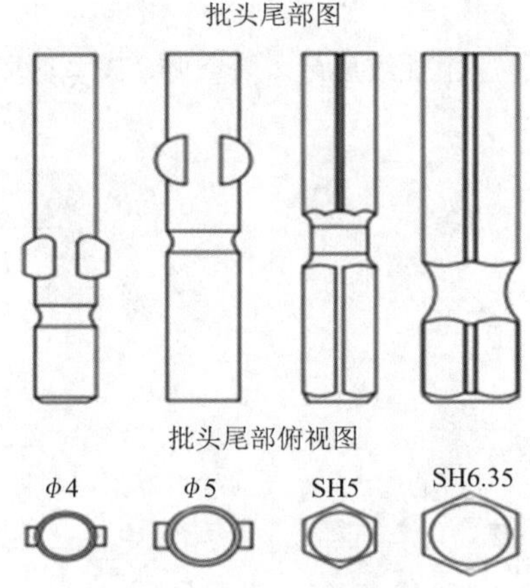

图 5-18 批头尾部示意图

（2）批头总长度。是由机头的缓冲结构和有效工作深度来决定的，行业里通常使用总长度 120 mm、150 mm 的批头。本任务中，机头缓冲结构适用长度 150 mm 的批头。

（3）批头拆装螺丝直径。是由螺丝帽十字花纹路尺寸来决定的，行业里通常有 2 mm、2.5 mm、3 mm、4 mm 四种十字花纹路。本任务中，螺丝的十字花纹路是 4 mm。

（4）批头有效工作深度，是由产品的螺丝孔深度和螺丝长度来决定，除非螺丝很长或者锁付深度很深的情况下才会定制此长度。批头伸出吸嘴长度，如图 5-19 所示。供料最长适用 18 mm 的螺丝，吸嘴的限位加吸付深度尺寸之和最多是 12 mm，所以批头有效工作深度一般是 30 mm。

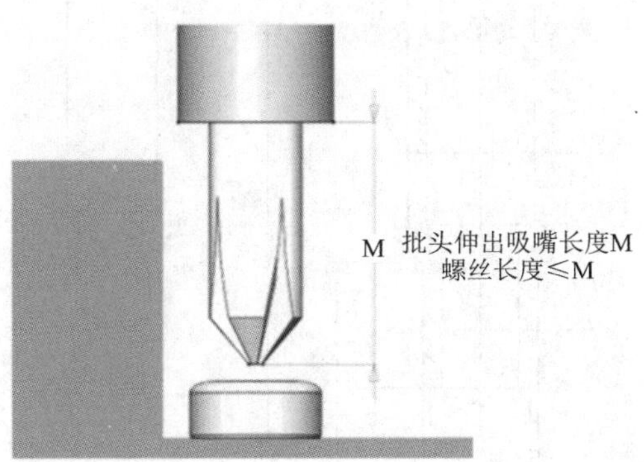

图 5-19　批头伸出吸嘴长度

（5）头型有 00#、0#、1#、2#四种，如图 5-20（a）所示。其中，0#最尖，2#最钝，本任务中，因为 2#头型的批头和螺丝更匹配，所以选 2#头型的批头。批头实物如 5-20（b）所示。

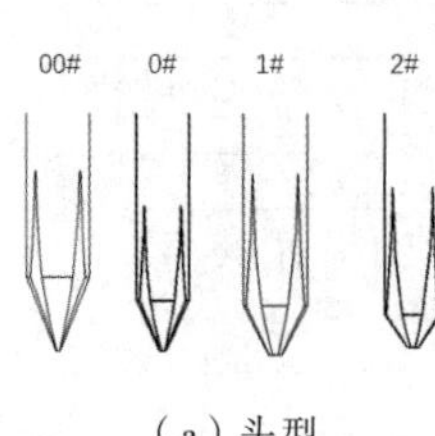

（a）头型

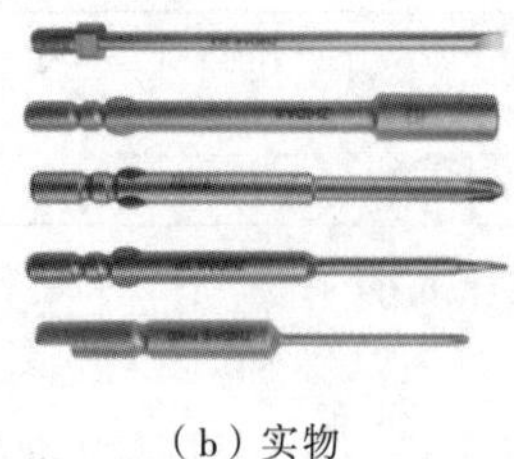

（b）实物

图 5-20　批头

3. 吸嘴选型

吸嘴是螺丝锁付中的关键配件，由螺纹反牙、真空腔、螺丝吸附定位孔组成，其截面如图 5-21 所示。

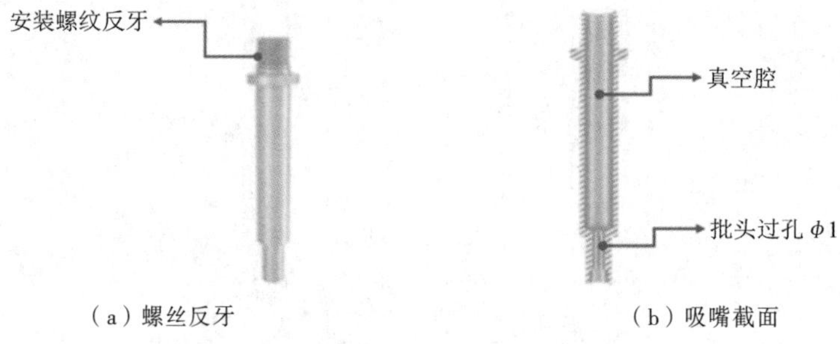

（a）螺丝反牙　　（b）吸嘴截面

图 5-21　吸嘴截面

吸嘴参数由 ϕA、ϕB、C、D、F、ϕI、ϕH 组成，如图 5-22 所示。

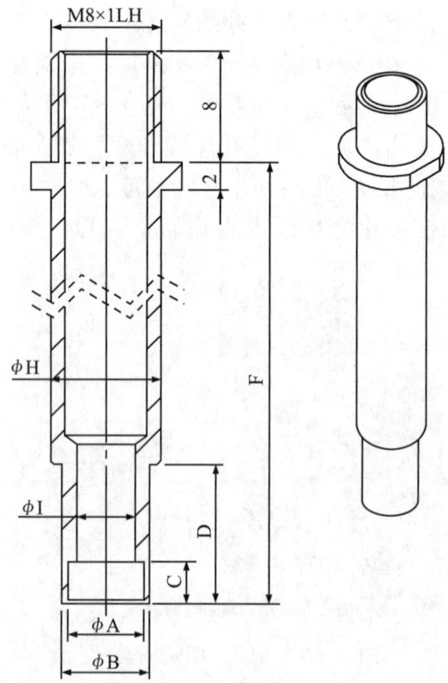

图 5-22　吸嘴参数

吸嘴参数符号的含义见表 5–1。

表 5-1　吸嘴参数符号的含义

尺　　寸	数　　据	详 细 表 述
吸取内径 ϕA	螺丝帽尺寸+0.1 mm	用于吸取螺丝帽头
吸取外径 ϕB	A+1mm≤B≤A+4 mm	吸嘴前部外径，常做缩小处理，用于锁付避障
吸取深度 C	螺丝长度一半	螺丝吸入吸嘴头的深度
前端长度 D	10 mm	吸嘴头前端长度，用于避障
吸嘴总长 F	50 mm	吸嘴头总长
吸嘴外径 ϕH	8 mm	吸嘴头外径
吸嘴内径 ϕI	批头拆装螺丝直径+0.3 mm	吸嘴头内部通孔尺寸，批头从此孔内穿过

4. 吸嘴元件选型

吸嘴元件如图 5–23 所示，它的作用：一是配合不同直径的批头，选用不同型号的轴承，保证批头同心度；二是配合不同直径的批头，选用不同规格的铜套，防止漏气，保证吸嘴负压值。

在本任务中，因选用的是 ϕ5 的批头，所以配套使用 ϕ5 吸嘴元件。

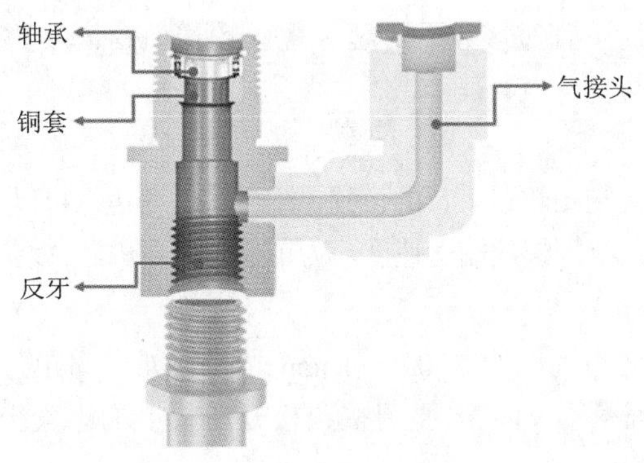

图 5–23　吸嘴元件

技能 2　锁付配件安装

锁付配件确定后，需将批头、吸嘴、吸嘴元件安装至螺丝锁付机器人。根据螺丝锁付机器人结构，配件必须按照一定顺序安装，首先固定批头，再安装吸嘴元件，最后旋入吸嘴。具体分为以下三个步骤。

第一步，安装批头。向上拨动夹头，旋转批头，把批头的耳朵安装到夹头里。松开夹头，用手握住批头上下晃动，批头不会脱落即安装到位。

第二步，安装吸嘴元件。把吸嘴元件安装到抱箍内，拧紧 M4 螺丝，并将气管插入到管接头内。

第三步，安装吸嘴。用手把吸嘴反向旋入到吸嘴元件内，并用活动扳手拧紧。

扫一扫

螺丝锁付（批头吸嘴的安装）

在安装过程中需要注意以下事项：

（1）批头装机直径的部分，一定要进入吸嘴元件的轴承和铜套处，起到批头定位作用，并

防止吸嘴漏气。

（2）批头头部不能超出吸嘴螺丝定位台阶，不然螺丝无法吸直；如果批头头部超出吸嘴螺丝定位台阶，用内六角扳手调节夹紧环。

（3）批头上下动作和吸嘴元件间无卡顿；如上下动作有卡顿，调节吸嘴安装滑块处螺丝。

（4）电批气缸下压后，批头露出吸嘴端面的尺寸一定要比螺丝长。如果电批气缸下压后，批头露出吸嘴端面的尺寸比螺丝短，用扳手调节油压缓冲器高度。

扫一扫

螺丝锁付（气吸供料机 ECS65 调试）

技能 3　供料机调试

为了保证螺丝能快速排列到螺丝吸附点，通常需要调节毛刷、压板、转盘与直振接驳处、对射传感器、以及振动参数，从而确保螺丝能稳定、不重叠、不间断、快速地排列到吸附点。供料机调试操作流程如图 5-24 所示。

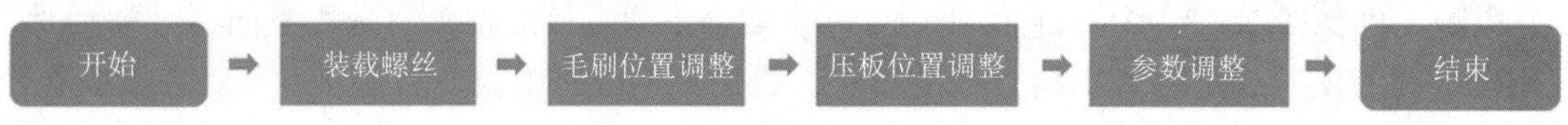

图 5-24　供料机调试操作流程

1. 装载螺丝

放入料仓中的螺丝数量不宜过多，不要超过螺丝输送轨道高度，否则会影响到螺丝的移动方向和传送速度。

2. 毛刷位置调整

将手持式螺丝机刷子安装在跟轨道平行的位置，确保刷子的边缘可以刷到螺丝的头部。如果刷子位置过高或者过低，都将会影响到螺丝输送速度。为了避免损坏机器，调试前必须拔出电源。

3. 压板位置调整

确保螺丝头部和压板之间的间距在 0.2 ~ 1 mm 之间。如果间距过小，螺丝不能正常输送；如果间距过大，螺丝容易堆叠。如果需要调整，松开压板上的螺丝上下调整即可。

4. 螺丝供料机参数调试

螺丝的传送速度因螺丝规格不同而有所不同，所以需要调试相关参数。

以下以 ECS65 供料机为例，说明供料机参数调试相关作业事项。供料机调试界面如图 5-25 所示，通过“▲”“▼”按钮，面板会出现不同的英文字母，其中，A 代表走料速度调节；B 代表振动电机延时停止时间；C 代表延时停止上料电机时间；D 代表转盘分料速度调节；E 代表计数模式。以下说明供料机参数调试的操作步骤。

第一步，按下“▼”键 3s，进入走料速度调节，面板显示数值“A-**”，此时按“▼”“▲”键可以调整该数值。

第二步，再次按下“SET ”键，进入“振动电机延时停止时间”设定。（0.0-6.0 s 显示为“B-00-60”），按“▼”“▲”键调整该时间数值大小，以每 0.5 s 为单位跳变，持续按住“▼”“▲”键可以快速调整数值。

第三步，再次按下“SET ”键，进入“延时停止上料电机时间”设定，（0.0-8.0 s 显示为“C-00-80”），按“▼”“▲”键调整数值以每 0.5 s 为单位跳变，持续按住“▼”“▲”键可以快速调整数值。

第四步，再次按下“SET ”键，进入“转盘分料速度调节”设定，(1-20 显示 D-01-20)，按“▼”“▲”键调整数值大小，默认值；C-19，螺丝速度：82 PCS/min。

图 5-25 供料机调试界面

第五步，按下“SET ”键，进入工作模式选择。面板显示 “E-*”，按“▲”键可以切换不同模式。E-0：表示选择模式 0（不计数模式）；E-1：表示选择模式 1（计数模式）。

扫一扫

螺丝锁付（自动锁付的过程）

第六步，再次按下“SET ”键，返回工作模式。

作业 2 锁付程序调试

根据设备自由度，桌面型螺丝锁付机器人可分为：三轴、四轴、五轴和六轴机器人。其中，三轴是基础型；四轴是双平台，可节约取放产品的时间；五轴是双头协同锁付，可同时进行螺丝吸取和螺丝锁付，节约作业时间；六轴是多功能背靠背锁付，其是将四轴和五轴的功能结合于一身，作业更加高效。如图 5-26 所示。

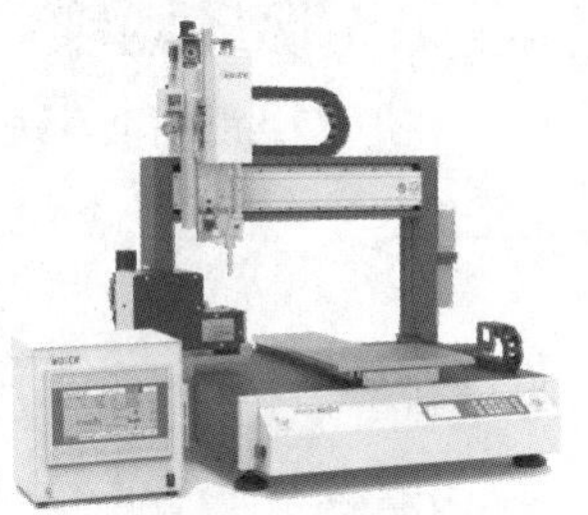

（a）三轴螺丝锁付机器人

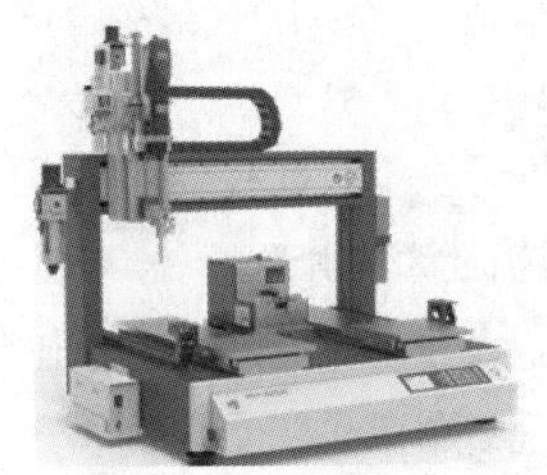

（b）四轴螺丝锁付机器人

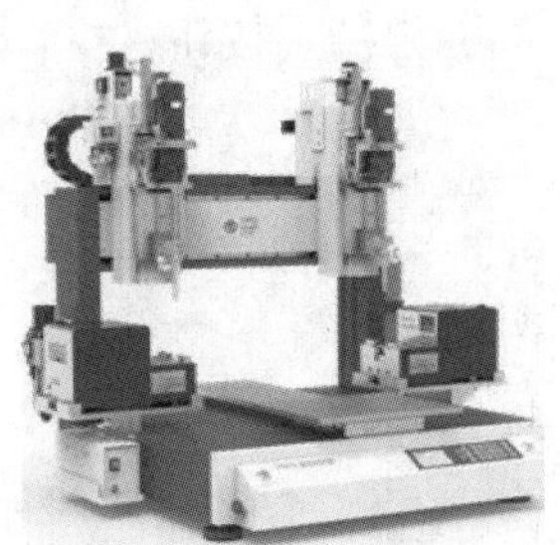

（c）五轴螺丝锁付机器人

（d）六轴螺丝锁付机器人

图 5-26 螺丝锁付机器人机型

本作业以行业中常用的 ET7483KX 螺丝锁付机器人为例，阐述桌面型螺丝锁付机器人的组成结构。ET7483KX 主要由三轴运动控制平台、供料系统、智能电批控制器、示教盒等部分组成。该设备在常见的三轴螺丝锁付机器人的基础上，增加了 Mark 点示教功能，能够有效提升定位精确度。产品外观如图 5-27 所示。

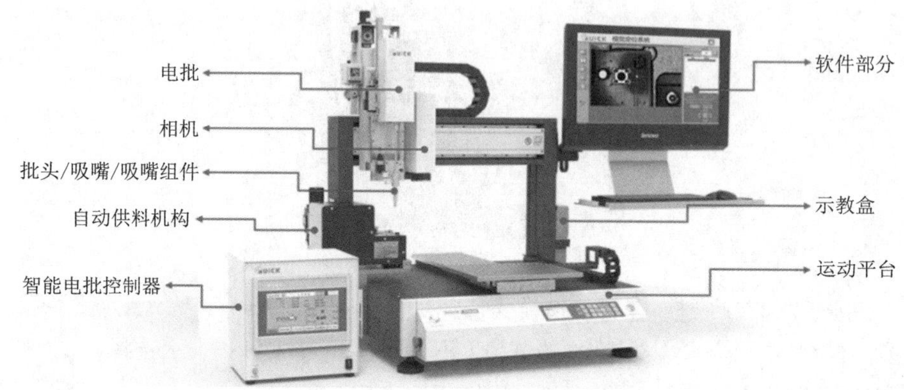

图 5-27　螺丝锁付机器人结构

在完成锁付配件选型并调试好供料机的情况下，进行锁付编程以及锁付控制器设定。

技能 1　螺丝锁付机器人编程

螺丝锁付机器人编程前，首先需要进行设备开机自检，确定设备是否正常运行。自检内容包括电气测试、供料机出料测试、I/O 口功能测试、治具匹配度测试。

扫一扫　扫一扫

螺丝锁付（自动锁付开机自检）　螺丝锁付（锁付机器人编程）

1. 电气测试

打开油水分离器的手滑阀，设备通气。调整进气气压至 0.5 ~ 0.7 MPa。

打开设备开关、电批控制器的开关及电脑，设备正常复位。

2. 供料机出料测试

将螺丝加入供料器，若连续出料 20 颗以上，则表示供料机供料稳定。

3. I/O 口功能测试

检查输出端口是否正常：

在示教盒 I/O 测试界面（见图 5-28），按“F1”按钮再按“1”按钮，检查真空发生器是否工作；

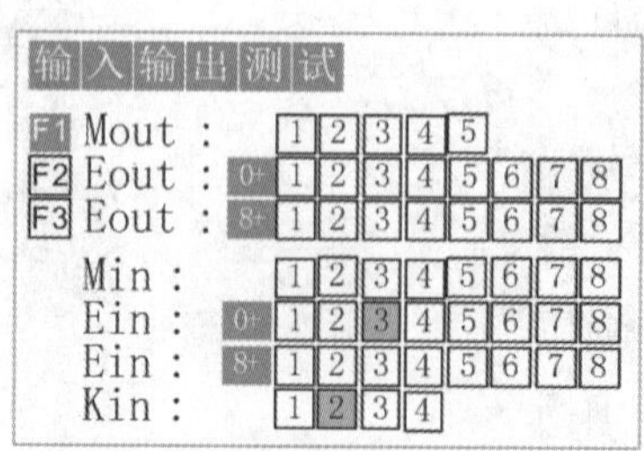

图 5-28　示教盒 I/O 测试界面

按“F1”按钮再按“2”按钮，检查缓冲气缸是否带动批头上下运动；

按“F1”按钮再按“3”按钮，检查治具气缸是否带动压扣运动；

按“F2”按钮再按“1”按钮，检查电批是否正转；

按“F2” 按钮再按“4”按钮，检查电批是否反转。

检查输入端口是否正常：

在示教盒 I/O 测试界面，在打开“F1”-“1”的同时，手动放一颗螺丝到吸嘴里，观察是否有 EIN2 真空信号；

开启供料机，观察是否有 EIN3 螺丝准备信号。

4. 治具匹配度测试

将产品放入治具中，在治具气缸压紧的情况下，观察产品有无明显变形或晃动。

设备开机自检完成后，进入编程环节。编程流程如图 5-29 所示。

图 5-29 螺丝锁付机器人编程流程

螺丝锁付机器人编程主要分为编辑吸附点及锁付参数、编辑锁付点及功能点、编辑文件参数及下载文件三个步骤，具体操作见表 5-2。

表 5-2 螺丝锁付机器人编程操作步骤

步骤名称	操作要求
编辑吸附点及锁付参数	首先，新建文件，编辑吸附点坐标及锁付参数 1. 新建文件 在示教盒主界面，按“2”进入示教程序列表。按“F1”新建一个程序并命名，比如命名为“XXX”，按“F2”进入文件界面 2. 编辑吸附点坐标 按“F1”进入锁螺丝参数设定界面。按“1 左边取螺丝位置”，按“GO”后移动坐标系到供料机的上方，吸嘴盖住螺帽，但不接触转盘。对准吸附点位置后，按“ENT”确认 3. 根据 SOP 设定参数 按“4”，进入时间参数设定界面。例如本案例的吸附延时可以设定成 300 ms，最短锁付时间可以设定成 200 ms，最长锁付时间可以设定成 2000 ms。参数设定完成，按“ENT”保存 按“5”，进入距离参数设定界面。例如本案例的上抬高度和取螺丝上抬高度可以设定成 100 mm。参数设定完成，按“ENT”保存 按“6”，进入动作与报警设定界面。例如本案例的螺丝准备信号、使用真空检测信号、检测螺批 OK 信号需要设定成“是”，其他设定成“否”。参数设定完成，按“ENT”保存，进入“锁螺丝参数界面”，再按保存进入“文件界面”
编辑锁付点及功能点	接着编辑锁付点及功能点，包括治具气缸 OUT 点、锁付点 1. 编辑治具气缸 OUT 点 按“F2 文件编辑”，按“F1”插入，选择“5 OUT 点”按“3”确定 2. 编辑锁付点 在“文件编辑界面”按“F1 插入”，选择“1 锁左边”，按“确认”，光标停留在“005 锁左边上”，此时按下“F3 吸附”，吸取一颗螺丝 按“F2 编辑”，再按“GO”移动坐标系至锁附点位，保证螺丝入孔即可，螺丝不用接触产品 如有多个点位，需要重复插入锁左边进行点位编辑。例如本案一共 4 颗螺丝则要示教编辑 4 个锁左边

续表

步骤名称	操作要求
编辑文件参数及下载文件	编辑文件参数并下载文件。包括编辑运行速度和加工结束点 1.编辑运行速度 先按“返回”，再按“F4 文件参数”，进入文件参数设定界面，按“1”进入速度参数设定界面 按作业指导书设定相应的运行速度和加速度。设定完成按“ENT”确认 2.编辑加工结束点 在“文件参数界面”按“3”，选择加工结束点。通常选择“3 回原点” 设定完成，按“确认”，进入文件参数编辑界面，再按“确认”，进入文件界面 3.下载文件 按“F3 数据检查”检查程序有无超出限位的错误，点击后显示“数据正常！”可按“ENT”进行文件下载；如有错误，请修改程序

技能 2　电批扭矩设定

电批控制器需经过扭矩设定与校准，才能开始作业。

电批控制器开机后，主界面即为工作界面，界面显示螺丝参数、机台状态、锁付情况及操作按钮等信息，如图 5-30 所示。

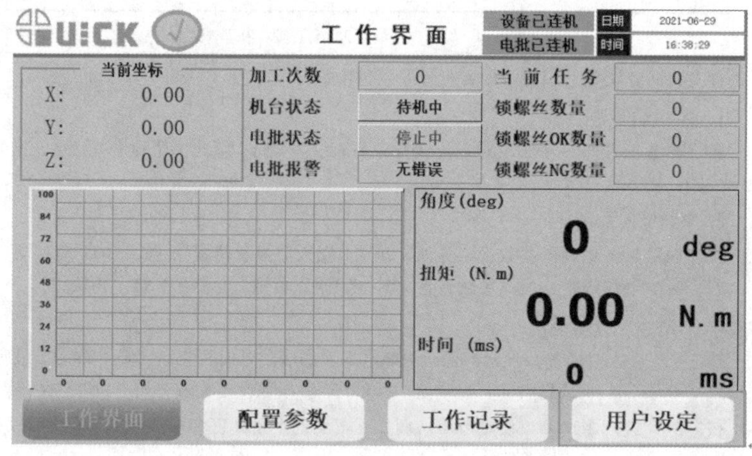

图 5-30　智能电批控制器工作界面

在图 5-30 中，单击“用户设定”按钮，选择“用户登入”，选择“用户身份”、输入密码后，单击“配置参数”，再单击“程序设定”进入“参数设定”界面。“参数设定”界面包括：寻帽步骤、角度步骤、扭矩步骤、拧松设置，如图 5-31 所示。

（1）“寻帽步骤”中显示的速度和角度，意味着批头以 200 r/min 的速度，转 300° 。寻帽步骤中显示的 CW 表示正转，CCW 表示反转。

（2）“角度步骤”中显示的速度和角度，意味着批头以 800 r/min 的速度，转 3600°（约 10 转）。

（3）“扭矩步骤”中速度 VH/800 r/min，速度 V3/200 r/min，扭矩 T3/0.2 N · m，着座检测 85%，转矩限制 0.6 N · m，保持时间 0.1 s，意味着批头先以 800 r/min 的速度旋转，等转矩达到设定扭矩 T3 的 85%的时候，降低转速到 200 r/min，直到扭矩达到设定扭矩 T3 并保持 0.1 s 停止。

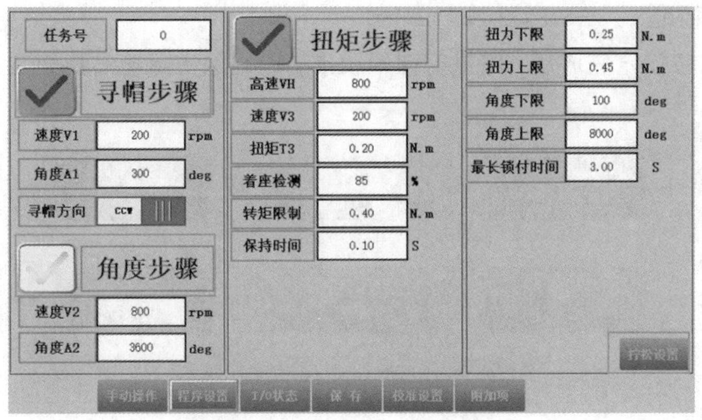

图 5-31　智能电批“参数设定”界面

（4）“拧松设置”主要用于拆卸螺丝及扭矩检查测试，包括寻帽步骤和扭矩步骤相关参数的设定，“拧松设置”界面如图 5-32 所示。

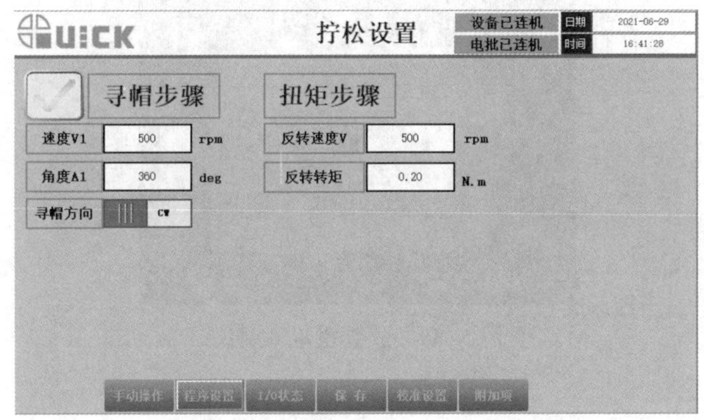

图 5-32　“拧松设置”界面

需要说明的是：螺丝锁付机器人在作业过程中，扭矩、角度上下限超过时，均会报警；此外，可以设定最长锁付时间，用于保护电机，防止电机长时间空转。同时，在锁付步骤中，最好是认帽入牙、快速旋入、低速拧紧，如图 5-33 所示。

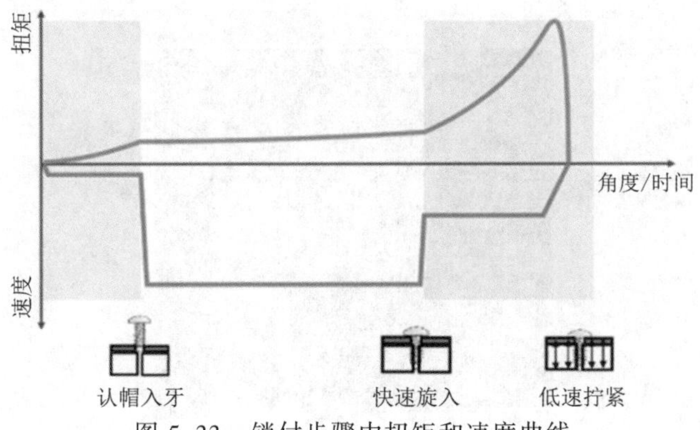

图 5-33　锁付步骤中扭矩和速度曲线

技能 3　电批扭矩校准

电批控制器参数设定完成后，需进行扭矩校准，以确保实际输出扭矩与设定扭矩相符。操作流程如图 5–34 所示。

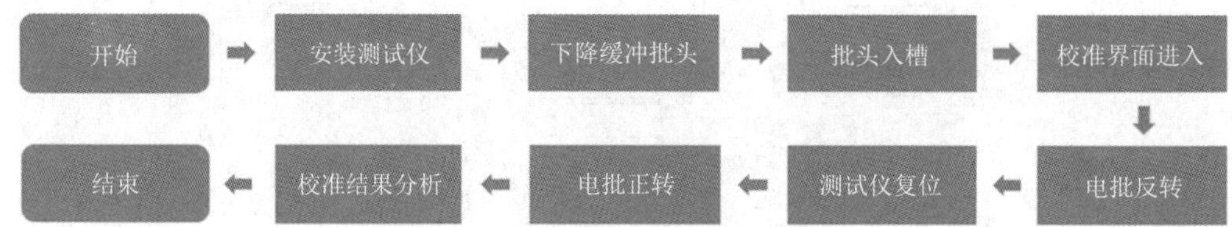

图 5–34　电批扭矩校准操作流程

1. 安装测试仪

把缓冲测试头安装在扭矩测试仪的安装座上，用内六角扳手拧紧安装座上的 4 颗螺丝，固定缓冲测试头，再把扭矩测试仪放置在螺丝锁付机器人的 Y 轴托盘上。如图 5–35 所示。

图 5–35　放置扭矩测试仪

扫一扫

螺丝锁付（扭矩校准）

2. 下降缓冲批头

取出示教盒，按“4”按钮功能测试，再按“F1”按钮进入“I/O 口测试界面”，再按“2”按钮，气缸会带动批头下降。

3. 批头入槽

按“ESC”键退回功能测试界面，移动坐标系，让批头插进缓冲测试头十字槽内。如图 5–36 所示。

图 5–36　批头入槽

4. 校准界面进入

在电批控制器的“参数设定”界面，单击“校准设置”按钮，进入“校准设置”界面，如图 5-37 所示。

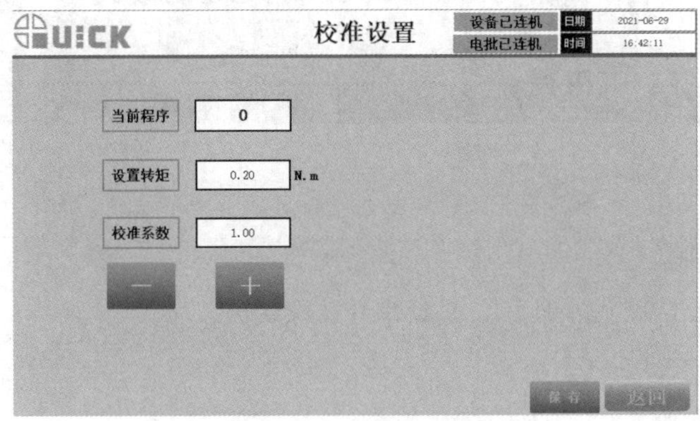

图 5-37　“校准设置”界面

5. 电批反转

先向下拨动电批控制器开关，电批反转，带动缓冲测试头拧松，大概反转 3 圈左右。

6. 测试仪复位

按“Power”键打开测试仪，按测试仪上“Reset”键复位，如图 5-38 所示。

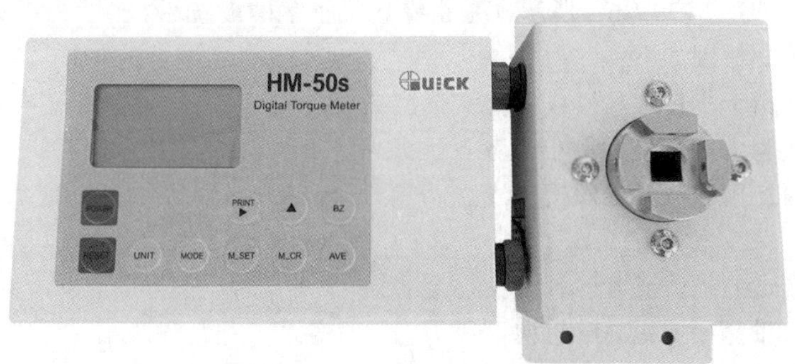

图 5-38　电源键和复位按钮

7. 电批正转

向上拨动电批控制器开关，电批正转，带动缓冲测试头拧紧，直到电批拧紧动作结束。

8. 校准结果分析

电批停止后，测试仪会显示扭矩峰值。如显示数值在电批控制器的允许误差范围内（T3 ± 5%），则校准成功。如测试仪显示值超出电批控制器的允许误差范围，则按加减号键修改扭矩校准系数，保存后重复第（5）步。

扫一扫

螺丝锁付

（锁付质量检查）

作业 3　锁付品质检查

技能 1　锁付异常识别

常见锁付异常包括螺纹滑牙、螺丝头花、螺丝歪斜、螺丝浮锁等，如图 5-39 所示。

（a）螺纹滑牙

（b）螺丝头花

（c）螺丝歪斜

（d）螺丝浮锁

图 5-39 锁付异常

1. 螺纹滑牙识别

螺纹滑牙，如图 5-39（a）所示，是指螺丝孔螺纹被破坏。

导致螺纹滑牙原因如下：

（1）扭矩太大了。

（2）螺丝和螺丝孔，螺纹尺寸不匹配。

解决螺纹滑牙方案如下：

（1）按 SOP 设置电批扭矩，并做每日点检。

（2）检查螺丝是否和产品匹配。螺丝螺距和螺纹孔螺纹是否匹配或者螺丝本身质量是否合格。

2. 螺丝头花识别

螺丝头花，如图 5-39（b）所示，是指螺丝头十字槽被破坏。

导致螺丝头花原因如下：

（1）批头打滑卡不住螺丝槽或者批头选型错误。

（2）锁付过程中 Z 轴坐标偏小或者下压力小。

（3）螺丝材质偏软或者螺丝槽偏浅。

解决螺丝头花方案如下：

（1）选择合适的批头或者检查批头是否磨损。

（2）调整 Z 轴坐标或提高气缸向下压力。

（3）选择合适的螺丝。

3. 螺丝歪斜识别

螺丝歪斜，如图 5-39（c）所示，是螺丝锁付的时候没有和螺纹孔同心导致螺丝歪斜。

导致螺丝歪斜原因如下：

（1）螺丝没有垂直锁付。

（2）批头晃动或者批头头型和螺丝匹配度不高。

（3）螺丝寻帽入牙速度太快。

解决螺丝歪斜方案如下：

（1）垂直装配电批或者检查治具产品是否水平。

（2）选择合适的吸嘴、批头、吸嘴元件。

（3）按 SOP 设置电批控制器的寻帽速度和寻帽角度。

4. 螺丝浮锁识别

螺丝浮锁，如图 5-39（d）所示，是指螺丝锁付到一半，扭矩达到设定值而自动停止。

导致螺丝浮锁原因如下：

（1）扭矩设置大小。

（2）锁付设置时间太短。

（3）螺纹孔螺丝不合格，有杂质，摩擦力太大。

解决浮锁缺陷方案如下：

（1）设置合适的扭矩。

（2）设置合适的锁付时间。

（3）清洁螺纹孔去除杂质，涂抹润滑油降低摩擦力。

技能2　品质检查

锁付异常可通过目视观察、扭矩扳手检测、螺丝锁付机器人自检三种方法予以判断。

1. 目视观察

浮锁是可以通过目视判断的，如果螺丝帽没有与产品贴合即认为浮锁。

2. 扭矩扳手检测

滑牙需要借助扭矩扳手来检测。

（1）选择对应螺丝的测试头。

（2）扭矩扳手选择峰值，预置扭矩设定成相应的锁付扭矩。

（3）测试头插入螺丝帽内。顺时针旋转扭矩扳手，此时扭矩扳手上的数值会逐渐增大。

（4）若扭矩可以达到预置扭矩，扭矩扳手会有红灯闪烁提示并伴随有警报声，则认为锁付OK。

（5）若顺时针旋转半圈都不能达到预置扭矩，则认为锁付滑牙。

3. 螺丝锁付机器人自检

螺丝锁付机器人可以设定对应的参数来判断锁付结果是否异常，可设定参数有：锁付时间的范围、电批角度的范围、电批扭矩的范围。

正常锁螺丝，电批转速恒定，每一颗螺丝的长度大致相同，所以锁付的时间和电批旋转的角度大致相同。可以通过设定锁付的时间范围和电批的角度范围来判断该螺丝是否拧紧。如果低于最短锁付时间或者电批角度低于设定的角度下限，即认为浮锁；如果超过最长锁付时间或者电批角度高于设定的角度上限，即认为滑牙。

如果螺丝锁付过程中，最终显示的拧紧扭矩低于扭矩下限，则认为浮锁；超出扭矩上限，则认为滑牙。

吸嘴选型量螺帽，批头匹配适槽型；
平稳出钉不卡料，视觉定位精度高；
扭矩点检要记牢，三步拧紧很重要；
报警异常要重视，排除问题再制造；
作业路径需规划，自动锁付效率高。

工作评价

序号	评价维度		权重	评价情况		
				自我评价	小组评价	教师评价
1	技术性	（1）能正确选择合适的供料机、批头、吸嘴、吸嘴元件 （2）能按规范安装批头、吸嘴、吸嘴元件 （3）会调试供料机、进行智能电批参数设定及扭矩校准、进行螺丝锁付机器人（配置 CCD）编程、会使用螺丝锁付机器人 CCD 软件	0.30			
2	质量性	（4）锁付品质缺陷在目标值内 （5）品质意识内化于作业环节	0.20			
3	规范性	（6）按照作业指导书操作 （7）按照行业技术标准执行	0.20			
4	经济性	（8）作业效率最高 （9）材料使用最少	0.05			
5	环保性	（10）电能消耗最低	0.05			
6	创新性	（11）工艺优化有效提升作业效率与品质 （12）有效降低材料损耗	0.10			
7	职业性	（13）敬业，遵守车间工作纪律 （14）协作，按质按量完成工作	0.10			